高等职业院校精品教材系列

机械工程材料及热处理

张秀芳　许　晖　主　编

電子工業出版社
Publishing House of Electronics Industry
北京 · BEIJING

内 容 简 介

本书按照教育部倡导的"以就业为导向，以能力为本位"的职业教育改革精神，结合作者多年的企业经历及教学经验进行编写。主要内容包括材料的宏观性能、微观结构、钢的热处理、钢铁材料、非铁金属材料、非金属材料及复合材料等。全书图文并茂，通俗易懂，版面新颖，注重联系生产实际，突出学生技能的培养。本书配有"教学导航"、"案例分析"、"相关知识"、"知识拓展"、"知识梳理"几个模块，以方便教学和读者提高学习效率。

本书为高等职业院校机械制造类、机电设备类、控制类及自动化类等专业的教学用书，也可作为开放大学、民办高校、自学考试、中职学校及培训班的教材，以及企业工程技术人员的参考书。

本书配有免费的电子教学课件和习题参考答案，详见前言。

图书在版编目（CIP）数据

机械工程材料及热处理 / 张秀芳，许晖主编. —北京：电子工业出版社，2014.11（2023.01 重印）
全国高等职业教育规划教材·精品与示范系列
ISBN 978-7-121-24363-9

Ⅰ. ①机… Ⅱ. ①张… ②许… Ⅲ. ①机械制造材料－高等职业教育－教材②热处理－高等职业教育－教材
Ⅳ. ①TH14②TG15

中国版本图书馆 CIP 数据核字（2014）第 214474 号

策划编辑：陈健德（E-mail：chenjd@phei.com.cn）
责任编辑：康　霞
印　　刷：北京盛通商印快线网络科技有限公司
装　　订：北京盛通商印快线网络科技有限公司
出版发行：电子工业出版社
　　　　　北京市海淀区万寿路 173 信箱　邮编 100036
开　　本：787×1 092　1/16　印张：11.5　字数：295 千字
版　　次：2014 年 11 月第 1 版
印　　次：2023 年 1 月第 8 次印刷
定　　价：42.00 元

凡所购买电子工业出版社图书有缺损问题，请向购买书店调换。若书店售缺，请与本社发行部联系，联系及邮购电话：（010）88254888，88258888。

质量投诉请发邮件至 zlts@phei.com.cn，盗版侵权举报请发邮件至 dbqq@phei.com.cn。

本书咨询联系方式：chenjd@phei.com.cn。

前言

近年来，随着我国经济的快速发展，装备制造业、汽车、冶金矿业、房地产、铁路基建等行业保持较快的增长，促进了工程材料行业的技术进步，为提高各行业机械设备的技术水平，需要更多懂得材料专业知识的技能型人才。为满足社会不断增长的人才需求，许多高等院校在多个专业均开设有机械工程材料课程，掌握本课程的知识与技能有利于顺利上岗就业。基于高职教育培养面向生产建设、服务和管理第一线需要的高技能应用型人才的培养目标，作者结合多年的教学及企业工作经验编成本书。

在编写过程中，作者认真总结并充分吸取了各校近年来的教学改革经验与成果，力求体现基础理论以必需、够用为度，以掌握基本概念、强化应用为教学重点的原则，做到深入浅出、通俗易懂，使教材层次清晰、形象直观，利于教师讲授、学生学习。努力适应高等职业院校的教学需要，体现高等职业教育的特色。本书的编写特点如下。

(1) 从生产实例出发，根据职业岗位需要组织内容，把理论知识与企业的真实工作有机结合，使学习情境贴近岗位工作环境。

(2) 采用任务驱动、案例导入的形式编排内容，更符合人的认知规律；从现象到本质，反向突出“应用→性能→组织→成分”的课程主线，有利于培养学生观察问题、分析问题和解决问题的能力，提高其逻辑思维能力。

(3) 理论精简，实践强化。学习领域中的材料基础部分篇幅减少，达到必需、够用的要求，后面的钢铁材料、有色金属材料、非金属材料的牌号、性能、应用等与工作实际联系密切的部分内容增强，优化了内容，突出技能培养。

(4) 全书提供了28个技能训练项目，配置在每个案例后，方便教师学生课堂互动，同时这种讲练结合的方式可以激发学生的学习热情，调动学生的学习兴趣，提高学习的效率。

(5) 版面新颖实用，有助于学习者高效学习。打破传统的通篇古板枯燥的文字叙述，插入大量的图片，采用多种方法加入“小贴士”、“温馨提示”等模块，图文并茂，形式更灵活、更多样，表达更活泼，更符合现代人接受外界信息的习惯，减轻视觉疲劳，降低学习倦怠感。

(6) 重点醒目，脉络清晰，表达直观，提高教学效果。学习领域正文前设置“教学导航”，为实现教学目标提供指导；每个案例后用“相关知识”、“知识拓展”把每节内容整理成几个条块，层次更清晰；每个任务后设置“知识梳理”，以便读者学习、提炼与总结。

全书共分4个学习领域，10个任务，18个案例，内容主要包括机械工程材料基础、金属材料的热处理、常用钢铁材料、非铁金属材料及非金属材料等。本课程教学需50～60课时，各院校教师可根据教学实际情况对内容进行适当增减与调整。

本书为高等职业院校机械制造类、机电设备类、控制类及自动化类等专业的教学用书，也可作为开放大学、民办高校、自学考试、中职学校及培训班的教材，以及企业工程技术人员的参考书。

本书由辽宁机电职业技术学院张秀芳教授、许晖副教授担任主编，车建春副教授参加了编写。具体分工为：张秀芳编写学习领域1和3，许晖编写学习领域2和4，车建春编写“练习及思考题”、“综合测试”及所有练习参考答案和附录A。在编写过程中得到领导和同事们的支持与帮助，也参考了同行专家有关著作和手册等资料，在此表示衷心的感谢。

为了方便教师教学，本书配有免费的电子教学课件和习题参考答案，请有此需要的教师登录华信教育资源网（http://www.hxedu.com.cn）免费注册后进行下载，有问题时请在网站留言或与电子工业出版社联系（E-mail:hxedu@phei.com.cn）。

由于作者水平有限，错误和不当之处在所难免，恳请读者批评指正。

编　者

职业教育　继往开来（序）

自我国经济在 21 世纪快速发展以来，各行各业都取得了前所未有的进步。随着我国工业生产规模的扩大和经济发展水平的提高，教育行业受到了各方面的重视。尤其对高等职业教育来说，近几年在教育部和财政部实施的国家示范性院校建设政策鼓舞下，高职院校以服务为宗旨、以就业为导向，开展工学结合与校企合作，进行了较大范围的专业建设和课程改革，涌现出一批示范专业和精品课程。高职教育在为区域经济建设服务的前提下，逐步加大校内生产性实训比例，引入企业参与教学过程和质量评价。在这种开放式人才培养模式下，教学以育人为目标，以掌握知识和技能为根本，克服了以学科体系进行教学的缺点和不足，为学生的顶岗实习和顺利就业创造了条件。

中国电子教育学会立足于电子行业企事业单位，为行业教育事业的改革和发展，为实施“科教兴国”战略做了许多工作。电子工业出版社作为职业教育教材出版大社，具有优秀的编辑人才队伍和丰富的职业教育教材出版经验，有义务和能力与广大的高职院校密切合作，参与创新职业教育的新方法，出版反映最新教学改革成果的新教材。中国电子教育学会经常与电子工业出版社开展交流与合作，在职业教育新的教学模式下，将共同为培养符合当今社会需要的、合格的职业技能人才而提供优质服务。

近期由电子工业出版社组织策划和编辑出版的“全国高等职业教育规划教材·精品与示范系列”，具有以下几个突出特点，特向全国的职业教育院校进行推荐。

（1）本系列教材的课程研究专家和作者主要来自于教育部和各省市评审通过的多所示范院校。他们对教育部倡导的职业教育教学改革精神理解得透彻准确，并且具有多年的职业教育教学经验及工学结合、校企合作经验，能够准确地对职业教育相关专业的知识点和技能点进行横向与纵向设计，能够把握创新型教材的出版方向。

（2）本系列教材的编写以多所示范院校的课程改革成果为基础，体现重点突出、实用为主、够用为度的原则，采用项目驱动的教学方式。学习任务主要以本行业工作岗位群中的典型实例提炼后进行设置，项目实例较多，应用范围较广，图片数量较大，还引入了一些经验性的公式、表格等，文字叙述浅显易懂。增强了教学过程的互动性与趣味性，对全国许多职业教育院校具有较大的适用性，同时对企业技术人员具有可参考性。

（3）根据职业教育的特点，本系列教材在全国独创性地提出“职业导航、教学导航、知识分布网络、知识梳理与总结”及“封面重点知识”等内容，有利于老师选择合适的教材并有重点地开展教学过程，也有利于学生了解该教材相关的职业特点和对教材内容进行高效率的学习与总结。

（4）根据每门课程的内容特点，为方便教学过程对教材配备相应的电子教学课件、习题答案与指导、教学素材资源、程序源代码、教学网站支持等立体化教学资源。

职业教育要不断进行改革，创新型教材建设是一项长期而艰巨的任务。为了使职业教育能够更好地为区域经济和企业服务，殷切希望高职高专院校的各位职教专家和老师提出建议和撰写精品教材（联系邮箱:chenjd@phei.com.cn，电话:010-88254585），共同为我国的职业教育发展尽自己的责任与义务！

中国电子教育学会

目　录

学习领域1 机械工程材料基础

教学导航

<table>
<tr><td rowspan="4">教</td><td>知识重点</td><td>材料力学性能指标的含义及应用；
材料的组织结构；
钢的热处理</td></tr>
<tr><td>知识难点</td><td>材料的组织结构与性能的关系；
钢的热处理对其力学性能的影响</td></tr>
<tr><td>推荐教学方式</td><td>任务驱动，案例导入</td></tr>
<tr><td>建议学时</td><td>20～24学时</td></tr>
<tr><td rowspan="3">学</td><td>推荐学习方法</td><td>课内：听课+互动、讨论；
课外：完成练习，总结课堂所讲</td></tr>
<tr><td>应知</td><td>材料使用性能（力学性能、物理化学性能）；
金属的晶体结构、铁碳合金相图；
钢的热处理原理、钢的整体热处理、钢的表面热处理</td></tr>
<tr><td>应会</td><td>材料的力学性能指标：强度、硬度、塑性、韧性、疲劳强度；
物理性能指标：密度、熔点、导热性、导电性、热膨胀性、磁性；
化学性能指标：耐蚀性、热稳定性；
基本晶体结构（体心、面心立方晶格及密排六方晶格）、铁碳合金相图；
钢的退火、正火、淬火及回火，钢的表面淬火、渗碳</td></tr>
</table>

任务 1-1　认识机械工程材料的宏观性能

案例 1　轿车的材料组成

看一看

一台轿车（见图1-1-1）由约3万个零部件组成，而这些零部件采用了4 000余种不同材料加工制造，其中75%左右是金属材料。其材料组成如图1-1-2所示

图 1-1-1　轿车

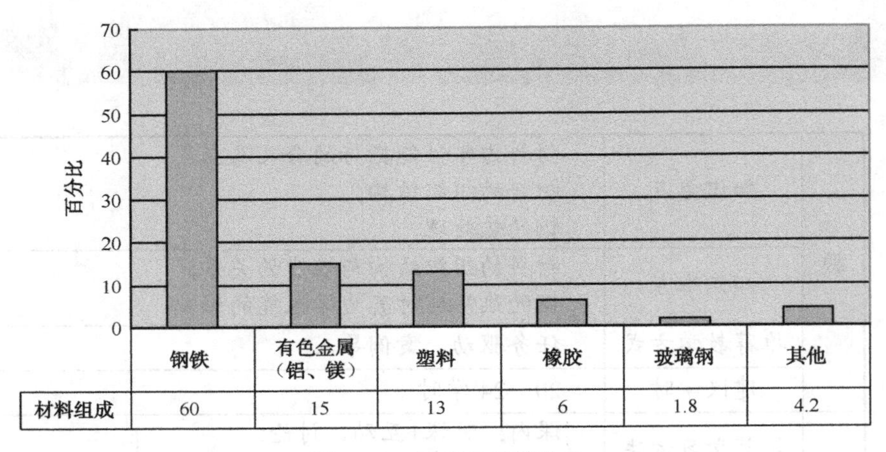

	钢铁	有色金属（铝、镁）	塑料	橡胶	玻璃钢	其他
材料组成	60	15	13	6	1.8	4.2

图 1-1-2　轿车的材料组成

想一想

为什么一台轿车采用多种不同的材料制造？每种材料具有怎样的性能特点？如何评价材料的性能？

相关知识

1.1　材料的力学性能

由于机械工程行业多数零件、设备是在常温、常压、非强烈腐蚀性介质中工作的，而且在使用过程中受到不同性质载荷（外力）的作用，所以选材、鉴定工艺质量时一般以力学性能（材料在载荷作用下表现出的特性）作为主要依据，性能优劣由性能指标反映。材

料的力学性能指标有强度、刚度、硬度、塑性、冲击韧性和疲劳极限等。这些指标通过力学试验测得。

1.1.1　强度、刚度、塑性

材料的强度、刚度、塑性是极为重要的力学性能指标，可通过力学静拉伸试验方法（在室温大气环境中，光滑试样在静载荷作用下所反映出的力学行为）测定。

试验前，将材料（以金属材料退火低碳钢为例）制成一定形状和尺寸的标准拉伸试样，最常用的圆形截面试样如图 1-1-3（b）所示。d_0 为试样原始直径（mm），L_0 为试样原始标距长度（mm）。试样有长短之分，长试样 $L_0=10d_0=11.3S_0^{1/2}$，短试样 $L_0=5d_0=5.65S_0^{1/2}$（国际通用），S_0 为试样原始横截面积（mm^2）；d_1 为试样断后最小直径，L_1 为试样断后标距长度。

试验时，将试样装夹在拉伸试验机（见图 1-1-3（a））上缓慢施加轴向拉伸载荷，试样则不断产生变形，直至被拉断为止。试验机自动记录装置可将整个拉伸过程中的拉伸载荷和伸长量描绘在以拉伸载荷 F 为纵坐标，伸长量ΔL 为横坐标的图上，即得到力-伸长量曲线，也称拉伸曲线，如图 1-1-3（c）所示。

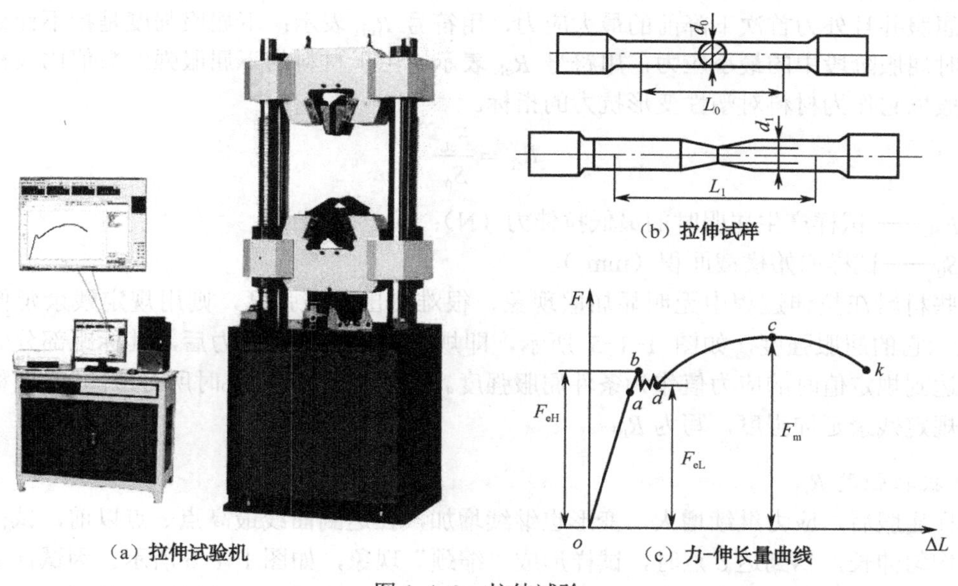

（a）拉伸试验机　（b）拉伸试样　（c）力-伸长量曲线

图 1-1-3　拉伸试验

为了消除试样尺寸的影响，引入应力-应变曲线，即用试样的伸长量ΔL 除以试样原始标距长度 L_0 所得到的应变 ε 作为横坐标，试样承受的拉伸载荷 F 除以试样原始横截面积 S_0 所得到的应力 R 作为纵坐标，如图 1-1-4 所示。

应力-应变曲线形状与力-伸长量曲线相似，从中可以看出材料的一些力学性能。

1．强度

强度是材料在载荷作用下抵抗塑性变形和断裂的能力。强度的大小通常用应力表示，符号为 R，单位为 MPa（兆帕）。工程上常用的强度指标有屈服强度和抗拉强度。

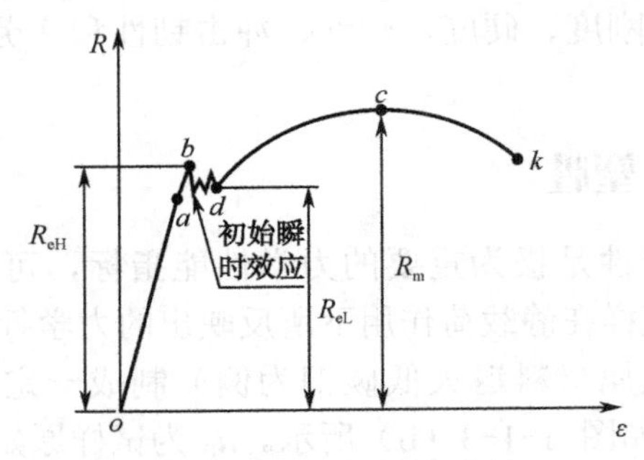

图 1-1-4 应力-应变曲线

1）屈服强度 R_{eL}

从图 1-1-4 中看出：在 a 点以前，应力和应变保持直线的正比关系，这时试样产生的是弹性变形，当应力增大超过 a 点时，试样产生塑性变形；当应力达到 b 点后开始下降，然后产生微小的波动，在应力-应变曲线上表现为近似水平的线段（表示应力不变时），试样变形仍明显继续增长，这种现象称为屈服。试样屈服时的应力称为材料的屈服强度，它表明材料对开始明显塑性变形的抗力，包括上屈服强度和下屈服强度。上屈服强度是指试样发生屈服并且外力首次下降前的最大应力，用符号 R_{eH} 表示；下屈服强度是指不计初始瞬时效应时屈服阶段中的最小应力，用符号 R_{eL} 表示。由于材料的下屈服强度数值比较稳定，所以一般以它作为材料对塑性变形抗力的指标。

$$R_{eL} = \frac{F_{eL}}{S_0}$$

式中 F_{eL}——试样产生屈服时的最低拉伸力（N）；

S_0——试样原始横截面积（mm^2）。

有些材料在拉伸过程中无明显屈服现象，很难测出屈服强度，则用规定残余延伸强度 R_r 来表示它的屈服强度，如图 1-1-5 所示，即规定试样卸除拉伸力后，其标距部分的残余应变量达到规定值时的应力值作为条件屈服强度。通常把ε_r为 0.2%时所对应的 R_r 值称为该材料的规定残余延伸强度，写为 $R_{r0.2}$。

2）抗拉强度 R_m

试样屈服后，应力继续增大，变形也继续增加，在达到曲线最高点 c 点以前，试样沿整个长度均匀伸长，当到达 c 点时，试样形成“缩颈”现象，如图 1-1-6 所示。因试样局部横截面积逐渐减小，故应力也逐渐降低，当达到曲线上 k 点位置时，试样发生断裂。试样在被拉断前所能抵抗的最大力用 F_m 表示（对于无明显屈服的材料，为试验期间的最大力），相应最大力（F_m）的应力称为抗拉强度，用符号 R_m 表示，即

$$R_m = \frac{F_m}{S_0}$$

式中 F_m——试样在拉伸过程中所能承受的最大拉伸力（N）；

S_0——试样原始横截面积（mm^2）。

从拉伸试验及力-伸长量曲线可以看出：试样从拉伸到断裂要经过弹性变形阶段（oa 段）、屈服阶段（bd 段）、强化阶段（dc 段）、缩颈与断裂阶段（ck 段）四个阶段。

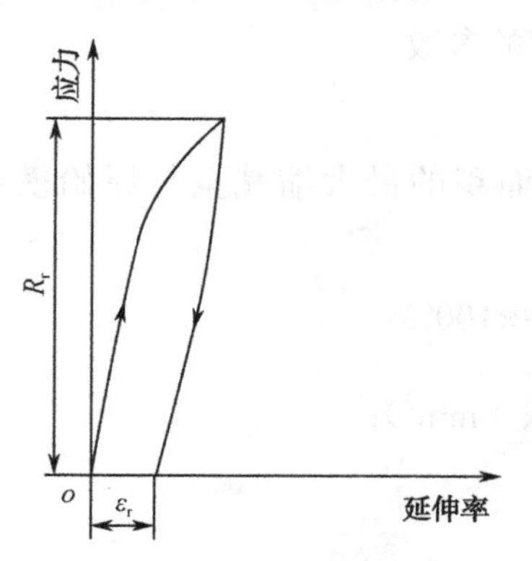

图 1-1-5 规定残余延伸强度

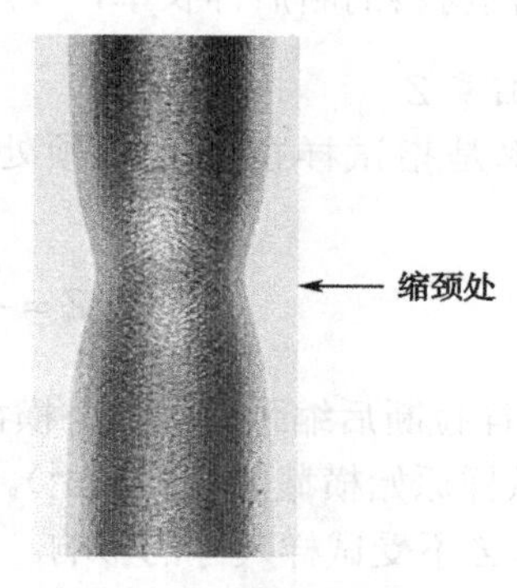

图 1-1-6 试样的缩颈

在实际生产中，大多数工程零件在工作中都不允许产生明显的塑性变形，因此屈服强度 R_{eL} 是工程中塑性材料零件设计及计算的重要依据，$R_{r0.2}$ 则是无明显屈服现象零件的设计计算依据，但由于抗拉强度的测定比较方便，数据比较准确，所以有时可直接采用抗拉强度 R_m 加上较大的安全系数作为设计计算的依据。

在工程上，把 R_{eL}/R_m 称为屈强比。其值越大，越能发挥材料的潜力，减小结构的自重；其值越小，零件工作时的可靠性越高，但其值太小，材料强度的有效利用率会降低。因此，屈强比一般取值在 0.65～0.75 之间。

2. 刚度

材料受力时抵抗弹性变形（材料在载荷作用下产生变形，当载荷去除后能恢复原状）的能力称为刚度。它表示一定形状、尺寸的材料产生弹性变形的难易程度，通常用弹性模量 E 及切变模量 G 来评价。弹性模量 E（或切变模量 G）可用材料弹性范围内应力与应变的比值来说明，其值越大，材料的刚度越大，弹性变形越不容易进行。

弹性模量 E（或切变模量 G）的大小主要取决于金属的本性（晶格类型和原子结构），与金属的显微组织无关。温度的变化会影响弹性模量，温度降低，弹性模量会增大。基体金属一经确定，其弹性模量值就基本确定了。在材料不变的情况下，只有改变零件的截面尺寸或结构，才能改变它的刚度。

3. 塑性

塑性是指材料在外力作用下产生永久变形而不断裂的能力。常用的塑性指标有断后伸长率和断面收缩率，可在静拉伸试验中，把试样拉断后将其对接起来进行测量而得到。

1）断后伸长率 A

断后伸长率是指试样拉断后标距长度的伸长量与原标距长度的百分比，即

$$A=\frac{L_1-L_0}{L_0}\times100\%$$

式中 L_1 ——试样拉断后的标距长度（mm）；

L_0 ——试样原始标距长度（mm）。

断后伸长率的数值和试样长度有关，长试样（$L_0=10d_0$，其中，d_0 为试样原始直径）的断后伸长率用 $A_{11.3}$ 表示，短试样（$L_0=5d_0$）的断后伸长率用 A 表示。同一种材料的 A 大于

$A_{11.3}$，若比较不同材料的断后伸长率，要用相同的参数。

2）断面收缩率 Z

断面收缩率是指试样拉断后缩颈处横截面积的最大缩减量与原始横截面积的百分比，即

$$Z=\frac{S_0-S_1}{S_0}\times100\%$$

式中 S_1——试样拉断后缩颈处的最小横截面积（mm^2）；

S_0——试样原始横截面积（mm^2）。

断面收缩率 Z 不受试样尺寸的影响。

一般 A、Z 值越大，材料塑性越好。塑性好的材料可保证某些成形工艺（如轧制、锻造、冲压）和修复工艺（如汽车外壳凹陷修复）的顺利进行。此外，塑性好的零件在工作时若超载，也可因其塑性变形的存在而避免突然断裂，提高了零件工作的安全性。

1.1.2 硬度

硬度表示材料抵抗局部变形，特别是塑性变形、压痕或划痕的能力，它是衡量材料软硬的指标。其值的大小能够反映出材料在化学成分和组织结构及处理方法上的差异，在一定程度上反映了材料的综合力学性能指标，是检验产品质量，确定合理加工工艺所不可缺少的检测性能之一。

硬度试验简单易行，又无损于零件，且可以近似推算出材料的其他机械性能（如强度、耐磨性、切削加工性、可焊性等），因此在生产和科研中应用广泛。

硬度试验方法很多，机械工业普遍采用静载荷压入法（即在规定的静态试验载荷下将具有一定几何形状的压头压入材料表层，然后根据载荷的大小、压痕表面积或深度确定硬度值的大小，压痕直径或深度越大，硬度越低；反之，硬度越高）来测定硬度，生产中应用较多的有布氏硬度、洛氏硬度、维氏硬度。硬度只有数值，没有单位。

1. 布氏硬度（HB）

1）试验原理

布氏硬度试验（如图 1-1-7 所示）是在布氏硬度试验机上（如图 1-1-7（a）所示）采用球形压头（如图 1-1-7（b）所示），以规定的载荷 F 压入被测材料表面，保持一定时间后卸除载荷，测出压痕直径 d，求出压痕面积，试验载荷除以球面压痕表面积所得的商即为布氏硬度。

为了保证试验的准确性，同时也能提高测试效率，在实际应用中，将载荷（F）与压头球径（D）平方的比值（F/D^2）作了规定，见附录 A 表 A-2。当载荷 F 与球径 D 选定后，硬度值只与 d 有关。d 越大，布氏硬度值越小，被测材料越软；反之 d 越小，布氏硬度值越大，被测材料越硬。对此专门制定了压头球径 D 与布氏硬度值的对照表，用读数显微镜读出压痕直径 d 后直接查表就可获得布氏硬度值。测试原理如图 1-1-7（c）所示。

其中，球形压头有淬火钢球和硬质合金钢球之分，球径 D 有 10 mm、5 mm、2.5 mm、1 mm，对应不同的载荷，保持载荷时间有 10～15 s、30 s 不等的要求，试验前要先学习布氏硬度试验规范，再进行操作。

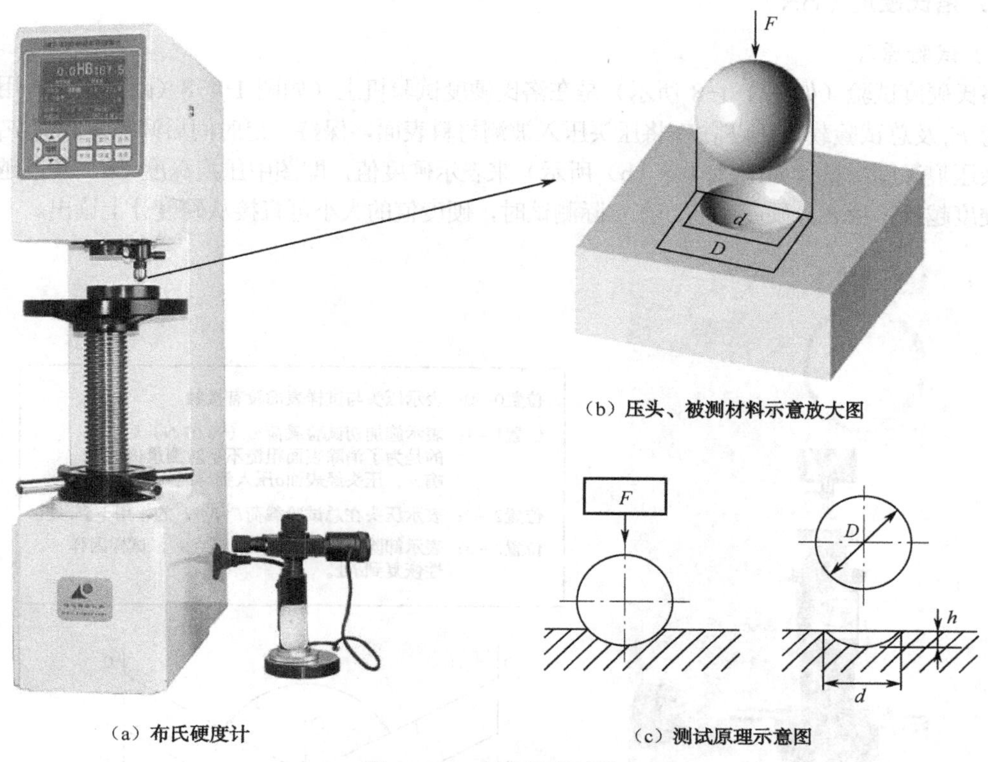

（a）布氏硬度计

（b）压头、被测材料示意放大图

（c）测试原理示意图

图 1-1-7　布氏硬度试验

2）表示方法示例

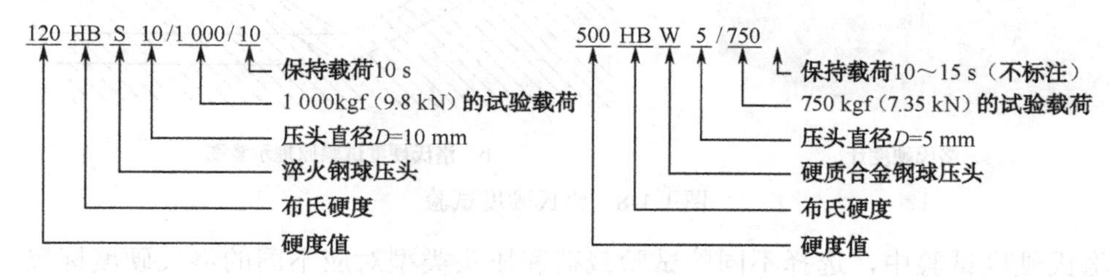

注意

HBS 只可用来测定硬度值小于 450 的金属材料，HBW 可用来测定硬度值在 450～650之间的金属材料。

3）特点及应用

布氏硬度试验压痕面积较大，能反映表面较大范围内被测金属的平均硬度，故测量结果较准确，适合于测量组织粗大且不均匀的金属材料的硬度，如铸铁、铸钢、非铁金属及其合金，各种退火、正火或调质的钢材等，但因压痕较大，不宜用来测成品，特别是有较高精度要求配合面的零件及小件、薄件，也不能用来测太硬的材料。

2. 洛氏硬度（HR）

1）试验原理

洛氏硬度试验（如图 1-1-8 所示）是在洛氏硬度试验机上（如图 1-1-8（a）所示），用初试验载荷 F_0 及总试验载荷 $F=F_0+F_1$ 将压头压入被测材料表面，保持一定时间后卸除主载荷 F_1，测出残余压痕深度增量（如图 1-1-8（b）所示）来表示硬度值，即图中压痕深度 bd，其值越大，材料硬度越低；反之，硬度越高。在实际测试时，硬度值的大小可直接从硬度计上读出。

（a）洛氏硬度计

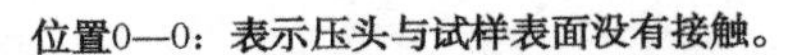

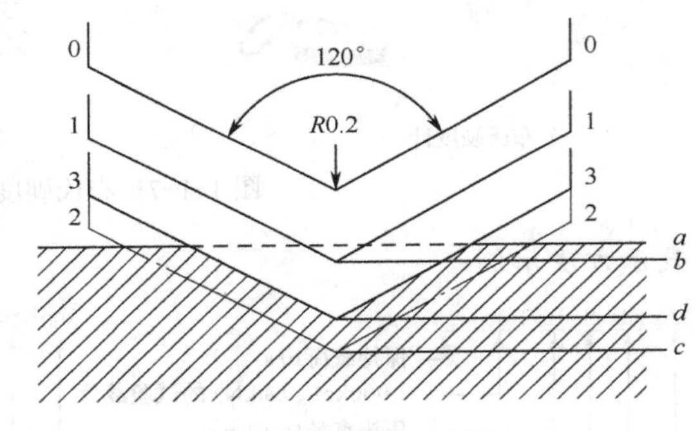

（b）洛氏硬度试验原理示意图

图 1-1-8　洛氏硬度试验

在洛氏硬度试验中，选择不同的试验载荷和压头类型对应不同的洛氏硬度标尺，便于用来测定从软到硬较大范围的材料硬度。最常用的是 HRA、HRB、HRC 三种，其中 HR 代表洛氏硬度，A、B、C 表示三种标尺，其试验规范见表 1-1-1，HRC 应用最广泛。

表 1-1-1　常用洛氏硬度试验条件及应用范围

硬度标尺	硬度符号	初试验载荷 F_0/N	总试验载荷 F/N	压头类型	测量范围	应用举例	表示方法示例
A	HRA	98.07	588.4（60 kgf）	120° 金刚石圆锥	20～88	硬质合金、表面淬硬层、渗碳层	50HRA
B	HRB	98.07	980.7（100 kgf）	ϕ1.588 mm 钢球	20～100	非铁金属、退火钢、可锻铸铁	60HRB
C	HRC	98.07	1471（150 kgf）	120° 金刚石圆锥	20～70	淬火钢、调质钢	55HRC

注意

各硬度标尺之间没有直接对应关系。

2）特点及应用

洛氏硬度试验操作简便，迅速，测量硬度值范围大，压痕小，几乎不损伤工件表面，可直接测成品和较薄工件。但因试验载荷较大，不宜用来测定极薄工件及氮化层、金属镀层等的硬度，且因压痕小，当测定组织粗大、不均匀的材料时，测定结果波动较大，故需在不同位置测试三点的硬度值，取其算术平均值。

3. 维氏硬度（HV）

1）试验原理

维氏硬度试验（如图 1-1-9 所示）原理类似于布氏硬度试验，是在维氏硬度试验计上（如图 1-1-9（a）所示）采用相对面夹角为 136° 的正四棱锥体金刚石压头，以规定的载荷 F 压入被测材料表面，保持一定时间后卸除载荷，测出压痕两对角线的平均长度 d，进而求出压痕表面积，最后求出压痕表面积上的平均压力，以此作为被测材料的硬度值，用符号 HV 来表示，测定原理如图 1-1-9（b）所示。在实际工作中，维氏硬度值可根据压痕对角线长度 d 直接查表获得。

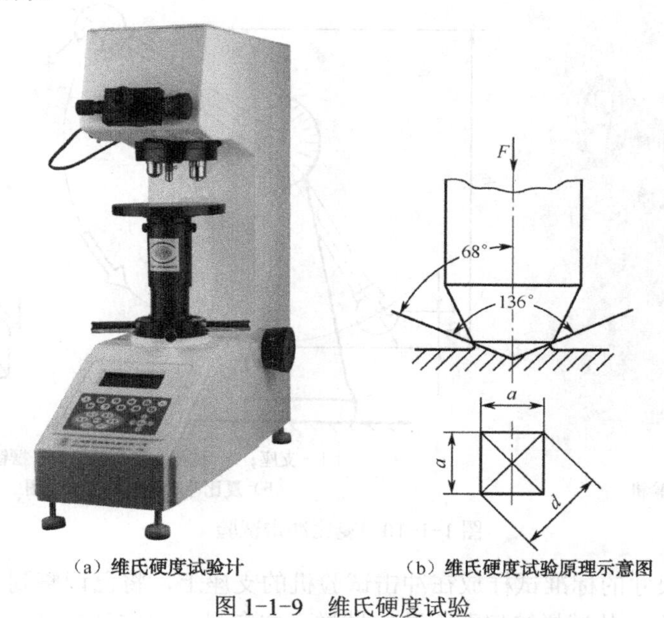

（a）维氏硬度试验计　　（b）维氏硬度试验原理示意图

图 1-1-9　维氏硬度试验

2）表示方法示例

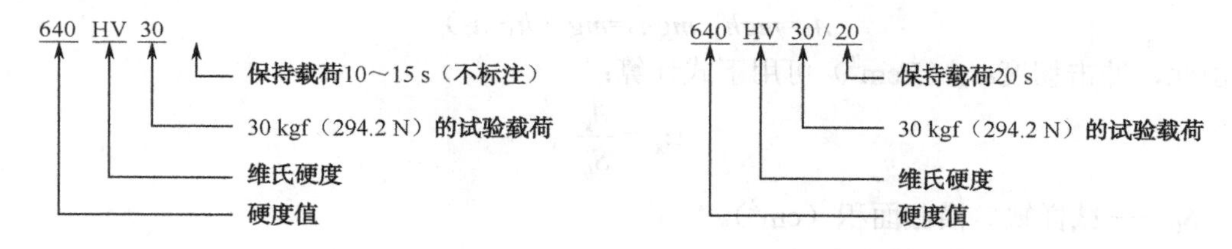

3）特点及应用

由于维氏硬度试验所加载荷较小，压入深度浅，故可测定较薄工件及氮化层、金属镀层等的硬度；维氏硬度能在同一硬度标尺上测定由极软到极硬金属材料的硬度值（0～1 000 HV），且连续性好，准确率高，弥补了布氏硬度因压头变形不能测高硬度材料，洛氏硬度受试验载荷与压头直径比的约束硬度值不能换算的不足。

除了上述硬度测试方法外，还可以用显微硬度法测定组织中夹杂物的硬度；用肖氏硬度法测定大型部件的硬度；用莫氏硬度法测定陶瓷和矿物的硬度等。

1.1.3 冲击韧度

许多零件在工作过程中受到冲击载荷的作用，如锻锤的锤杆、冲床的冲头、风动工具等，对这类零件，不仅要满足静载荷作用下的强度、刚度、塑性、硬度等性能要求，还要具有一定的韧性。韧性是指材料在塑性变形和断裂过程中吸收能量的能力，韧性好的材料在使用过程中不至于发生突然的脆性断裂，从而可以保证零件的工作安全性。

材料在冲击载荷作用下抵抗破坏的能力称为冲击韧度，用符号α_k表示，是反映材料韧性的主要指标。为了评定材料的冲击韧度，应用最多的是常温下的一次摆锤冲击弯曲试验（夏比冲击试验），如图 1-1-10 所示。

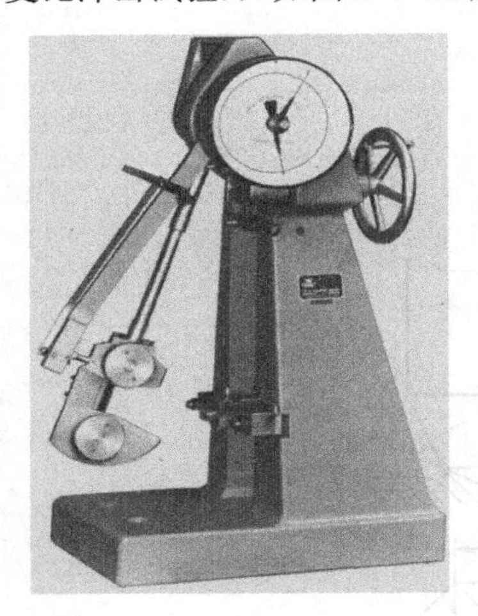

（a）夏比冲击试验机

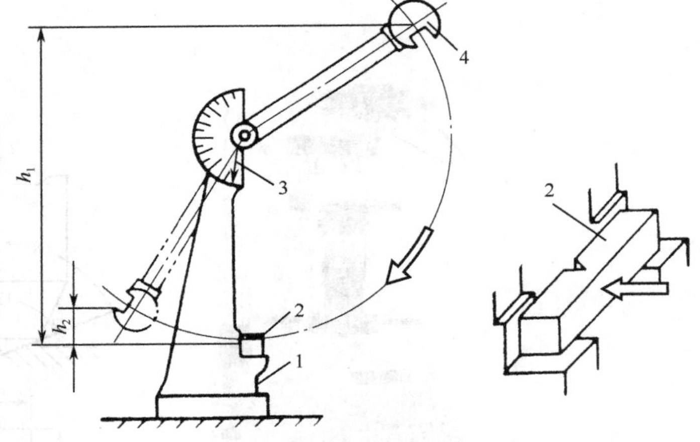

1—支座；2—试样；3—指针；4—摆锤

（b）夏比冲击试验原理示意图

图 1-1-10　夏比冲击试验

将一定形状和尺寸的标准试样放在冲击试验机的支座上，将已调整到一定高度 h_1 的摆锤（质量为 m）落下，从试样缺口背面冲击试样，并向另一方向升到 h_2 高度，在刻度盘上读出指针所指的数值就是摆锤打断试样所消耗的功，即冲击吸收功，用符号 A_k 表示，则有

$$A_k = mgh_1 - mgh_2 = mg(h_1 - h_2)$$

由此，冲击韧度α_k（J/cm^2）可用下式计算：

$$\alpha_k = \frac{A_k}{S_0}$$

式中　S_0——试样缺口横截面积（cm^2）。

对一般钢材来说，A_k 越大，冲击韧性越好，但由于冲击吸收功不仅与温度有关，还与试样形状、尺寸、表面粗糙度、内部组织和缺陷等有关，不能真实反映材料的韧脆性质，所以冲击吸收功一般只能作为选材的参考，不能直接用于强度计算。

不过可以把α_k值低的材料叫作脆性材料，断裂时无明显变形；α_k值高、产生明显塑性变形，断口呈灰色纤维状、无光泽的材料称为韧性材料。

1.1.4 断裂韧度

一般认为，零件在允许的载荷下安全工作不会产生塑性变形，更不会断裂。但事实上有些高强度材料的零（构）件往往在远低于屈服点的状态下发生脆性断裂；中、低强度的重型零（构）件、大型结构件也有类似情况，这就是低应力脆断。

研究和试验表明，低应力脆断总与材料内部的裂纹及裂纹的扩展有关。在冶炼、轧制、热处理过程中，很难避免在材料内部引起某种裂纹，这些微小裂纹在载荷作用下，由于应力集中、疲劳、腐蚀等原因发生扩展，当扩展到临界尺寸时，零件便突然断裂。

在断裂力学基础上建立起来的材料抵抗裂纹扩展的能力称为断裂韧度。

裂纹扩展有三种基本形式，张开型（Ⅰ型）、滑开型（Ⅱ型）和撕开型（Ⅲ型），如图1-1-11所示。其中，以张开型（Ⅰ型）最危险，最容易引起脆性断裂。

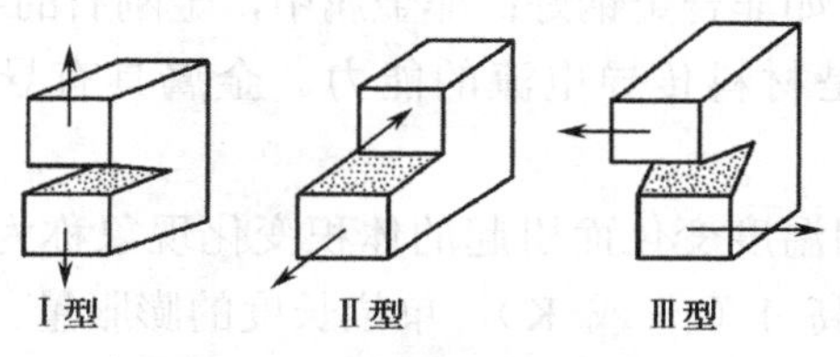

图1-1-11 裂纹扩展的基本形式

断裂韧度是材料固有的力学性能指标，是强度和韧性的综合体现，主要取决于材料的成分、内部组织和结构，与外力无关。在常见的工程材料中，铜、镍、铝等纯金属，低碳钢、高强度钢、钛合金等的断裂韧度较高，而玻璃、环氧树脂等材料的断裂韧度很低。

1.1.5 疲劳强度

某些机械零件，常常在承受大小和方向随时间作周期性变化（包括交变应力和重复应力）的载荷长期作用下工作，如发动机曲轴、齿轮、弹簧等，往往是在工作应力低于其屈服点甚至是弹性极限的情况下突然发生断裂，这种现象称为疲劳断裂。80%以上的零部件断裂由疲劳造成，不管是脆性材料还是韧性材料，事先均无明显的塑性变形，具有很大的危险性。

材料抵抗疲劳断裂的能力称为疲劳强度，它通过在不同循环应力作用下进行试验绘制出的疲劳曲线来反映；把材料经无数次应力循环而不发生疲劳断裂的最高应力值作为材料的疲劳强度。规定的循环次数称为循环基数。通常规定钢铁材料的循环基数为10^7；非铁金属的循环基数为10^8；腐蚀介质作用下的循环基数为10^6。

设计时，在结构上减少零件应力集中，改善零件表面粗糙度和进行热处理，都可提高疲劳强度。

知识拓展

1.1.6 材料的物理、化学性能

各种材料尤其工程材料的选用首先要掌握材料的使用性能——材料在使用过程中表现出来的特性，主要有力学性能、物理性能和化学性能。

1. 材料的物理性能

（1）密度。材料的密度就是单位体积的质量，用符号ρ（g/cm^3 或 kg/m^3）来表示。金属材料中，Al、Mg、Ti 密度较低，Cu、Fe、Pb、Zn 等密度较高；非金属材料中，塑料的密度较低，陶瓷的密度较高。

（2）熔点。熔点是指缓慢加热时，材料由固态转变为液态的温度（℃或 K）。金属材料中，Pb、Sn 熔点低，Fe、Ni、Cr、Mo 等金属熔点高；非金属材料中，陶瓷的熔点高，塑料等材料无熔点，只有软化点。

（3）导热性。导热性是指材料传导热量的能力。金属材料中，Ag 和 Cu 导热性最好，Al 次之；合金钢的导热性不如非合金钢好；非金属中，金刚石的导热性最好。

（4）导电性。导电性是材料传导电流的能力。金属具有导电性，Ag 最好，其次是 Cu、Al。

（5）热膨胀性。材料因温度变化而引起的体积变化现象称为热膨胀性，一般用线膨胀系数α来表示，即温度每升高 1 ℃（或 K），单位长度的膨胀量。其值越大，材料的尺寸或体积随温度变化的程度越大。因此，在温差变化较大环境里工作的长构件（如火车铁轨），必须考虑其热胀冷缩所带来的影响。

（6）磁性。材料在磁场中能被磁化或导磁的能力称为导磁性或磁性，金属材料可分为铁磁性材料、抗磁性材料和顺磁性材料。

2. 材料的化学性能

材料与周围介质接触时抵抗发生化学或电化学反应的能力，主要有耐蚀性和热稳定性等。

（1）耐蚀性。耐蚀性是指常温下材料抵抗各种介质侵蚀的能力。

（2）热稳定性。热稳定性是指材料在高温下抵抗产生氧化现象的能力。

1.1.7 工程材料的分类

材料是指那些能够用于制造结构、器件或其他有用产品的物质；工程材料是指用于制造工程构件、机械零件、工具等的材料，是机械设备的基础，也是各种机械加工的对象。在日常生活生产和科技各领域都离不开工程材料。材料的种类很多，可以按不同的角度分类如下。

1. 按化学性质分

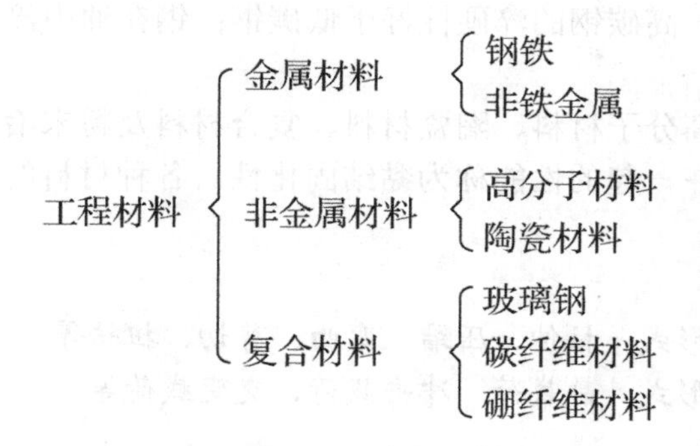

2. 按使用性能分

工程材料
- 结构材料（指作为承力结构使用的材料，其使用性能主要是力学性能）
- 功能材料（使用性能主要是指光、电、磁、热、声等特殊性能）

3. 按应用领域分

机械工程材料、信息材料、能源材料、建筑材料、生物材料、航空航天材料等。

4. 按开发及应用时期分

工程材料
- 传统材料
- 新型材料（如纳米材料、智能材料、复合材料等）

1.1.8　材料的工艺性能

材料的工艺性能是指材料适应某种加工要求的能力。

任何零件都是由工程材料通过一定的加工方法制造出来的。不同的零件、不同的材料，加工制作的难易程度不同，熟悉材料尤其是金属材料的加工工艺过程及材料的工艺性能，对于正确选材是相当重要的。良好的加工工艺性能可保证在一定生产条件下，高质量、高效率、低成本地制造出所设计的零件。

材料的工艺性能包括以下几个方面。

（1）铸造性。铸造是将金属熔炼成符合一定要求的液体并浇进铸型里，经冷却凝固、清整处理后得到有预定形状、尺寸和性能的铸件（零件或毛坯）的工艺过程。铸铁的铸造性能好于铸钢，铜、铝合金的铸造性能介于铸钢和铸铁之间。

（2）锻造性。锻造是一种利用锻压机械对金属坯料施加压力，使其产生塑性变形以获得具有一定机械性能、一定形状和尺寸锻件的加工方法。锻件的机械性能一般优于同样材料的铸件。机械中负载高、工作条件严峻的重要零件，多采用锻件。碳的质量分数越低，铁碳合金的锻造性能越好。

（3）焊接性。焊接是通过加热或加压，或两者并用，促使两种或两种以上同种或异种材料通过原子或分子之间的结合和扩散连接成一体的工艺过程。碳的质量分数越高，铁碳合金的焊接性能越差。

（4）切削加工性。切削加工是利用刀具从工件上切去多余的材料，以获得符合要求的零件的加工方法。一般来说，硬度适中（160～230HBS）的材料切削加工性好。

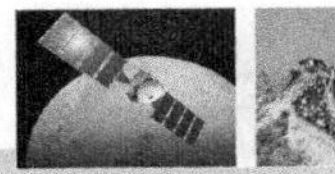

（5）热处理工艺性。热处理工艺性是指材料对热处理加工的适应性。一般来说，合金钢的淬透性好于碳素钢，高碳钢的淬硬性好于低碳钢；钢在油中淬火比在水中淬火变形开裂要小。

（6）黏结固化性。高分子材料、陶瓷材料、复合材料及粉末冶金材料，在一定条件下由黏结固化剂固化组成在一起的性能称为黏结固化性。各种材料的黏结固化倾向对材料成形有很大影响。

小贴士

（1）外力形式：拉伸、压缩、弯曲、剪切、扭转等

（2）载荷形式：静载荷、冲击载荷、交变载荷等

知识梳理

工程材料的宏观性能包括使用性能和工艺性能，主要性能见表 1-1-2。

表 1-1-2　工程材料的主要性能指标及含义

<table>
<tr><td rowspan="7">使用性能</td><td rowspan="7">力学性能</td><td rowspan="7">静载荷</td><td rowspan="3">强度</td><td>屈服强度 R_{eL}</td><td colspan="2">试样屈服时的应力，表明材料对开始明显塑性变形的抗力；设计取值时要考虑零件的工作条件</td></tr>
<tr><td>残余延伸强度 R_r</td><td colspan="2">卸除应力后，残余延伸率等于规定的引伸计标距百分比时的应力。表示此强度的符号，应附以下脚注明其规定的残余延伸率，如 $R_{r0.2}$</td></tr>
<tr><td>抗拉强度 R_m</td><td colspan="2">试样屈服阶段后所能承受的最大应力，表征材料抵抗破坏的能力。可作为两种不同材料或同一材料在两种不同热处理状态下性能比较的标准</td></tr>
<tr><td>刚度</td><td>弹性模量 E 和 G</td><td colspan="2">材料在受力时抵抗弹性变形的能力，表示材料产生弹性变形的难易程度。其值越高，零件的弹性变形量越小，刚度越好。但如果要在给定的弹性变形量下，要求零件的质量最轻，则必须按照比刚度选材</td></tr>
<tr><td rowspan="2">塑性</td><td>断后伸长率 A</td><td>试样断后标距长度的伸长量与原始标距长度的百分比</td><td rowspan="2">A、Z 值的大小只能表示在单向拉伸应力状态下的塑性，不能反映应力集中、工作温度、零件尺寸等对断裂强度的影响</td></tr>
<tr><td>断面收缩率 Z</td><td>试样拉断后颈缩处横截面积的最大缩减量与原始横截面积的百分比</td></tr>
<tr><td>硬度</td><td>布氏硬度 HBW、HBS</td><td>测量误差较小，结果较准确，适用于测量粗大且不均匀的金属材料的硬度。测试费时，压痕较大，不宜测成品及有较高精度要求配合面的零件及小件、薄件和太硬的材料</td><td>在一般情况下，若硬度达到规定要求，则其他性能也基本达到要求，但必须对处理工艺作出明确规定</td></tr>
</table>

续表

使用性能	力学性能	静载荷	硬度	洛氏硬度 HRA、HRB、HRC	操作便捷，测量范围大，压痕小，可直接测成品和较薄工件，但不易测定极薄工件及氮化层、金属镀层等的硬度。测定结果波动较大，故需测试三点的硬度值并取其算数平均值
				维氏硬度 HV	测量较薄或表面硬度值较大的材料硬度，可测定从很软的到很硬的各种金属材料的硬度，连续性好，准确率高
		冲击载荷	冲击韧性	冲击吸收功 A_k、冲击韧度 α_k	一般来说，冲击吸收功 A_k 越大，材料的韧性越好。但有时测得的 A_k 值及计算出的冲击韧度 α_k 值不能真实反映材料的韧脆性质。冲击吸收功与温度有关。A_k 或 α_k 不能用于定量设计
		循环载荷	疲劳强度	按受力方式和大小、应力循环频率等分类	试样承受无数次应力循环或到达规定的循环次数才断裂的最大应力。疲劳强度与抗拉强度有一定的比例关系，且抗拉强度的测得比较容易，所以通常以抗拉强度来衡量疲劳强度的高低
	物理性能	密度、熔点、导热性、导电性、热膨胀性、磁性			
	化学性能	耐蚀性、热稳定性			
工艺性能	铸造性能、锻造性能、焊接性能、切削加工性能及热处理工艺性能等				

小贴士

材料发展史

材料是人类进化的里程碑，历史学家根据人类所使用的材料来划分时代，如图 1-1-12 所示，包括石器时代、陶器时代、青铜器时代、铁器时代等。材料又是发展高科技的先导和基石。一种新材料的出现，往往可以导致一系列新技术的突破，而各种新技术及新兴产业的发展，无不依赖于新材料的研发，如航空航天所需要的轻质高强度材料，医学上人工脏器、人造骨骼等特殊材料及智能材料、复合材料、纳米材料等。

图 1-1-12　材料的发展与人类社会的关系简图

练习及思考题 1

一、选择题（将正确答案所对应的字母填在括号里）

1．对材料进行洛氏硬度 C 标尺测试时，压头应选择（　　）。

A．顶角为 120° 的金刚石锥体　　B．直径为 1.588 mm 的淬火钢球

C．直径为 10 mm 的硬质合金球　　C．直径为 10 mm 的淬火钢球

2．下列写法正确的是（　　）。

A．5～10HRC　　B．20～25HRC N/mm^2

C．200～250HBW　　D．70～75HRA

3．测试淬火齿轮的硬度时应选择（　　）。

A．HRA　　B．HRB　　C．HBS　　D．HRC

4．R_{eL} 反映的是材料抵抗（　　）的能力。

A．弹性变形　　B．塑性变形　　C．断裂　　D．冲击断裂

5．断后伸长率用符号（　　）表示。

A．R　　B．R_m　　C．$A_{11.3}$　　D．Z

6．材料抵抗塑性变形和断裂的能力称为（　　）。

A．强度　　B．硬度　　C．塑性　　D．弹性

7．用静拉伸试验可测定金属的（　　）。

A．强度　　B．硬度　　C．塑性　　D．强度和塑性

8．一般工程图样上常标注材料的（　　）并将其作为零件检验的主要依据。

A．强度　　B．硬度　　C．塑性　　D．疲劳强度

9．承受（　　）作用的零件，使用时可能出现疲劳断裂。

A．静拉力　　B．静压力　　C．冲击力　　D．交变应力

10．通常，材料的硬度为（　　）时，切削加工性能良好。

A．200～300HBS　　B．70～80HRA　　C．40～45HRC　　D．170～230HBS

11．用直径为 10 mm 的淬火钢球做压头，施加 29 420 N 的力，测得压痕直径为 4.50 mm，则其硬度值为（　　）HBS。

A．179　　B．180　　C．177　　D．182

12．HRA 的有效值范围为（　　）。

A．20～88　　B．20～100　　C．20～70　　D．33～90

13．HRC 的有效值范围为（　　）。

A．20～88　　B．20～100　　C．20～70　　D．33～90

二、判断题（正确的在括号内画“√”，错误的在括号内画“×”）

（　　）1．机器中的零件在工作时，材料强度高的不会变形，材料强度低的一定会产生变形。

（　　）2．屈服强度是表征材料抵抗断裂能力的力学性能指标。

（　　）3．所有的金属材料均有明显的屈服现象。

（　　）4．屈服强度是材料发生屈服时的平均应力。

（　　）5．抗拉强度是材料断裂前承受的最大应力。

（　　）6．某材料的硬度为 250～300HBS MPa。

（　　）7．HRA 表示的是洛氏硬度的 A 标尺。

（　　）8．材料的强度高，其硬度一定高，刚度一定大。

（　　）9．强度高的钢，塑性、韧性一定差。

（　　）10．弹性极限高的材料，所允许产生的弹性变形大。

（　　）11．洛氏硬度的单位是 mm。

（　　）12．材料韧性的好坏只取决于材料的成分，与其他因素无关。

（　　）13．测试 HBS 用淬火钢球做压头。

（　　）14．布氏硬度可以用来测试成品或半成品的硬度。

（　　）15．金属在外力的作用下产生的变形都不能恢复。

（　　）16．硬度试验测量简便，属于非破坏性试验，且能反映其他力学性能，因此是生产中最常用的力学性能测量方法。

（　　）17．一般金属材料在低温时比高温时的脆性大。

（　　）18．金属的工艺性能好表明加工容易，加工质量容易保障，加工成本也较低。

三、思考题

1．现测得长、短两根圆形截面标准试样的 $A_{11.3}$ 和 A 均为 20%，试求：两根试样拉断后的标距长度是多少？

2．国家标准规定，金属材料 15 钢的力学性能指标不应低于下列数值：R_m≥372 MPa，R_{eL}≥225 MPa，A≥27%，Z≥55%。现将购进的 15 钢制成 d_0=10 mm 的圆形截面短试样，经拉伸试验后测得 F_m=34 500 N，F_{eL}=21 100 N，L_1=65 mm，d_1=6 mm。试问：这批 15 钢的力学性能是否合格？

3．在下列情况下应采取什么方法测定硬度？写出相应的硬度值符号。

（1）锉刀　（2）黄铜铜套　（3）硬质合金刀片　（4）耐磨工件的表面硬化层

（5）供应状态的各种碳钢钢材

4．比较下列几种硬度值的高低。

75HRA　65HRB　50HRC　200HBS　480HV

5．图 1-1-13 所示为五种材料的应力-应变曲线：①45 钢；②铝青铜；③35 钢；④硬铝；⑤纯铜。试回答下列问题：

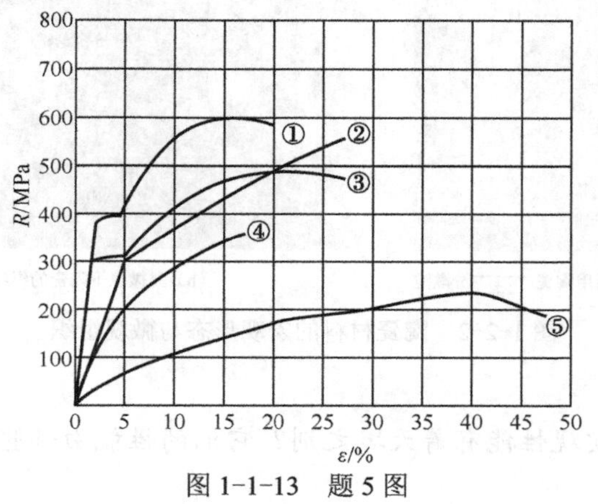

图 1-1-13　题 5 图

（1）比较这五种材料的强度和塑性的大小。

（2）当应力为 300 MPa 时，各种材料处于什么状态？

（3）用 35 钢制成的轴，在使用过程中发现有较大的弹性变形，若改用 45 钢制作该轴，则能否减小弹性变形？若弯曲变形中已有塑性变形，则是否可以避免塑性变形？

6．说说我们生活中各种设施、设备、装置、工具、用品等物件是由哪类材料制作的。

任务 1-2 探知材料的微观结构

案例 2 显微镜下观察钢与陶瓷的组织

金属材料钢和陶瓷材料的宏观形态与微观组织如图 1-2-1 和图 1-2-2 所示。

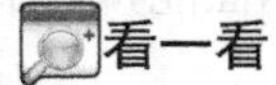看一看

（a）一块钢锭

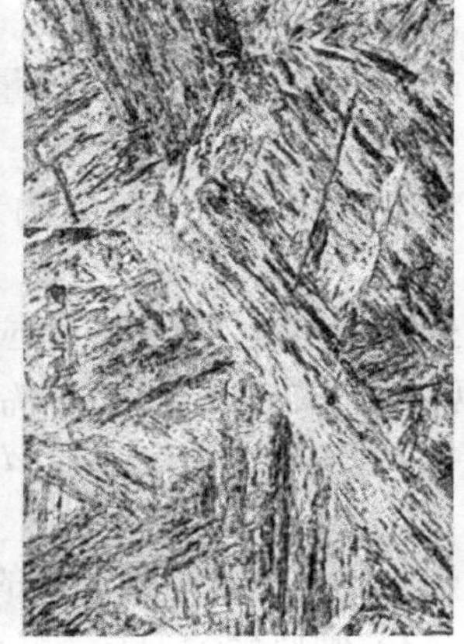

（b）光学显微镜下钢的组织

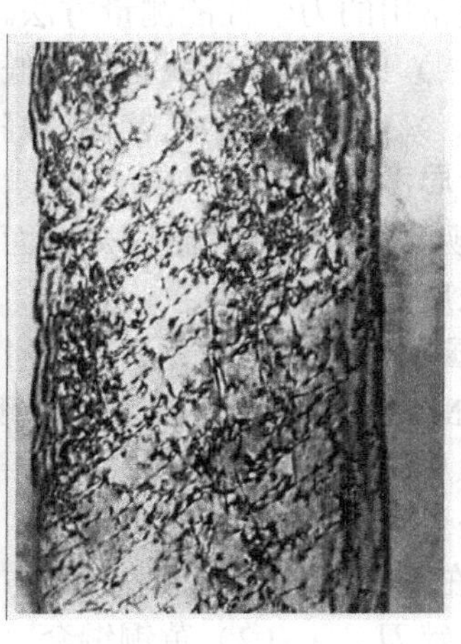

（c）电子显微镜下钢的组织

图 1-2-1 金属材料钢的宏观形态与微观组织

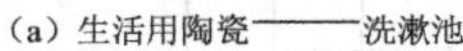

（a）生活用陶瓷——洗漱池

（b）显微镜下陶瓷的组织

图 1-2-2 陶瓷材料的宏观形态与微观组织

想一想

为什么钢和陶瓷的宏观性能有着天壤之别？它们的性能由哪些因素决定？它们的微观世界有着怎样的区别？

相关知识

1.2　金属和陶瓷材料的微观组织结构

材料的宏观性能是由其化学成分和内部组织结构决定的，即使具有相同化学成分的材料，若改变内部结构和组织状态也会使其性能发生改变。

1.2.1　纯金属的晶体结构及结晶

物质是由原子构成的。根据原子排列方式的不同，可将固态物质分成晶体与非晶体两类，二者之间的异同见表 1-2-1。金属属于晶体。

表 1-2-1　晶体与非晶体比较表

名　称	原子空间排列	熔　点	特　性	举　例
晶体	有规则、周期性	有	各向异性	金属、食盐、冰、金刚石等
非晶体	无规则、无序	无	各向同性	松香、石蜡、玻璃、沥青等

1. 纯金属的晶体结构

晶体结构是指晶体内部原子排列的方式及特征，可用晶格、晶胞术语来表述。

（1）晶格。晶格是指表示晶体中原子排列形成的空间格子（如图 1-2-3（b）所示），是近似地将原子看成一个个点，并用假想的直线条将它们连起来而形成的。

（2）晶胞。晶胞是指组成晶格最基本的几何单元（如图 1-2-3（c）所示）。用晶格常数（晶胞三条棱边长度 a、b、c 及三棱边夹角 α、β 和 γ）来表示晶胞的形状和大小。

晶格可由晶胞不断重复堆砌而成，晶格常数的变化、晶格类型的差异会使晶体呈现不同的使用性能。

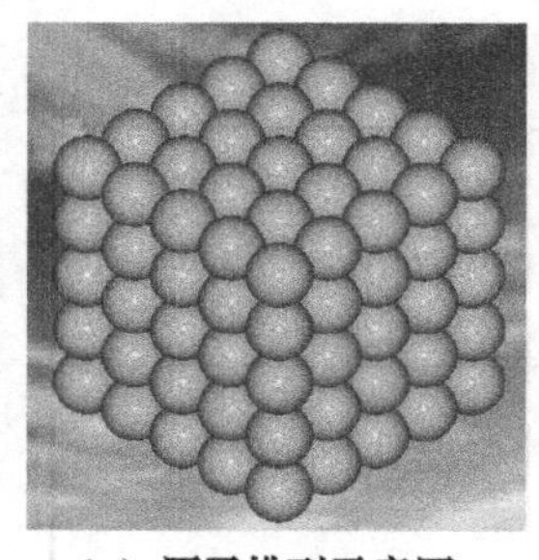

（a）原子排列示意图

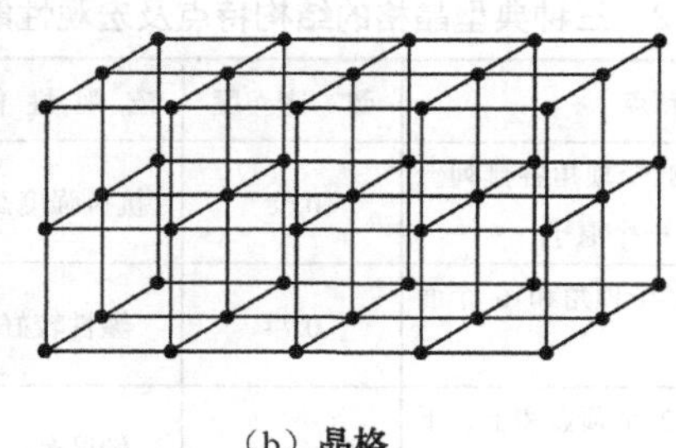

（b）晶格

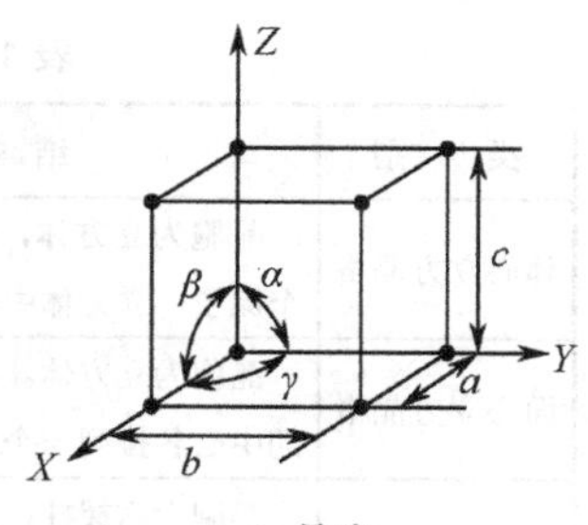

（c）晶胞

图 1-2-3　晶体简单立方晶格与晶胞示意图

常见的金属晶格类型有体心立方晶格、面心立方晶格、密排六方晶格三种，如图 1-2-4 所示。

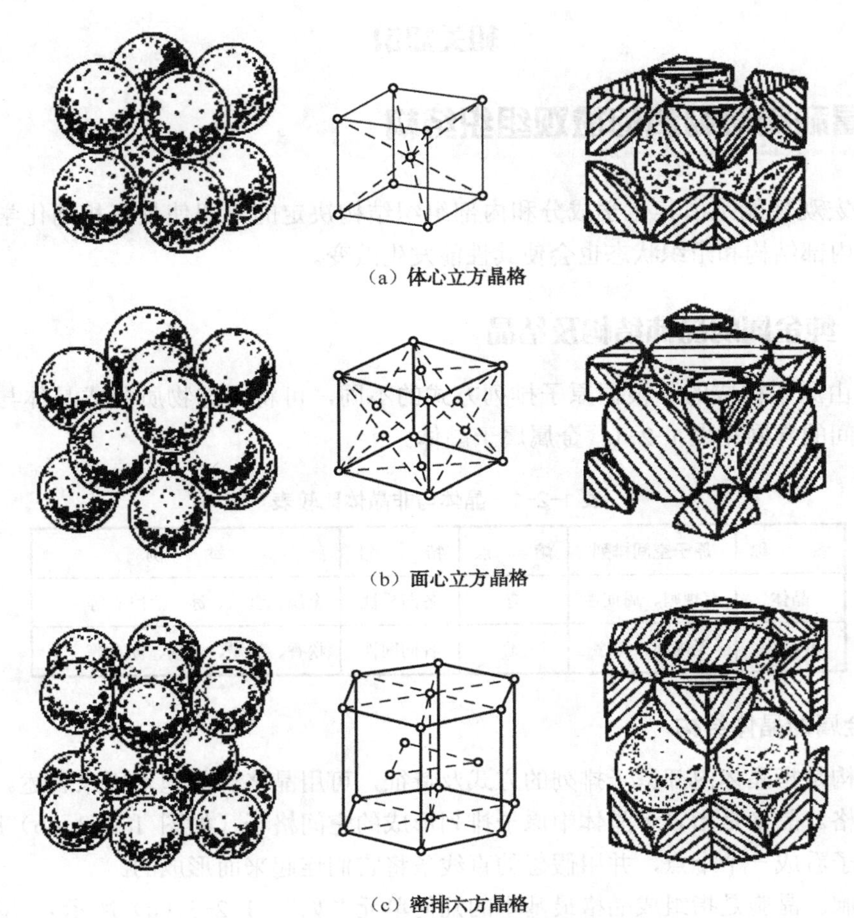

(a) 体心立方晶格

(b) 面心立方晶格

(c) 密排六方晶格

图 1-2-4　三种典型晶格的晶胞示意图

晶格类型不同，原子排列的致密度（晶胞中原子所占体积与晶胞体积的比值）也不同，将会引起金属体积和性能的变化。三种晶格的结构特点及宏观性能见表 1-2-2。

表 1-2-2　三种典型晶格的结构特点及宏观性能

类　别	结 构 特 点	致 密 度	宏 观 性 能	常 见 金 属
体心立方晶格	晶胞为立方体，其 8 个顶角各排列一个原子，立方体中心有一个原子	0.68	抗拉强度高	钼（Mo）、钨、钒、铬、铌、α-Fe 等
面心立方晶格	晶胞为立方体，其 8 个顶角和 6 个面的中心各排列一个原子	0.74	塑性较好	铝、铜、镍、金、银、γ-Fe 等
密排六方晶格	晶胞为六棱柱，其 12 个顶点和上、下面中心各排列一个原子，六棱柱的中间还有 3 个原子	0.74	硬度高、脆性大	镁、镉（Cd）、锌、铍（Be）等

注：纯铁在 912～1 394 ℃时晶格类型是面心立方晶格，称为 γ-Fe；在 912 ℃以下为体心立方晶格，称为α-Fe；二者外在的突出表现是 γ-Fe 比α-Fe 软，体积大，且无磁性（纯铁在 770 ℃以下有磁性）。

2. 实际金属的晶体结构

实际金属由很多外形不规则的小晶粒组成，称为多晶体。每个晶粒内的晶格位向基本一致，但各个晶粒之间彼此位向不同，相邻晶粒的界面称为晶界，如图 1-2-5 所示。由于实际金属由许多位向不同的晶粒组成，其性能是位向不同晶粒的平均性能，故可认为实际金属是各向同性的。

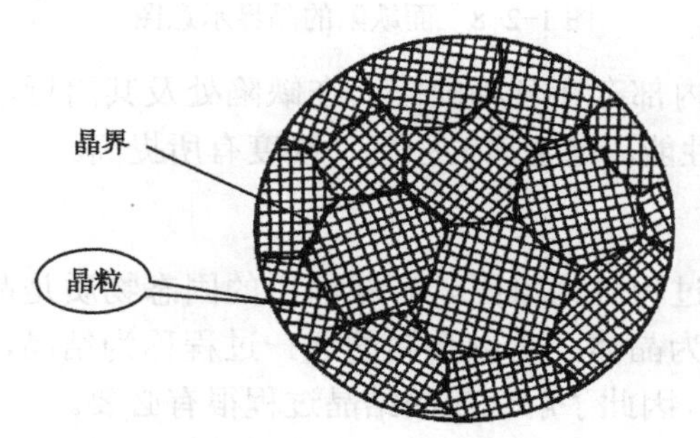

图 1-2-5 金属的多晶体结构示意图

实际金属的晶体结构不仅是多晶体，而且原子的排列也不总是很理想化的规则和完整的，不可避免地存在原子偏离规则排列的不完整性区域——晶体缺陷。这些缺陷对金属的使用性能有很大影响。根据缺陷的形状一般分为点缺陷、线缺陷和面缺陷三种。

（1）点缺陷。点缺陷是指某个原子脱离规则位置或占到晶格空隙，最常见的是晶格空位和间隙原子，如图 1-2-6 所示。

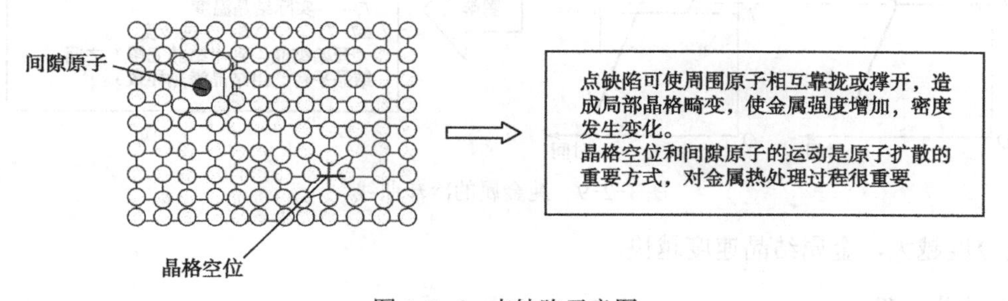

图 1-2-6 点缺陷示意图

（2）线缺陷。线缺陷是指某列或若干列原子发生有规律错排的现象，常见的线缺陷是各种类型的位错，其中刃型位错最具代表性，如图 1-2-7 所示。

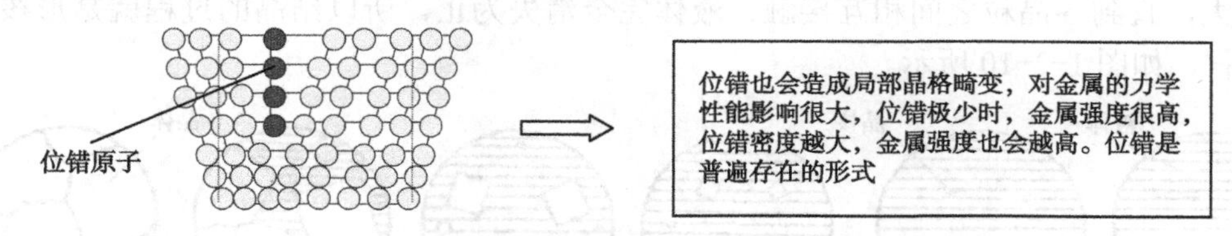

图 1-2-7 线缺陷的刃型位错示意图

（3）面缺陷。面缺陷是指某局部原子不规则排列呈面状的缺陷，常见的是晶界，如图 1-2-8 所示。

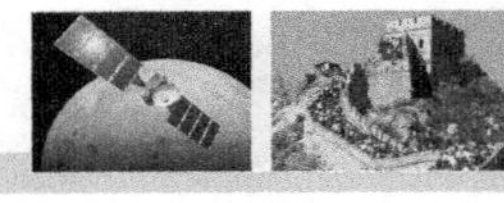

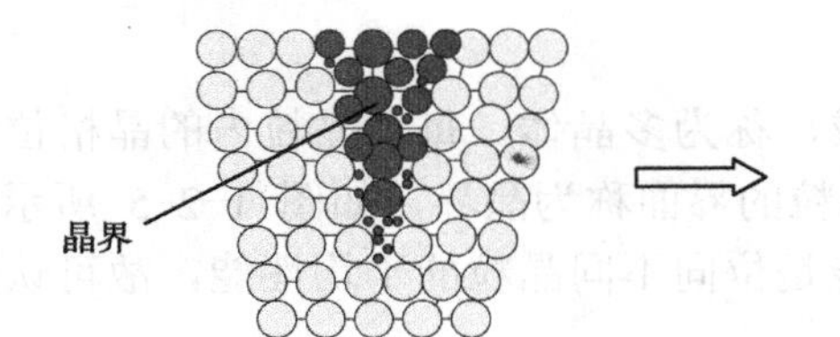

图 1-2-8　面缺陷的晶界示意图

综上所述，实际晶体内部存在各种缺陷，在缺陷处及其附近，晶格均处于畸变状态，直接影响金属材料的力学性能，使金属的强度、硬度有所提高。

3. 纯金属的结晶

材料从液态到固态的过程称为凝固。若凝固后的固态物质是晶体，则凝固过程称为结晶。因金属材料固态时多为晶体，所以金属的这一过程称为结晶，结晶时形成的铸态组织对金属的性能有很大影响，因此了解金属的结晶过程很有必要。

1）过冷现象

纯金属于实验室中在无限缓慢冷却条件下（即平衡状态）的结晶过程，如图 1-2-9 中“1”曲线所示，而实际生产中金属由液态结晶为固态时的冷却曲线如图 1-2-9 中“2”所示，从图中可看出，金属总是在过冷情况下结晶，所以过冷是金属结晶的必要条件。

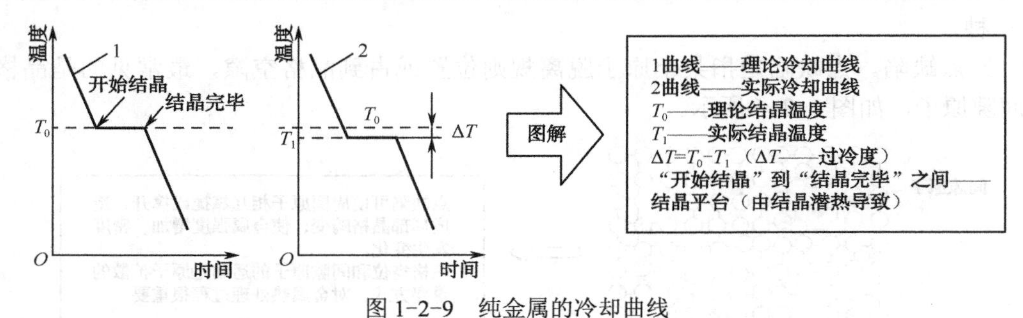

图 1-2-9　纯金属的冷却曲线

过冷度越大，金属结晶速度越快。

2）结晶过程

金属的结晶过程总是从形成一些极小的晶体开始，这些细小的晶体称为晶核。随着温度的降低，液态金属中的原子不断向晶核聚集，使晶核长大；同时液体中不断有新晶核形成并长大，直到各晶粒之间相互接触，液体完全消失为止，所以结晶的过程就是形核和核长大过程，如图 1-2-10 所示。

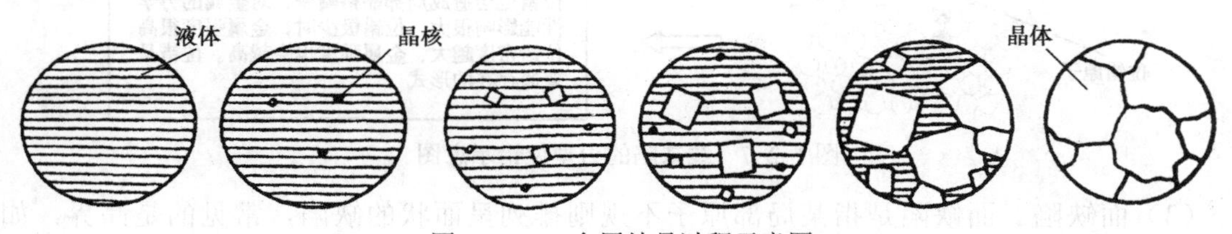

图 1-2-10　金属结晶过程示意图

形核分自发和非自发两种方式。在一定的过冷条件下，仅仅依靠本身的原子有规则排列而形成晶核，称为自发形核（也称均质形核）。实际铸造生产中，这种形核现象很少。通常金属液中总存在着各种固态杂质微粒，依附在这些杂质表面很容易形核，这种形核过程称为非自发形核，（又称非均质形核）。两种方式同时存在于结晶过程，但非自发形核往往比自发形核更具有优先和主导作用。

3）晶粒大小的控制

实验证明，金属结晶后的晶粒大小对其力学性能有重要影响。晶粒越细，金属的强度、硬度就越高，塑性、韧性就越好。因此，为了提高金属的力学性能，在生产实践中必须控制结晶过程，增加形核数目，降低核长大速度，常采用以下方法。

（1）提高冷却速度

冷却速度越快，过冷度越大，形核速度远大于核长大速度，使晶粒细化。例如，降低浇注温度、采用蓄热大和散热快的金属铸型、局部加冷铁，以及采用水冷铸型等方法。

（2）变质处理

对于尺寸较大、形状较复杂的铸件不易用快冷的方法来细化晶粒，否则易产生各种缺陷。实际生产中常采用变质处理的方法，即在浇注前向液体中加入某种物质（称变质剂），促进非自发形核或抑制晶核的长大速度。例如，向灰铸铁中加石墨粉、高锰钢中加锰铁粉、铝液中加 TiC 和 VC 等，使形核速度加快；向铝硅合金中加钠盐，减慢 Si 晶核的长大速度。

（3）附加振动

在金属结晶时，对液态金属施加机械振动、超声波振动、电磁振动等，使正在长大的晶粒破碎，增加晶核数目，从而细化晶粒。

1.2.2　铁碳合金的晶体结构及结晶

1. 合金的晶体结构

纯金属虽然具有许多优良的性能并获得广泛应用，但其强度和硬度一般都很低，远不能满足零件的使用要求。因此，工业上用量最大、使用范围最广的金属材料是合金，与之相关的概念如下。

（1）合金。合金是指两种或两种以上金属元素（或金属与非金属元素）经一定方法合成而得到的具有金属特性的物质。例如，普通黄铜是 Cu 和 Zn 合金，45 钢是 Fe 和 C 合金。合金除具备纯金属的基本特性外，还可以拥有纯金属所不能达到的一系列机械特性与理化特性，如高强度、高硬度、高耐磨性、耐蚀性等。

（2）组元。组元是指组成合金的最基本而独立的物质。组元可以是金属、非金属，或稳定的化合物，如普通黄铜的组元是 Cu 和 Zn；45 钢的组元是 Fe 和 Fe_3C（化合物）。根据组元的数目，可将合金分为二元合金、三元合金、多元合金。

（3）合金系。由若干给定组元，以不同配比，配制出一系列不同成分、不同性能的合金，组成一个系统，这个系统称为合金系。

（4）相。相是指金属或合金中化学成分、晶体结构及原子聚集状态相同，并与其他部分有明显界面分开的均匀组成部分。

（5）组织。组织是指用金相观察方法看到的，在金属及其合金内部由形态、尺寸不同和分布方式不同的一种或多种相构成的组合形貌。

注意

相是组织的基本单元，相的大小、形态与分布不同时构成不同的组织。组织是相的综合体。组织可以由单相组成，称为单相组织，也可以由两相或两相以上构成，称为复相组织。例如，45 钢在液态下就是单相的，在室温下呈固态且是两相的。

合金的晶体结构是指构成固态合金的相和组织的状态。其中，相主要有固溶体和金属化合物两大类。

1）固溶体

合金中两组元在液态和固态下互相溶解，共同形成均匀的固相，该固相称为固溶体。保持原有晶格类型的组元称为溶剂，失去原有晶格类型的组元称为溶质。根据溶质原子在溶剂中所占的位置不同，固溶体可分为置换固溶体（指溶质原子占据了部分溶剂晶格结点位置而形成）和间隙固溶体（指溶质溶入溶剂晶格的间隙而形成）。

固溶体通过溶入溶质元素，使晶格发生畸变，导致材料强度、硬度提高，这种现象称为固溶强化。它是钢铁材料强化性能途径之一，是非铁金属材料力学性能提高的重要手段。

2）金属化合物

当溶质含量超过固溶体的溶解度时，除了形成固溶体外，还将出现新相，即为金属化合物或中间相。它的晶格类型和性能不同于组成它的任一组元，其特点是熔点高，硬而脆。生产中金属化合物很少被直接使用，一般呈细小颗粒状且均匀分布在固溶体基体上，会使合金的强度、硬度和耐磨性明显提高，这种现象称为弥散强化。

注意

纯金属、固溶体和金属化合物都是组成合金组织的基本相。绝大多数的工业合金，其组织均为固溶体与少量化合物（一种或几种）所构成的机械混合物。含量较多的相称为基体相（多数为固溶体），金属化合物相分布在基体相上，各相仍保持各自的晶格结构和性能，混合物的性能取决于各组成相的性能及形态、大小、数量、分布等状况。

2. 合金的结晶

在工程材料中，合金比纯金属应用更为广泛。合金的结晶过程比纯金属复杂得多，分析其过程很好的方法是运用合金相图（又称状态图或平衡图），是在平衡（极其缓慢加热或冷却）条件下，合金的组织随成分、温度变化的规律而对合金系中不同成分的合金进行实验绘制成的图。例如，铁碳合金相图，如图 1-2-12 所示。

相图是在实验室测得的，但对实际生产有重要的理论指导意义。

3. 铁碳合金的晶体结构

钢铁材料是工业生产和日常生活中应用最广泛的金属材料，其主要组成元素是铁和碳，故称铁碳合金。

1）铁碳合金的组元、基本相及其性能

（1）纯铁

如图 1-2-11 所示，纯铁在 1 538 ℃结晶成固体后具有体心立方晶格，称为δ-Fe；冷却到 1 394 ℃时，晶格转变为面心立方晶格，称为 γ-Fe；再冷却到 912 ℃时，晶格转变为体心立方晶格，称为α-Fe。我们把这种金属在固态下随着温度的变化，晶格由一种类型转变成另一种类型的过程，称为同素异晶转变或同素异构转变。

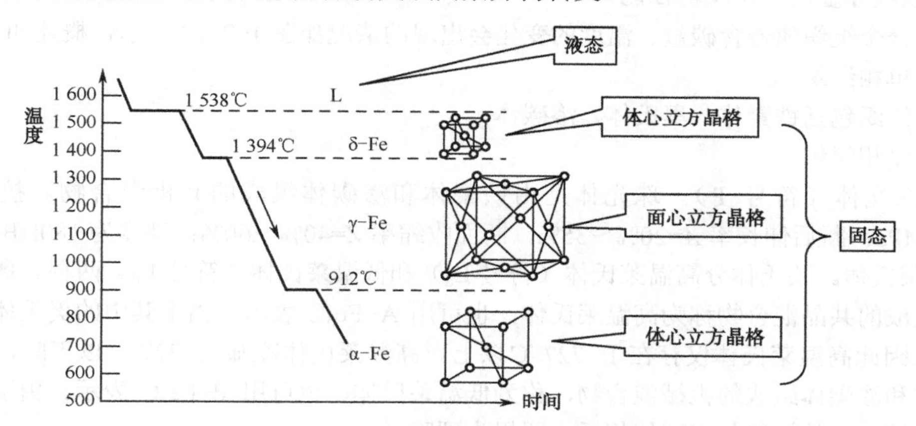

图 1-2-11 纯铁冷却曲线及晶体结构变化

同素异晶转变是钢铁的一个重要特性，它是钢铁能够通过热处理来改变性能的基础。

纯铁的强度、硬度低，塑性好，其力学性能指标如下。

抗拉强度 R_m=180～280 MPa；规定残余延伸强度 $R_{r0.2}$=100～170 MPa；断后伸长率 A=40%～50%；断面收缩率 Z=70%～80%；硬度为 50～80HBS；冲击韧度 $\alpha_k=1.6\times10^6$～2×10^6 J/m^2。

（2）铁碳合金的基本相

在液态下，铁和碳互溶成均匀的液体。在固态下，碳可有限地溶于铁的各种同素异构体中，形成间隙固溶体。当碳含量超过在相应温度固相的溶解度时，会析出具有复杂晶体结构的金属化合物——渗碳体。它们的相结构及性能见表 1-2-3。

表 1-2-3 铁碳合金的基本相及其性能

形态	名称	符号	相的种类	形成	力学性能			特点
					R_m/MPa	$A_{11.3}$/%	HBS	
液态	液相	L	—	铁碳合金在熔化温度以上形成的均匀液体	—	—	—	—
固态	奥氏体	A	固溶体	碳溶于 γ-Fe 中形成的间隙固溶体	400	40～50	170～220	具有一定的强度和硬度，塑性也很好，易于锻压成形

续表

形态	名称	符号	相的种类	形成	力学性能			特点
					R_m/MPa	$A_{11.3}$/%	HBS	
固态	铁素体	F	固溶体	碳溶于α-Fe 中形成的间隙固溶体	250	30～50	50～80	与纯铁相似，强度和硬度低，但具有良好的塑性和韧性
	渗碳体	Fe_3C	化合物	铁和碳相互作用形成的具有复杂晶格的间隙化合物	30	≈0	>800HV	硬度很高，塑性、韧性几乎为零，极脆
说明：渗碳体在铁碳合金中常以片状、球状、网状等形式与其他相共存，渗碳体是铁碳合金中的主要强化相，它的形态、大小、数量和分布对钢的性能有很大影响。渗碳体是一种亚稳定相，在一定条件下会发生分解，形成石墨状的自由碳								

2）铁碳合金的组织及其性能

铁碳合金组织随着含碳量、温度的变化会出现的情况如图 1-2-12 所示，概述如下。

（1）单相组织

单相组织包括铁素体、奥氏体、渗碳体。

（2）复相组织

① 珠光体（符号 P）。珠光体是由铁素体和渗碳体组成的共析混合物。抗拉强度 R_m=700 MPa；断后伸长率 A=20%～35%，断面收缩率 Z=40%～60%；硬度为 180HBS。

② 莱氏体。莱氏体分高温莱氏体（符号 L_d）和低温莱氏体（符号 L_d'）两种。奥氏体和渗碳体组成的共晶混合物称为高温莱氏体，也可用 $A+Fe_3C$ 表示。由于其中的奥氏体属于高温组织，因此高温莱氏体仅存在于 727 ℃以上。高温莱氏体冷却到 727 ℃以下时，将转变为珠光体和渗碳体组成的机械混合物，称为低温莱氏体，也可用 $P+Fe_3C$ 表示。由于它含有的渗碳体较多，故性能与渗碳体相近，即极为硬脆。

4. 铁碳合金的结晶（铁碳相图或 Fe-Fe₃C 相图）

铁碳合金的结晶过程要用铁碳相图或简化的铁碳相图（$Fe-Fe_3C$ 相图）来分析，如图 1-2-12 所示。

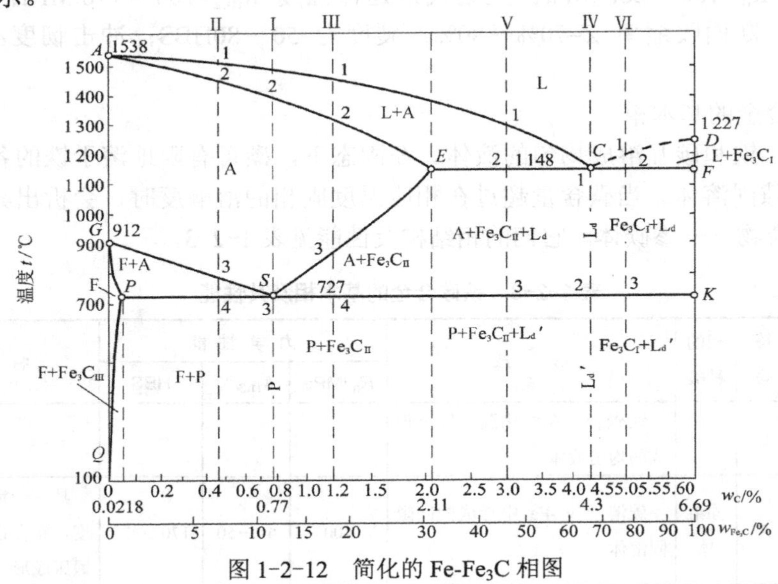

图 1-2-12 简化的 $Fe-Fe_3C$ 相图

图中纵坐标表示温度，横坐标表示合金成分。横坐标从左到右表示合金成分的变化，即碳的质量分数 w_C 由 0 向 100%逐渐增大，而铁的质量分数 w_{Fe} 相应地由 100%向 0 逐渐减小。在横坐标上的任何一点都代表一种成分的合金，如 *C* 点代表 w_C 为 4.3%和 w_{Fe} 为 95.7%的铁碳合金。由于 w_C=6.69%时，铁和碳形成稳定化合物 Fe_3C，可作为一个独立的组元，且 w_C>6.69%后铁碳合金脆性极大，没有使用价值，所以我们所研究的铁碳合金相图实际上是 Fe-Fe_3C 相图。

1）Fe-Fe_3C 相图中的特性点（见表 1-2-4）

表 1-2-4 Fe-Fe_3C 相图中的特性点

特性点	t/℃	w_C/%	含义
A	1 538	0	纯铁的熔点
C	1 148	4.3	共晶点，$L_c \xleftrightarrow{1148℃} L_d(A_E + F_3C)$
D	1 227	6.69	渗碳体的熔点
E	1 148	2.11	碳在 γ-Fe 中的最大溶解度及钢与白口铸铁的分界点
G	912	0	纯铁的同素异晶转变点，$\alpha-Fe \xleftrightarrow{912℃} \gamma-Fe$
P	727	0.021 8	碳在α-Fe 中的最大溶解度
S	727	0.77	共析点，$A_s \xleftrightarrow{727℃} P(F_p + F_3C)$
Q	600	0.006	碳在α-Fe 中的溶解度

2）Fe-Fe_3C 相图中的特性线（见表 1-2-5）

表 1-2-5 Fe-Fe_3C 相图中的特性线

特性线	名称	含义
ACD	液相线	在此线以上铁碳合金处于液态（L）。降温时，w_C<4.3%的液态合金在 *AC* 线开始结晶出奥氏体（A）；w_C>4.3%的液态合金在 *CD* 线开始结晶出一次渗碳体（$Fe_3C_Ⅰ$）
AECF	固相线	在此线以下，铁碳合金均呈固态
ECF	共晶线	w_C=2.11%～6.69%的液态合金缓冷到此线（1 148 ℃）时，将发生共晶转变，$L_c \xleftrightarrow{1148℃} L_d(A_E + F_3C)$
PSK	共析线（A_1 线）	w_C=0.021 8%～6.69%的铁碳合金缓冷到此线（727 ℃）时，奥氏体将发生共析转变，$As \xleftrightarrow{727℃} P(F_p + F_3C)$
GS	奥氏体和铁素体相互转变线（A_3 线）	在冷却过程中，表示奥氏体转变成铁素体的开始线；在加热过程中，表示铁素体转变成奥氏体的结束线
GP	奥氏体和铁素体相互转变线	在冷却过程中，表示奥氏体转变成铁素体的结束线；在加热过程中，表示铁素体转变成奥氏体的开始线
ES	碳在奥氏体中的溶解度随温度变化曲线（A_{cm} 线）	随着温度的降低，奥氏体中碳的质量分数沿着此线逐渐减小，多余的碳以二次渗碳体（$Fe_3C_Ⅱ$）的形式析出
PQ	碳在铁素体中的溶解度随温度变化曲线	随着温度的降低，铁素体中碳的质量分数沿着此线逐渐减小，多余的碳以三次渗碳体（$Fe_3C_Ⅲ$）的形式析出

$Fe\text{-}Fe_3C$ 相图中的一、二、三次渗碳体的碳的质量分数、晶体结构均相同，没有本质区别，只是来源、形态、分布不同，对铁碳合金性能的影响也有所不同。

3）$Fe\text{-}Fe_3C$ 相图中的各区域的相与组织（见表 1-2-6）

表 1-2-6　$Fe\text{-}Fe_3C$ 相图中的各区域的相与组织

区　域	相	组　织	
ACD 以上	L	L	
ACEA	L+A	L+A	
CDFC	$L+F_3C$	$L+F_3C_{\mathrm{I}}$	
AESGA	A	A	
GPQG	F	F	
GSPG	A+F	A+F	
EFKSE	$A+F_3C$	$0.77\%<w_C\leqslant 2.11\%$	$A+Fe_3C_{\mathrm{II}}$
		$2.11\%<w_C<4.3\%$	$A+Fe_3C_{\mathrm{II}}+L_d$
		$w_C=4.3\%$	L_d
		$4.3\%<w_C<6.69\%$	$F_3C_{\mathrm{I}}+L_d$
PSK 以下	$F+F_3C$	$w_C\leqslant 0.000\,8\%$	F
		$0.000\,8\%<w_C\leqslant 0.021\,8\%$	$F+Fe_3C_{\mathrm{III}}$
		$0.021\,8\%<w_C<0.77\%$	F+P
		$w_C=0.77\%$	P
		$0.77\%<w_C\leqslant 2.11\%$	$P+Fe_3C_{\mathrm{II}}$
PSK 以下	$F+F_3C$	$2.11\%<w_C<4.3\%$	$P+Fe_3C_{\mathrm{II}}+L'_d$
		$w_C=4.3\%$	L'_d
		$4.3\%<w_C<6.69\%$	$F_3C_{\mathrm{I}}+L'_d$
		$w_C=6.69\%$	F_3C

温馨提示

（1）$Fe\text{-}Fe_3C$ 相图不能表示铁碳合金快速加热或冷却时组织的变化规律。

（2）铁碳合金快速加热或冷却的问题可参考 $Fe\text{-}Fe_3C$ 相图，但还要借助其他理论。

（3）$Fe\text{-}Fe_3C$ 相图是用极纯的 Fe 和 C 配制的合金测定的，实际的钢铁材料中有许多其他元素。其中某些元素对临界点和相的成分都可能有很大影响，要综合很多理论来分析和研究。

4）典型合金的冷却过程及组织

根据铁碳合金中碳的质量分数和组织的不同，将铁碳合金分为工业纯铁、钢、白口铸铁三类，见表 1-2-7。

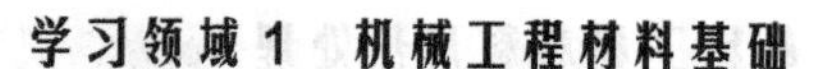

表 1-2-7 铁碳合金分类及对应的组织

类别名称			含碳量 w_C	室温下的组织
工业纯铁			≤0.021 8%	铁素体和三次渗碳体
铁碳合金	钢	亚共析钢	0.021 8%<w_C<0.77%	铁素体和珠光体
		共析钢	=0.77%	珠光体
		过共析钢	0.77%<w_C≤2.11%	珠光体和二次渗碳体
	白口铸铁	亚共晶白口铸铁	2.11%<w_C<4.3%	珠光体、低温莱氏体和二次渗碳体
		共晶白口铸铁	=4.3%	低温莱氏体
		过共晶白口铸铁	4.3%<w_C≤6.69%	一次渗碳体和低温莱氏体

分析合金冷却过程就是过 $Fe-Fe_3C$ 相图中横轴上某对应的成分点，作一条垂直于横轴的垂线（合金线），此线与相图中的特性线或特性点相交处所对应的温度，即合金发生组织转变的温度。沿着这条合金线，随着温度的变化，合金的相、组织也随之有规律地转变。下面以 6 种典型铁碳合金为例，用冷却过程示意图形象给出了变化规律。

（1）共析钢的冷却过程（图 1-2-12 中 Ⅰ 线），如图 1-2-13 所示。

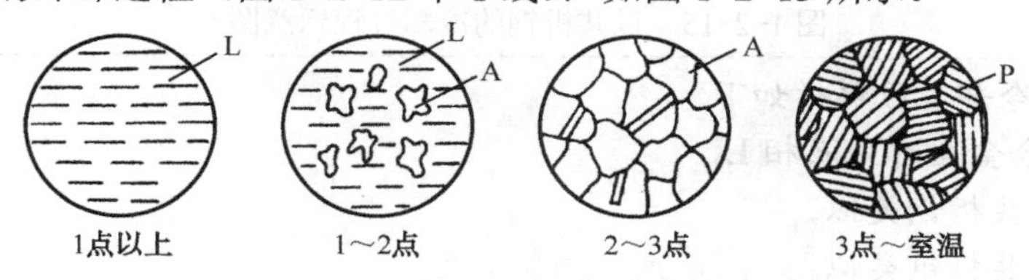

图 1-2-13 共析钢的冷却过程示意图

共析钢的冷却过程解析如下。

1 点以上：合金全部为液相 L。

1～2 点：合金缓冷至与 AC 线相交的 1 点时，开始从液相中结晶出奥氏体 A，并且 A 的量随温度下降而增多，其成分沿 AE 线变化；剩余液相逐渐减少，其成分沿 AC 线变化。

2～3 点：冷却至 2 点温度时，液相合金全部结晶为奥氏体 A，一直温度降到 3 点，都是单一的奥氏体 A。

3～室温：冷却至 3 点（727 ℃）时，发生共析转变，从奥氏体同时析出铁素体 F 和渗碳体 Fe_3C，构成交替重叠的层片状两相组织，即珠光体 P.其室温下的显微组织如图 1-2-16 中（b）所示。

（2）亚共析钢的冷却过程（图 1-2-12 中Ⅱ线），如图 1-2-14 所示。

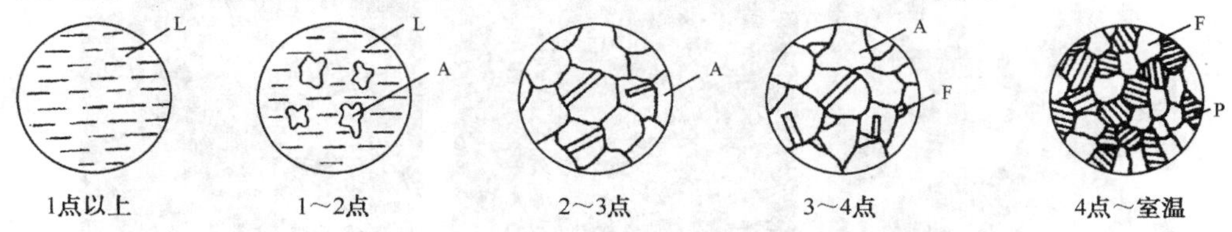

图 1-2-14 亚共析钢的冷却过程示意图

亚共析钢的冷却过程解析如下。

1 点以上：合金全部为液相 L。

1～2 点：与共析钢类似。

2～3 点：与共析钢类似。

3～4 点：冷却至与 GS 线相交的 3 点时，奥氏体 A 开始向铁素体 F 转变；随温度下降 F 量增多，其成分沿 GP 线变化；而 A 量逐渐减少，其成分沿 GS 线变化；组织为 A 和 F 两相组织。

4～室温：冷却至 4 点时，剩余的 A 发生共析转变，形成珠光体 P，故其室温下组织为 F 和 P。

另：所有亚共析钢的冷却过程相似，不同的是随着碳的质量分数增加，P 量增多，F 量减少。亚共析钢的显微组织如图 1-2-16 中（a）所示。

（3）过共析钢的冷却过程（图 1-2-12 中Ⅲ线），如图 1-2-15 所示。

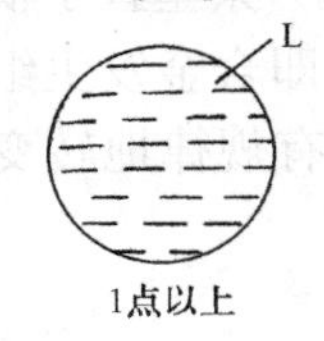

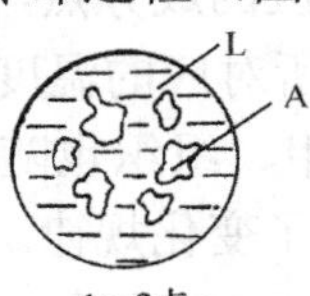

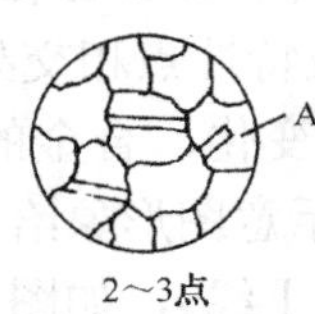

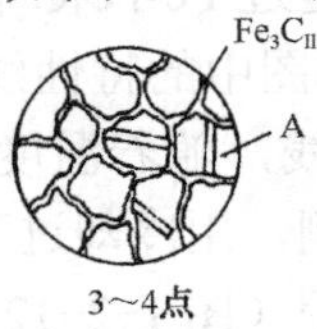

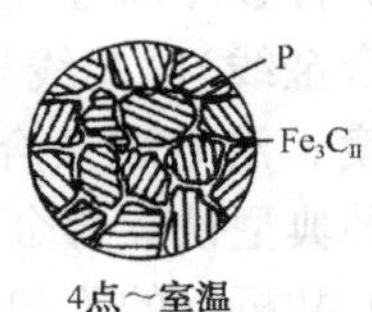

图 1-2-15　过共析钢的冷却过程示意图

过共析钢的冷却过程解析如下。

1 点以上：合金全部为液相 L。

1～2 点：与共析钢类似。

2～3 点：与共析钢类似。

3～4 点：冷却至与 ES 线相交的 3 点时，奥氏体 A 中碳的质量分数达到饱和，碳以二次渗碳体 Fe_3C_{II} 的形式析出，呈网状沿奥氏体晶界分布。继续冷却，二次渗碳体的量不断增多，A 量逐渐减少，剩余 A 的成分沿 ES 线变化。

4～室温：冷却到与 PSK 线相交的 4 点时，剩余 A 发生共析转变，形成珠光体 P。继续冷却，组织基本不变。故其室温下组织为 P 和网状 Fe_3C_{II}。

另：所有过共析钢的冷却过程相似，不同的是随着碳的质量分数增加，网状 Fe_3C_{II} 量增多，P 量减少。过共析钢的显微组织如图 1-2-16 中（c）所示。

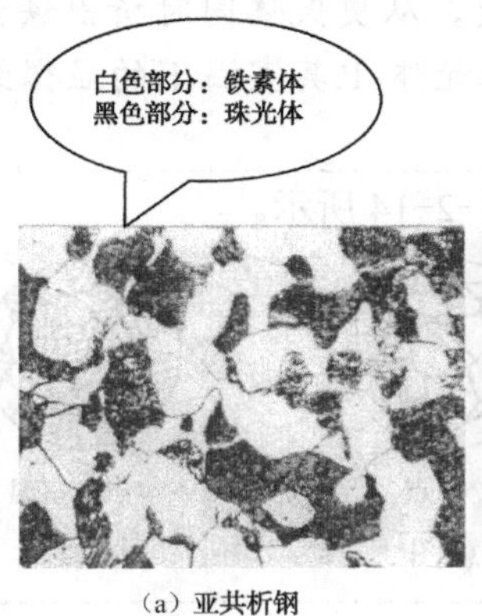

（a）亚共析钢

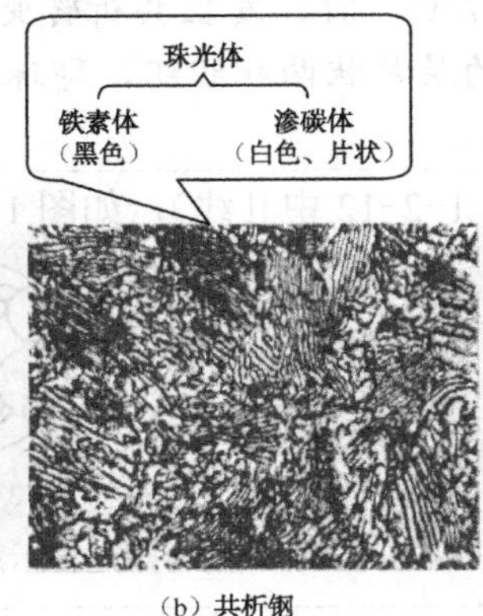

（b）共析钢

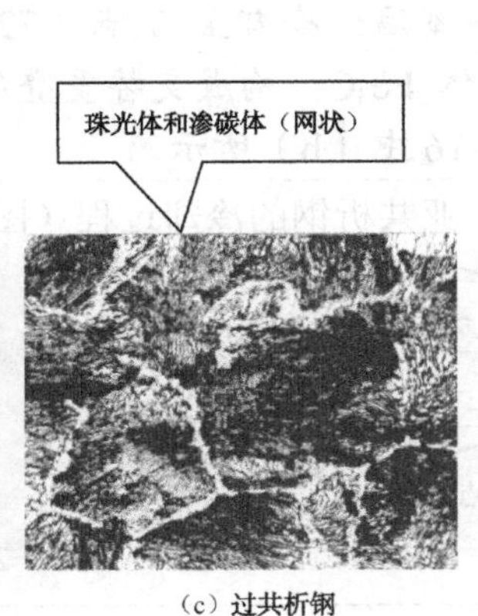

（c）过共析钢

图 1-2-16　室温下钢的显微组织

（4）共晶白口铸铁的冷却过程（图 1-2-12 中Ⅳ线），如图 1-2-17 所示。

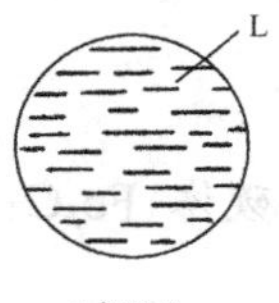

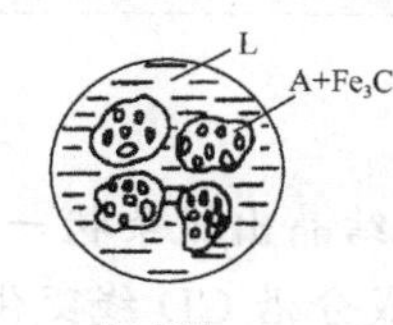

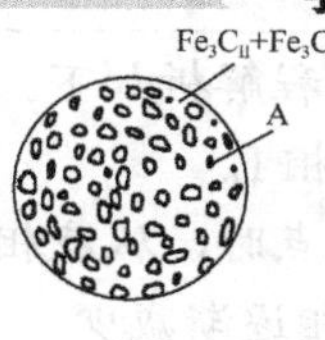

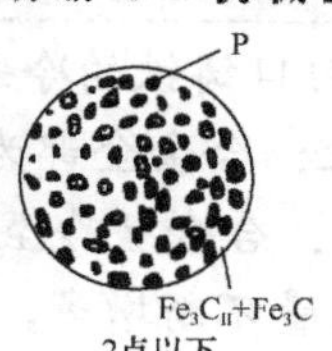

图 1-2-17 共晶白口铸铁的冷却过程示意图

共晶白口铸铁的冷却过程解析如下。

1 点以上：合金全部为液相 L。

1 点：合金缓冷至 1 点（C 点，即 1 148 ℃）时，从液相中同时结晶出奥氏体 A 和渗碳体 Fe_3C，即发生共晶转变；由共晶奥氏体和渗碳体组成的组织称为高温莱氏体 L_d。

1～2 点：继续冷却，从共晶奥氏体中不断析出二次 Fe_3C_{II}，奥氏体中碳的质量分数沿 ES 线向共析成分接近；达到 2 点时，奥氏体中碳的质量分数达到共析成分，发生共析转变，形成珠光体 P。

2 点以下：达到 2 点后，二次 Fe_3C_{II}保留至室温，所以，共晶白口铸铁室温组织是由珠光体 P 和渗碳体（二次渗碳体和共晶渗碳体）组成的两相组织，即低温莱氏体 L_d'。其室温下的显微组织如图 1-2-20 中（b）所示。

（5）亚共晶白口铸铁的冷却过程（图 1-2-12 中Ⅴ线），如图 1-2-18 所示。

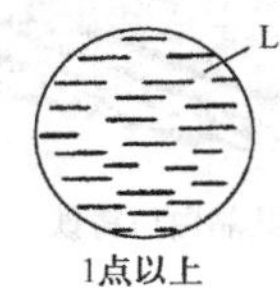

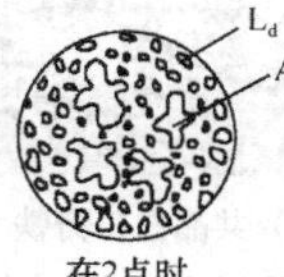

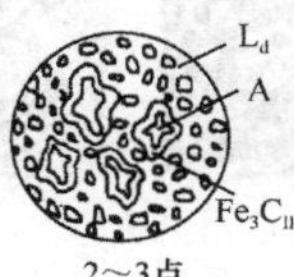

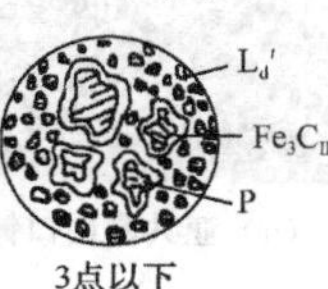

图 1-2-18 亚共晶白口铸铁的冷却过程示意图

亚共晶白口铸铁的冷却过程解析如下。

1 点以上：合金全部为液相 L。

1～2 点：合金缓冷至与 AC 线相交的 1 点时，从液相中开始结晶出奥氏体 A，随着温度降低，A 不断增多，其成分沿 AE 线变化，而液相逐渐减少，其成分沿 AC 线变化。

2 点：冷却至与 ECF 线相交的 2 点（1 148 ℃）时，剩余液相成分达到共晶成分（W_C=4.3%），发生共晶转变，形成高温莱氏体。

2～3 点：继续冷却，奥氏体成分沿 ES 线变化，并不断析出二次 Fe_3C_{II}，冷却至与 PSK 线相交的 3 点时，奥氏体达到共析成分，发生共析转变，形成珠光体 P；高温莱氏体 L_d 转变成低温莱氏体 L_d'。

3 点以下：合金组织不再变化，所以，亚共晶白口铸铁室温组织为 P+ Fe_3C_{II}+ L_d'。其室温下的显微组织如图 1-2-20 中（a）所示。

（6）过共晶白口铸铁的冷却过程（图 1-2-12 中Ⅵ线），如图 1-2-19 所示。

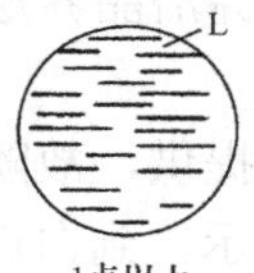

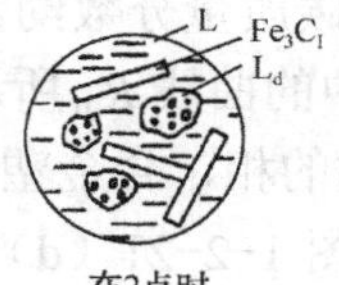

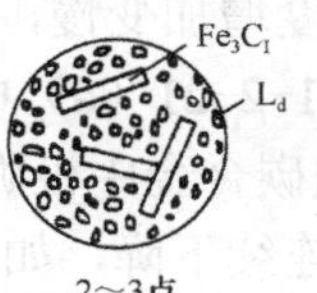

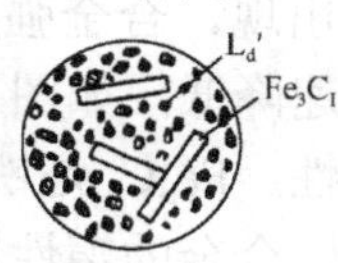

图 1-2-19 过共晶白口铸铁的冷却过程示意图

过共晶白口铸铁的冷却过程解析如下。

1 点以上：合金全部为液相 L。

1～2 点：合金缓冷至 1 点时，从液相中结晶出板条状一次渗碳体 $Fe_3C_Ⅰ$。随着温度降低，$Fe_3C_Ⅰ$量不断增多，液相逐渐减少，其成分沿 CD 线变化。

2 点：冷却至 2 点（1 148 ℃）时，剩余液相成分达到共晶成分，发生共晶转变，形成高温莱氏体。

2～3 点：继续冷却，奥氏体中不断析出二次 $Fe_3C_Ⅱ$，但 $Fe_3C_Ⅱ$很难在组织中辨认。继续冷却到 3 点时，奥氏体发生共析转变，形成珠光体 P，继而形成低温莱氏体。

3 点以下：合金组织不再变化，所以，过共晶白口铸铁室温组织为 $Fe_3C_Ⅰ+L_d'$。其室温下的显微组织如图 1-2-20 中（c）所示。

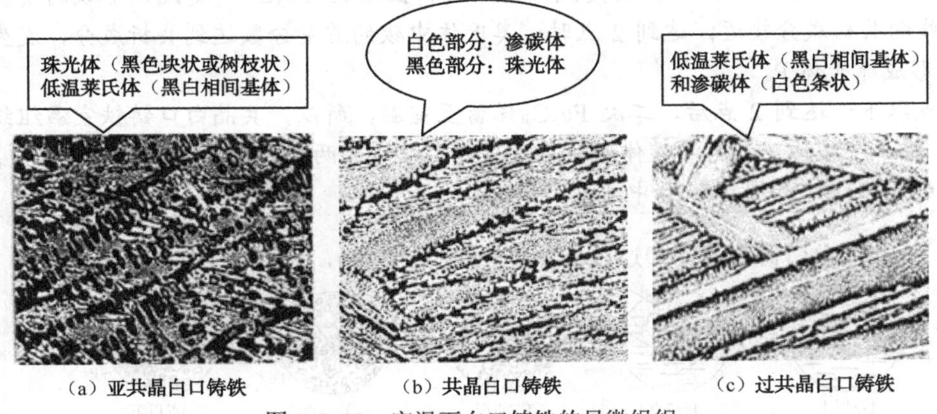

图 1-2-20　室温下白口铸铁的显微组织

5）铁碳合金成分、组织与性能之间的关系

任何成分的铁碳合金在室温下的组织均由铁素体和渗碳体两相组成，只是随着碳的质量分数的增加，铁素体量相对减少，渗碳体量相对增多，如图 1-2-21（c）所示，并且渗碳体的形状和分布也发生变化，因而形成不同的组织，如图 1-2-21（b）所示。室温时，随着碳的质量分数的增加，铁碳合金的组织变化如图 1-2-21（a）所示，依次如下：

$F \rightarrow F+Fe_3C_{Ⅲ} \rightarrow F+P \rightarrow P \rightarrow P+Fe_3C_Ⅱ \rightarrow P+Fe_3C_Ⅱ+L_d' \rightarrow L_d' \rightarrow L_d'+Fe_3C_Ⅰ \rightarrow Fe_3C_Ⅰ$。

（1）硬度。硬度主要取决于组织组成相或组成物的硬度和相对数量，而受它们的形态影响较小。随着碳质量分数的增加，硬度高的 Fe_3C 增多，硬度低的 F 减少，如图 1-2-21（c）所示，故合金硬度呈线性关系增大，如图 1-2-21（d）中的曲线 HB 所示。

（2）强度。强度是对于组织形态很敏感的性能。随着碳质量分数的增加，亚共析钢中的 P 增多而 F 减少。P 的强度较高，其大小与细密程度有关，组织越细密，强度值越高，故亚共析钢的强度随着碳质量分数增加而增加，但当碳质量分数超过共析钢后，由于强度很低的 $Fe_3C_Ⅱ$出现，合金强度增加变慢，碳质量分数约为 0.9% 时，$Fe_3C_Ⅱ$沿晶界形成完整的网，强度迅速降低，如图 1-2-21（d）中的曲线 R_m 所示。

（3）塑性。Fe_3C 是铁碳合金中极脆的相，合金塑性变形全部由 F 提供，故随着碳质量分数的增加，合金的塑性连续下降，如图 1-2-21（d）中的曲线 $A_{11.3}$ 所示。到白口铸铁时，塑性几乎为零。

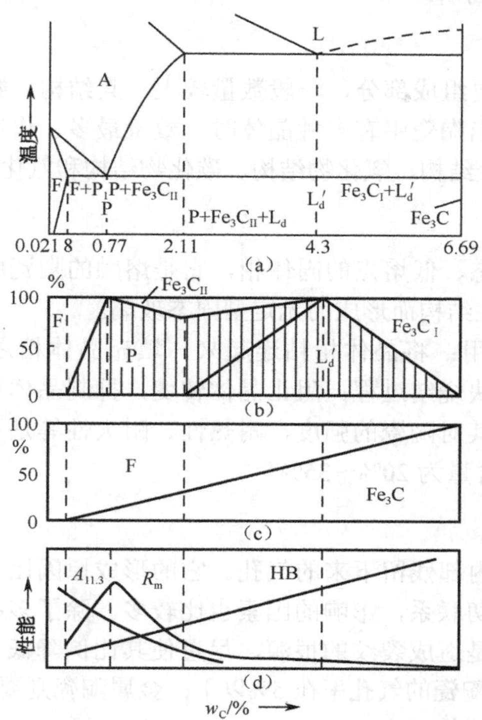

图 1-2-21　铁碳合金成分、组织与性能之间的关系

5. 铁碳合金相图的作用

铁碳合金相图对生产实践具有重要指导意义。

（1）它是钢铁材料选用的主要依据。要求塑性、韧性好的各种型材和建筑用钢，应选用碳质量分数低的钢；承受冲击载荷，并要求具有较高强度、塑性和韧性的机械零件，应选用碳的质量分数为 0.25%～0.55%的钢；要求硬度高、耐磨性好的各种工具，应选用碳的质量分数大于 0.55%的钢；形状复杂、不受冲击要求耐磨的铸件（如冷轧辊、拉丝模、犁铧等），应选用白口铸铁。

（2）在铸造方面的应用。由相图可知，铁碳合金的液、固相线距离最近的地方就是共晶点 C，此处成分的合金熔点最低，结晶温度范围最小，故流动性好、分散缩孔少、偏析小，因而铸造性能最好，所以共晶成分附近的铸铁得到了广泛应用。

（3）在锻造和焊接方面的应用。碳钢加热到单相奥氏体状态时，可获得良好的塑性，易于锻造成形。白口铸铁无论是在低温还是在高温，组织中均有大量硬而脆的渗碳体，故不能锻造。碳的质量分数增加，钢的冷裂倾向增加，焊接性下降。碳的质量分数越高，铁碳合金的焊接性越差。

（4）在热处理方面的应用。由于铁碳合金在加热或冷却过程中有相的变化，故钢和铸铁可通过不同的热处理来改善性能。根据铁碳合金相图可确定各种热处理工艺的加热温度，这为热处理工艺提供了帮助。

1.2.3　陶瓷的组织结构

陶瓷的典型组织是由晶体相、玻璃相和气相三部分组成的。

1. 晶体相

晶体相是陶瓷的主要组成部分，一般数量较大，其结构、数量、形态和分布决定着陶瓷的主要性能和应用。当陶瓷中有多种晶体时，数量最多、作用明显的为主晶体相。陶瓷中的晶体相主要有硅酸盐结构、氧化物结构、碳化物结构和氮化物结构等。

2. 玻璃相

玻璃相是一种非晶态、低熔点的固体相，它是熔融的陶瓷成分在快速冷却时原子还没来得及自行排列成周期性结构而形成的无定型固态玻璃。

陶瓷中玻璃相的作用：将晶体相粘连起来，填充晶体相之间的空隙，提高材料致密度；降低烧结温度，加快烧结过程；阻止晶体转变，抑制晶体长大；获得一定程度的玻璃特性，如透光性等。但其对陶瓷的强度、耐热性、耐火性等是不利的，所以只能作为陶瓷的次要组成部分，一般含量为20%～35%。

3. 气相

气相是指陶瓷组织内部残留下来的气孔。它的形成原因比较复杂，几乎与原料和生产工艺的各个过程都有密切联系，影响的因素也比较多。除了多孔陶瓷（专用）外，气孔降低了陶瓷的强度，常常是造成裂纹的根源，尽量使其比例降低。一般来说，普通陶瓷的气孔率为5%～10%；特种陶瓷的气孔率在5%以下；金属陶瓷则要求低于0.5%。

知识拓展

1.2.4 非金属材料的结构

非金属材料主要指高分子材料和陶瓷材料。

高分子材料是以高分子（分子量大于 500）化合物为主要成分的材料。每个分子可含几千、几万甚至几十万个原子。其结构可分为大分子链结构（分子内结构）和大分子聚集态结构（分子间结构）。高分子化合物又称为聚合物。

大分子链结构（分子内结构）的几何形态分成线型结构和体型结构两种。

（1）线型结构的大分子链呈细长链状或枝状，如图 1-2-22（a）和（b）所示，其聚合物具有良好的弹性和塑性，加工成形时，大分子链能够蜷曲收缩、伸直，易于加工，并可反复使用；在一定溶剂中可溶胀、溶解；加热时则软化并熔化。属于这类结构的高分子有聚乙烯、聚氯乙烯、未硫化的橡胶及合成纤维等。

（2）体型结构的大分子链在空间呈网状，如图 1-2-22（c）所示，具有这种结构的聚合物的特点是脆性大，弹性和塑性差，但具有较好的耐热性、难溶性、尺寸稳定性和机械强度，加工时只能一次成形（即在网状结构形成之前进行）。热固性塑料、硫化橡胶等是属于这种类型结构的高分子材料。

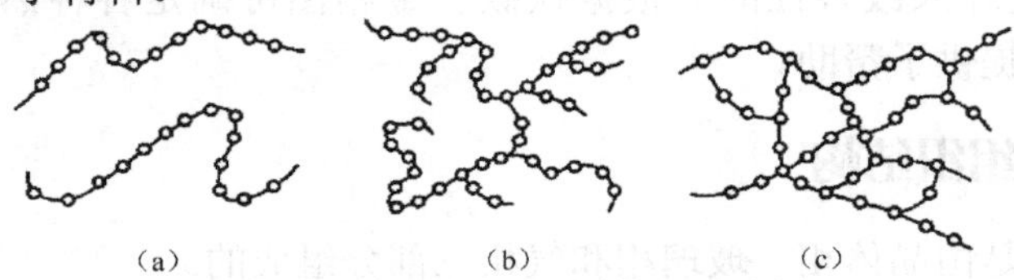

图 1-2-22 大分子链结构的示意图

大分子聚集态结构（分子间结构）是指大分子链之间的几何排列和堆砌结构，也称超分子结构。可分为结晶型、部分结晶型和无定型（非晶态）三类。一部分高分子化合物的分子排列规整有序，聚集态呈结晶型的晶态；一部分正相反，杂乱无章，聚集态呈无定型的非晶态；还有一部分高分子化合物的分子排列介于二者之间，其聚集态称为部分晶态。如图 1-2-23 所示。

在实际生产中获得完全的晶态高分子化合物很困难，大多数都是部分晶态或非晶态化合物。晶态结构在高分子化合物中所占的质量（或体积）百分数称为结晶度。结晶度越高，分子间作用力越强，其化合物的强度、硬度、刚度和熔点越高，耐热性和化学稳定性越好，但弹性、塑性、韧性降低。

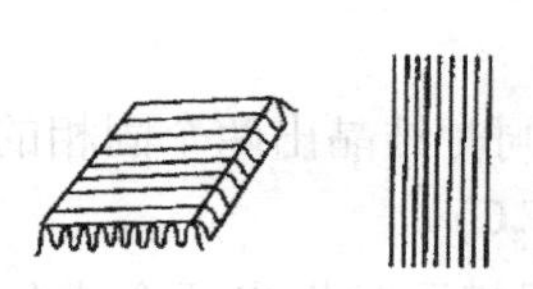
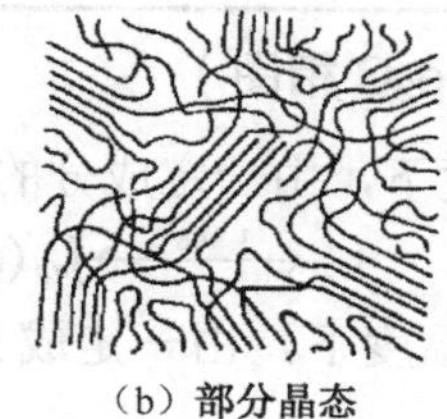
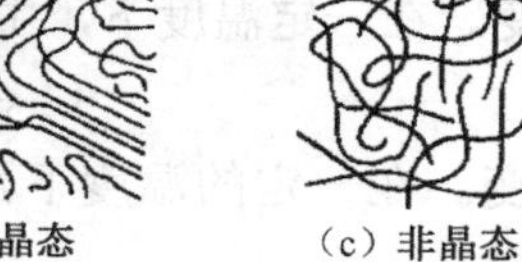

（a）晶态　　（b）部分晶态　　（c）非晶态

图 1-2-23　高分子化合物的聚集态结构示意图

小贴士

显微镜的发展史——材料的微观世界

人们对材料微观世界的认识与观测仪器的发展过程密不可分。

1863 年，光学显微镜首次应用于金属研究，诞生了金相学，使人们能够将材料的宏观性能与微观组织联系起来。1932 年发明的电子显微镜，把人们带到了微观世界的更深层次（10^{-7} m）。光学显微镜下，可以看到放大了 100～2 000 倍的材料组织；电子显微镜下，竟然可以看到放大了几千至几十万倍的材料组织。

知识梳理

1. 工程材料的微观结构、宏观特征

工程材料的微观结构、宏观特征见表 1-2-8。

表 1-2-8　工程材料的微观结构、宏观特征

金属及合金	原子结构	晶格类型	体心立方	抗拉强度高
			面心立方	塑性较好
			密排六方	硬度高、脆性大
		实际晶体缺陷特征	点缺陷（空位、间隙原子）	金属扩散的主要形式
			线缺陷（刃型位错）	加工硬化、固溶强化、弥散强化等
			面缺陷（晶界）	易腐蚀、易扩散、熔点低、强度高、细晶强化
	合金的相结构	固溶体	塑性、韧性好，强度比纯组元高	
		金属化合物	熔点高，硬度高，脆性大	

续表

聚合物	大分子链结构	线型结构	分子呈细长链状或枝状
		体型结构	在空间呈网状
	大分子聚集态结构	晶体	由三者比例决定强度、硬度、刚度、熔点、耐热性、化学稳定性、弹性、延伸率、冲击韧度
		非晶体	
		部分晶体	
陶瓷	晶相	决定陶瓷的性能	
	玻璃相	黏结分散晶相，降低烧结温度，抑制晶相长大，填充气孔	
	气相	使陶瓷密度减小，吸收振动，使陶瓷强度降低，绝缘性降低	

2. 铁碳合金的结晶（Fe-Fe_3C 相图）

（1）共晶转变。在一定温度下，由一定成分的液相同时结晶出两个固相的过程。

$$L_c \xleftrightarrow{1\,148℃} L_d(A_E + F_3C)$$

（2）共析转变。在一定的温度下，由一定成分的固相同时析出两个成分和结构完全不同的新固相的过程。

$$A_S \xleftrightarrow{727℃} P(F_P + F_3C)$$

铁–碳合金基本组织特点见表 1-2-9。

表 1-2-9 铁–碳合金基本组织特点

名称		符号	定义	组织类型	晶体结构	主要力学性能
铁素体		F	C 溶于α-Fe 中	间隙固溶体	体心立方晶格	塑性、韧性很好
奥氏体		A	C 溶于γ-Fe 中	间隙固溶体	面心立方晶格	塑性、韧性良好
渗碳体	一次	Fe_3C_I	从液体中首先析出	间隙化合物	具有复杂晶体结构的间隙化合物	硬而脆，塑性、韧性极低
	二次	Fe_3C_{II}	从 A 中析出			
	三次	Fe_3C_{III}	从 F 中析出			
珠光体		P	$F+Fe_3C$	混合物	两相组织	良好的力学性能
莱氏体	高温	L_d	$A+ Fe_3C$	混合物	两相组织	硬而脆
	低温	L_d'	$P+Fe_3C$	混合物	两相组织	硬而脆

练习及思考题 2

一、选择题（将正确答案所对应的字母填在括号里）

1．奥氏体的晶格类型是（　　）。

A．体心立方晶格　　B．面心立方晶格

C．密排六方晶格　　D．体心正方晶格

2．组成合金的组元可以是（　　）。

A．金属元素　　B．非金属元素

C．稳定的化合物　　D．以上答案都正确

3．实际金属晶体结构中的晶界属于晶体缺陷的（　　）。

A．点缺陷　　B．线缺陷　　C．面缺陷　　D．以上答案都正确

4．纯铁在常温下具有（　　）晶格。

A．面心立方　B．体心立方　C．密排六方　D．体心正方

5．变质处理的目的是（　）。

A．改变晶体的结构　B．改变晶体的成分

C．改善冶金质量，减小杂质含量　D．细化晶粒

6．提高冷却速度，可使金属结晶的过冷度（　）。

A．变大　B．变小　C．不变　D．不确定

7．在无限缓慢冷却条件下测得的金属结晶温度称为（　）。

A．实际结晶温度　B．理论结晶温度

C．过冷结晶温度　D．过冷度

8．金属化合物的性能特点是具有（　）。

A．高的硬度　B．好的塑性　C．高的强度　D．好的韧性

9．下列组织中，塑性最好的是（　）。

A．铁素体　B．珠光体　C．渗碳体　D．莱氏体

10．钢与铸铁的分界点的碳的质量分数为（　）。

A．6.69%　B．4.3%　C．2.11%　D．0.775%

11．铁-碳合金中的 A_1 线指的是（　）。

A．PSK 线　B．ES 线　C．GS 线　D．ACD 线

12．w_C>0.9%的过共析钢的平衡组织中二次渗碳体的形状是（　）。

A．网状　B．球状　C．片状　D．块状

13．碳的质量分数为 0.4%的钢在室温下的平衡组织为（　）。

A．P　B．F+P　C．F　D．$P+Fe_3C_{II}$

14．要求高硬度和耐磨性的手动工具，应选用（　）。

A．低碳钢　B．中碳钢　C．高碳钢　D．普通质量非合金钢

15．实际生产中，金属冷却时（　）。

A．理论结晶温度总低于实际结晶温度　B．理论结晶温度总高于实际结晶温度

C．理论结晶温度总等于实际结晶温度　D．理论结晶温度与实际结晶温度无关

16．固溶强化的基本原因是（　）。

A．晶格类型发生变化　B．晶粒变细

C．晶格发生滑移　D．晶格发生畸变

17．莱氏体是一种（　）。

A．固溶体　B．金属化合物　C．机械混合物　D．单相组织

18．铁-碳合金在冷却时，由于溶解度的变化，从奥氏体中析出的渗碳体称为（　）。

A．一次渗碳体　B．二次渗碳体　C．三次渗碳体　D．共析渗碳体

19．碳的质量分数为 4.3%的铁-碳合金在冷却到 1 148 ℃时，结晶出奥氏体和渗碳体的过程称为（　）。

A．共析转变　B．共晶转变　C．马氏体转变　D．奥氏体转变

20．合金中相的种类有（　）。

A．固溶体和金属化合物　B．间隙相

C．间隙固溶体　D．金属化合物

21．在 Fe-Fe_3C 相图中的组元是（　　）。

A．Fe　　B．Fe_3C　　C．Fe 和 Fe_3C　　D．Fe 和 C

22．在 Fe-Fe_3C 相图中，PSK 线表示的是（　　）。

A．共晶线　　B．共析线　　C．固相线　　D．液相线

23．奥氏体是（　　）。

A．碳在 α-Fe 中的间隙固溶体　　B．碳在 γ-Fe 中的间隙固溶体

C．碳在 α-Fe 中的有限固溶体　　D．碳在 γ-Fe 中的无限固溶体

24．珠光体是（　　）。

A．二相机械混合物　　B．单项固溶体　　C．金属化合物

二、判断题（正确的在括号内画“√”，错误的在括号内画“×”）

（　　）1．铁素体是面心立方晶格。

（　　）2．在铁-碳合金中，只有共析成分点的合金结晶时，才能发生共析转变，形成共析组织。

（　　）3．在缓冷至室温的条件下，碳的质量分数为 0.8%的钢比碳的质量分数为 1.2%的钢硬度低。

（　　）4．共析钢由液态缓冷至室温时析出的二次渗碳体，在组织形态与晶体结构方面均与一次渗碳体不同。

（　　）5．铁素体在室温时碳的质量分数为 0.77%。

（　　）6．珠光体是由奥氏体和渗铁体组成的机械混合物。

（　　）7．在珠光体中，渗碳体呈片状。

（　　）8．过冷是金属结晶的充分条件。

（　　）9．莱氏体的性能特点是硬度高，脆性大。

（　　）10．过冷度是一个恒定值，与冷却速度无关。

（　　）11．由于白口生铁的室温组织中含有大量莱氏体，导致其塑性下降，所以它不能锻造。

（　　）12．共析转变是在恒温下进行的。

（　　）13．纯铁的晶格类型是随着温度的变化而变化的。

（　　）14．晶体中的原子在空间是有序排列的。

（　　）15．室温时，碳质量分数为 0.8%的钢比碳质量分数为 1.2%的钢强度高。

（　　）16．金属在固态下都具有同素异构转变。

（　　）17．金属在结晶时，冷却速度越快，结晶后的晶粒越细小。

（　　）18．在一般情况下，金属的晶粒越细，力学性能越好。

（　　）19．纯金属和合金的结晶都是在恒温下进行的。

（　　）20．钢的锻造加热温度一般应选在单相奥氏体区。

（　　）21．在 Fe-Fe_3C 相图中的组元是 Fe 和 Fe_3C。

（　　）22．接近共晶成分的合金，一般铸造性能较好。

（　　）23．固溶体的强度和硬度比组成固溶体的溶剂金属的强度和硬度高。

三、思考题

1．什么是固溶强化？它有何实际意义？

2．什么是弥散强化？在生产中如何利用弥散强化？

3．何谓同素异晶转变？试以纯铁为例，说明同素异晶转变的过程。

4．如果其他条件相同，试比较在下列铸造条件下，铸件晶粒的大小。

（1）铸成薄件与铸成厚件。

（2）金属模浇注与砂模浇注。

（3）浇注时采用振动与不采用振动。

5．试分析 45 钢（碳质量分数为 0.45%）在 600 ℃、750 ℃和 900 ℃时的组织。

6．根据铁碳合金相图，说明下列现象产生的原因。

（1）在进行热轧和锻造时，通常将钢材加热到 1 000～1 250 ℃。

（2）钢铆钉一般用低碳钢制作。

（3）在 1 100 ℃时，w_C=0.4%的钢能进行锻造，而 w_C=4.2%的铸铁不能锻造。

（4）室温下，w_C=0.9%的钢比 w_C=1.2%的钢强度高。

（5）钳工锯 70 钢、T12 钢（含碳量为 1.2%的工具钢）比锯 20 钢（含碳量为 0.20%的钢）费力，钢条易磨钝。

（6）绑扎物件一般用铁丝（镀锌低碳钢丝），而起重机吊重物时却用钢丝绳（60 钢、65 钢和 70 钢等含碳量较高的钢制成）。

7．随着钢中碳的质量分数的增加，钢的力学性能有何变化？为什么？

8．碳的质量分数分别为 0.2%、0.4%、0.8%、1.3%的钢，自液态缓冷至室温后得到的组织有何不同？试定性地比较这 4 种钢的 R_m 和 HB。

任务 1-3　了解钢的热处理

案例 3　加热的 45 钢以不同方式冷却后的力学性能对比

看一看

把 45 钢（含碳量为 0.45%的钢）加热到 840 ℃，以 4 种冷却方式分别连续降温后测得它们的力学性能见表 1-3-1。

表 1-3-1　45 钢以不同方式冷却后的力学性能（加热温度为 840 ℃）

冷却方式	力学性能				
	屈服强度 R_{eL}/MPa	抗拉强度 R_m/MPa	断后伸长率 $A_{11.3}$/%	断面收缩率 Z/%	硬度
炉冷（退火）	280	530	32.5	49.3	～160 HBS
空冷（正火）	340	670～720	15～18	45～50	～210HBS
油冷（油淬）	620	900	12～20	48	40～50HRC
水冷（水淬）	720	1 100	7～8	12～14	52～60HRC

想一想

为什么同一种钢材加热后以不同方式冷却下来，它们的力学性能相差竟然如此之大？加热、冷却对材料的组织究竟有怎样的改变？对其性能有怎样的影响？

相关知识

1.3 钢的热处理

为了获得我们所需要的材料性能，可以改变材料的内部组织结构，而改变组织结构的方法除了改善材料的化学成分外，还有一种途径——热处理。它是强化金属材料性能，提高产品质量和寿命的主要手段。大部分机械零件，在制造过程中都进行热处理。钢的热处理包括整体热处理和表面热处理。

1.3.1 钢的热处理原理

热处理是指采用适当方式对材料或工件在固态下进行加热、保温和冷却，以获得所需组织和性能的工艺方法。其过程可用温度-时间曲线来表示，如图 1-3-1 所示。

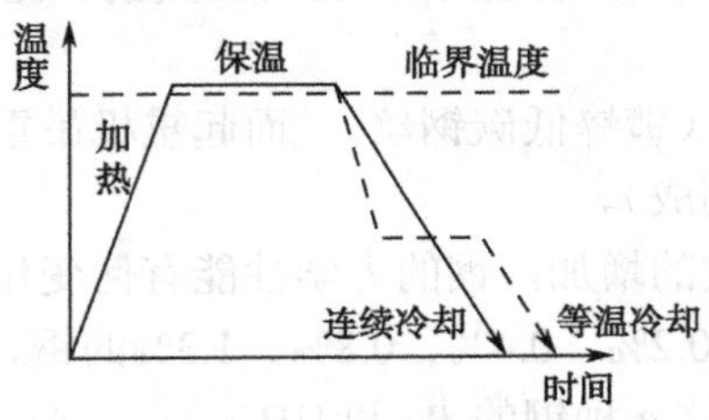

图 1-3-1 热处理工艺曲线示意图

钢在固态下进行加热、保温和冷却过程中会发生一系列的组织变化，而其组织转变的规律就是热处理的原理。

温馨提示

（1）热处理一般不改变工件的形状和整体的化学成分，只通过改变工件内部的显微组织或工件表面化学成分，进而来改善工件的使用性能。

（2）热处理只适用于固态下随温度变化发生组织转变的材料，不发生固态相变的材料不能用热处理来强化。

1. 钢在加热时的组织转变（此过程称为奥氏体化）

加热是热处理的第一道工序。大多数热处理工艺首先将钢加热到相变点（又称临界点）以上，如图 1-3-2 中线 A_{c1}、A_{c3}、A_{ccm} 所示，目的是获得奥氏体。

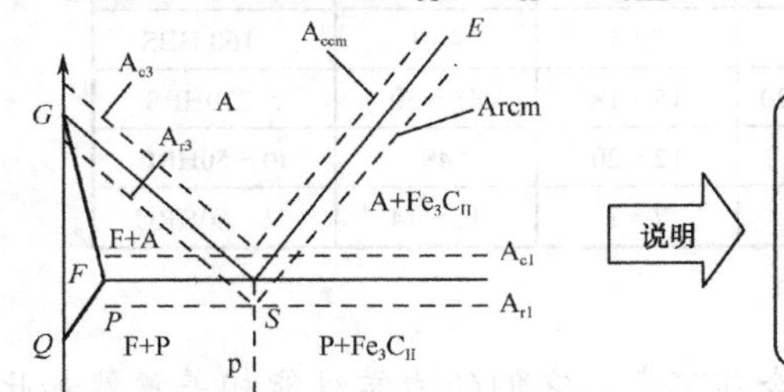

➤铁碳相图中共析钢、亚共析钢、过共析钢对应的相变线PSK(A_1)、GS（A_3）、ES（A_{cm}）是在极缓慢加热、冷却下（平衡状态）得到的，实际热处理时钢的组织转变温度加热要高于平衡相线，即A_{C1}、A_{C3}、A_{Ccm}线，冷却要低于平衡相线，即A_{r1}、A_{r3}、A_{rcm}。
➤各种钢的相变点可在热处理手册中查到。

图 1-3-2 钢的相变点在铁碳相图上的位置

1）奥氏体形成

任何成分的钢加热到 A_1 线以上时都会发生珠光体向奥氏体的转变（即奥氏体化）。以共析钢为例，其奥氏体化过程包括奥氏体的形核、奥氏体晶核长大、残余渗碳体的溶解和奥氏体成分均匀化四个阶段，如图 1-3-3 所示。在此过程中，奥氏体晶粒越均匀、细小，冷却后钢的力学性能就越好。

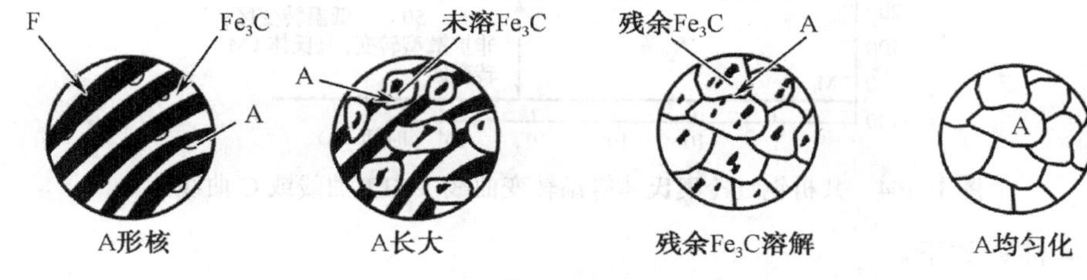

图 1-3-3　共析钢奥氏体形成过程示意图

2）奥氏体晶粒大小的影响因素及控制方法

（1）加热温度越高，保温时间越长，晶粒越大，所以要合理选择并严格控制加热温度和保温时间。

（2）当保温时间确定后，加热速度越快，晶粒越细，因此快速高温加热和短时保温是生产中常用的奥氏体化细化晶粒的方法。

（3）钢中含碳量越高，晶粒长大倾向增大，所以要合理选择钢的原始组织。

（4）很多化学元素（除 Mn、P 外）会阻止晶粒长大，因此可以在钢中加入一定量合金元素。

2. 钢在冷却时的组织转变

钢经加热奥氏体化后，通过不同的冷却手段，获得所需要的组织和性能。冷却过程是钢的热处理的关键工序。由案例 3 中的表 1-3-1 可以看出，45 钢在同样奥氏体化条件下，由于冷却速度不同，其力学性能有明显的差异。

常用的冷却方式有等温冷却和连续冷却，如图 1-3-1 所示。冷却过程组织的转变不能用 $Fe\text{-}Fe_3C$ 平衡相图来分析，而要采用等温转变曲线（TTT 曲线或 C 曲线）和连续冷却曲线（CCT 曲线）来说明奥氏体在不同冷却条件下的组织转变规律。

1）等温冷却

将钢迅速冷却到临界点以下给定温度，进行保温，使其在该温度下恒温转变，得到等温冷却曲线。

以共析钢为例，将共析钢制成若干小圆形薄片试样，加热至奥氏体化后，分别迅速放入 A_1 点以下不同温度的恒温盐浴槽中进行等温转变；分别测出在各温度下，过冷奥氏体（在 A_1 温度以下暂存的奥氏体，称为过冷奥氏体）向其他组织转变的开始时间、终止时间及转变产物；将所测得的参数画在温度-时间坐标系上，并将各转变开始点和终止点分别用光滑曲线连起来，便可以得到共析钢过冷奥氏体等温转变曲线。如图 1-3-4 所示。

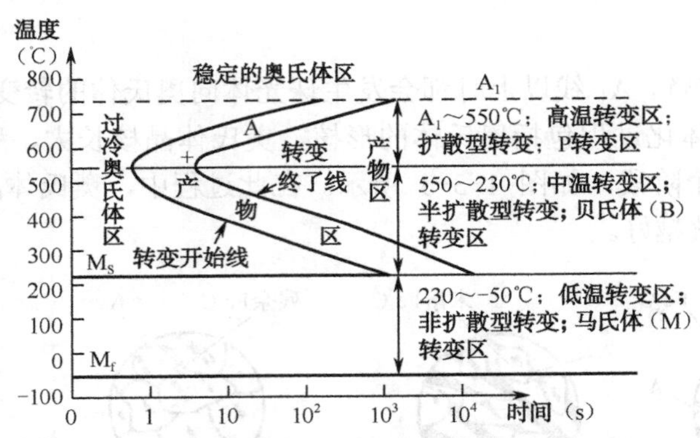

图 1-3-4　共析钢过冷奥氏体等温转变曲线（TTT 曲线或 C 曲线）

图 1-3-4 注释如下。

（1）特性线含义

A_1：奥氏体向珠光体转变的临界温度（即共析线）；

M_s（M_f）线为过冷奥氏体向马氏体转变的开始温度（终止温度），应说明的是马氏体是在连续冷却条件下形成的，所以 M_s（M_f）线不属于等温转变特征线。

（2）区含义

A_1 线以上：奥氏体的稳定区。

A_1 线以下，转变开始线以左：过冷奥氏体暂存区，又称孕育期，即转变开始线与纵坐标间的水平距离，在曲线拐弯处，约 550 ℃，孕育期最短，过冷奥氏体最不稳定，转变速度最快。该区过冷奥氏体不稳定，总是自发地转变为稳定的新相。

转变开始线和转变终了线之间：过冷奥氏体和转变产物共存区。

A_1 线以下，转变终了线以右：转变产物区。

（3）过冷奥氏体等温转变产物的组织和性能

共析钢过冷奥氏体等温转变产物的组织和性能见表 1-3-2。

表 1-3-2　共析钢过冷奥氏体等温转变产物的组织和性能

转变类型	组织名称及符号	转变温度范围（℃）	硬　度	放大倍数	比　较
珠光体型	珠光体 P	A_{c1}～650	170～200HB	<500×	三者都是铁素体和渗碳体以片层状相间分布的混合物，只是随温度降低，层间距减小，其强度、硬度增加，塑性、韧性提高
	索氏体 S	650～600	25～35HRC	>1 000×	
	托氏体 T	600～550	35～40HRC	>2 000×	
贝氏体型	上贝氏体 $B_上$	550～350	42～48HRC		显微组织呈羽毛状的 $B_上$ 强度、韧性都较低，无使用价值；显微组织呈针状的 $B_下$ 硬度高，韧性好，具有较好的综合力学性能
	下贝氏体 $B_下$	350～M_s	48～58HRC		
马氏体型	板条状马氏体 M	M_s～M_f	50～60HRC		显微镜下呈一束束的板条状
	针状马氏体 M		62～65HRC		显微镜下呈竹叶状或片状

（4）低温转变区发生马氏体转变（$M_s \sim M_f$）。

此转变是连续冷却的产物。马氏体是碳在α-Fe中的过饱和固溶体，用符号M表示。

温馨提示——影响过冷奥氏体等温转变的因素

共析钢过冷奥氏体等温转变曲线图1-3-4只是典型的例子，随着含碳量、合金元素、加热温度和保温时间等的改变，等温转变曲线（C曲线）会发生形状、位置上的变化。

（1）含碳量对“C曲线”形状的影响

亚共析钢有先共析铁素体析出线；过共析钢有先共析渗碳体析出线。图1-3-5中“C曲线”左上多出的部分即是。

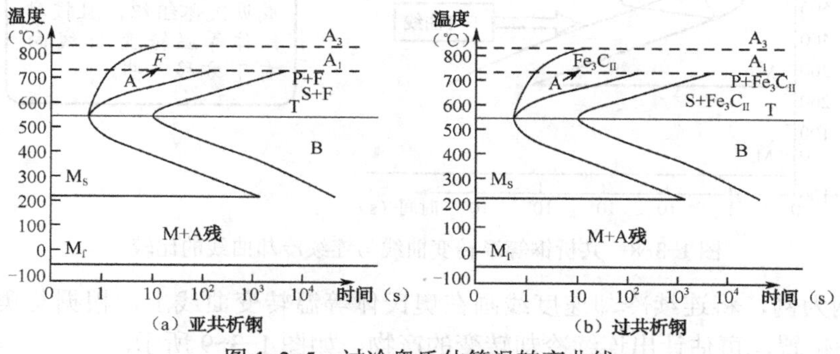

图1-3-5 过冷奥氏体等温转变曲线

含碳量对“C曲线”位置的影响

亚共析钢随奥氏体含碳量的增加，曲线右移，过冷奥氏体稳定性增高；过共析钢随含碳量的增加，曲线左移，过冷奥氏体稳定性降低;共析钢奥氏体等温转变曲线最靠右，过冷奥氏体最稳定。如图1-3-6所示。

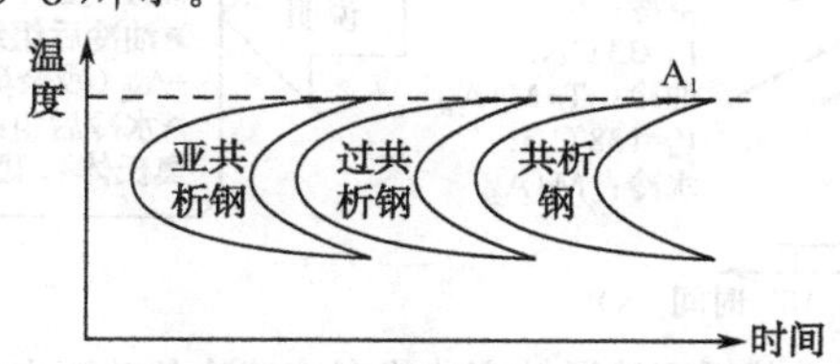

图1-3-6 含碳量对“C曲线”位置的影响示意图

（2）合金元素

除Co、Al外，均使过冷奥氏体稳定性增加，从而使“C曲线”右移，如图1-3-7（a）所示。有些元素（如Cr、Mo、W、V等）不仅使“C曲线”右移，还使其形状发生改变，如图1-3-7（b）所示。

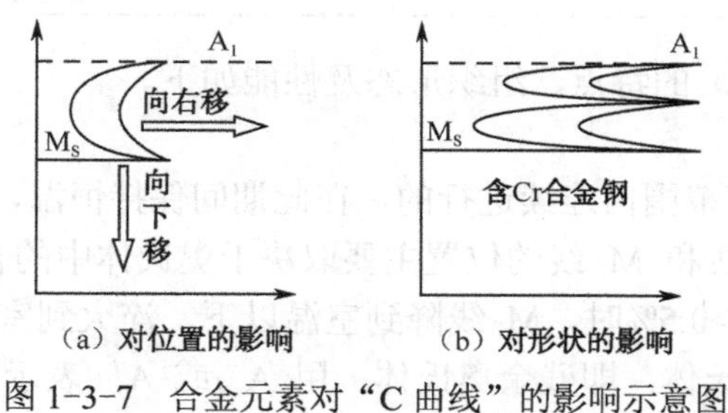

图1-3-7 合金元素对“C曲线”的影响示意图

2）连续冷却

将钢以某种速度连续冷却，使其在临界点以下变温连续转变，得到连续冷却曲线（CCT 曲线）。实际生产中钢的连续冷却应用更广泛，但连续冷却曲线测定较困难，所以常用过冷奥氏体等温转变曲线来定性、近似地分析过冷奥氏体在连续冷却时的转变，如图 1-3-8 所示。

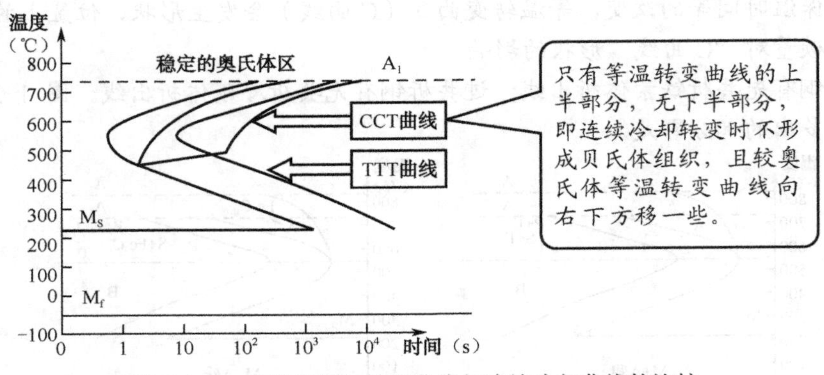

图 1-3-8　共析钢等温转变曲线与连续冷却曲线的比较

以共析钢为例，将连续冷却速度线画在奥氏体等温转变曲线上，根据与奥氏体等温转变曲线相交的位置，可估计出连续冷却转变的产物。如图 1-3-9 所示。

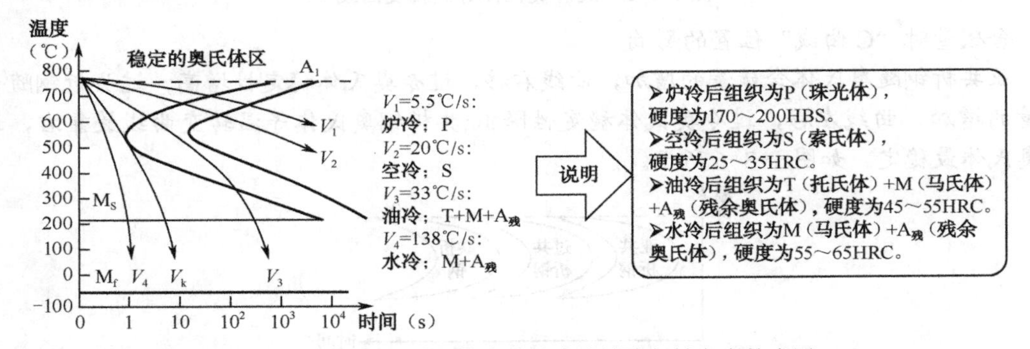

图 1-3-9　共析钢等温转变曲线在连续冷却转变中的应用

温馨提示

V_k（图 1-3-9 中）——马氏体临界冷却速度（速度线与 C 曲线的转变开始线相切），是获得全部马氏体组织的最小冷却速度。

马氏体转变（M_s～M_f）的特点、组织形态及性能如下。

（1）转变的特点

① 转变是在一个温度范围内连续进行的，在此期间保持恒温，马氏体量不增多。

② 转变不完全：M_s 线和 M_f 线的位置主要取决于奥氏体中的含碳量。含碳量越高，M_s 线和 M_f 线就越低；当 w_C>0.5%时，M_f 线降到室温以下，淬火到室温不能得到 100%的马氏体，而保留一定数量的奥氏体，即残余奥氏体，用 A残或 A′ 表示。为了减少钢中的 A残，

可采用冷处理，即把钢淬冷至室温后，继续冷却至零下 70 ℃～80 ℃（或更低温度），保持一定时间，使 $A_{残}$在继续冷却过程中转变为马氏体。

③ 体积膨胀：奥氏体向马氏体转变时，体积膨胀，产生内应力，使钢在热处理中出现变形和裂纹。

（2）组织形态及性能

马氏体的组织形态有片状（针状）和板条状两种，如图 1-3-10 和图 1-3-11 所示，主要取决于奥氏体中的碳含量。

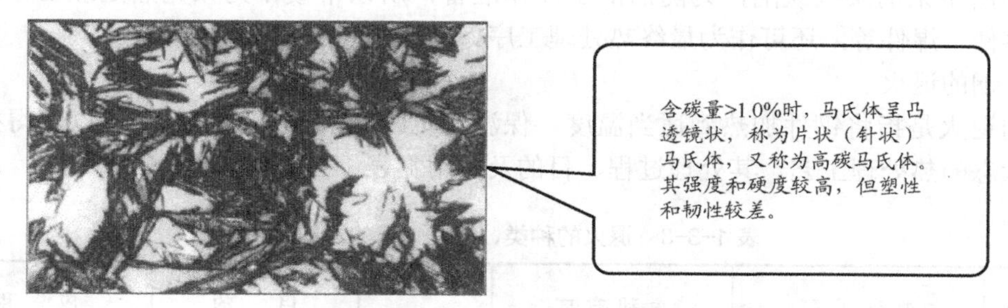

图 1-3-10　片状马氏体显微组织

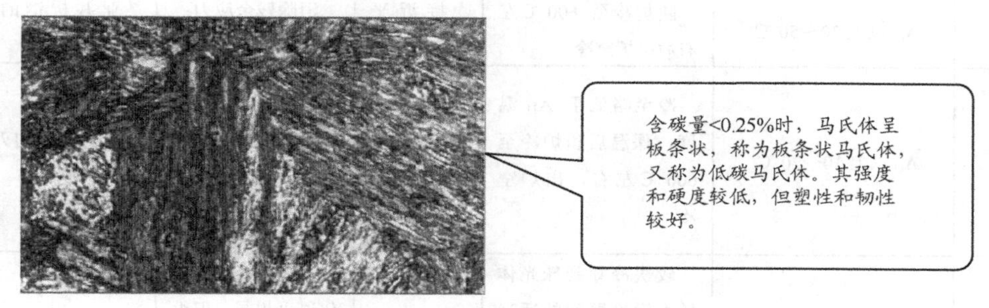

图 1-3-11　板条状马氏体显微组织

含碳量在 0.25%～1.0%之间时，为片状和板条状马氏体的混合组织。马氏体的硬度和强度随着碳的质量分数的增加而升高，但当含碳量>0.6%后，其硬度和强度提高得并不明显。如图 1-3-12 所示。

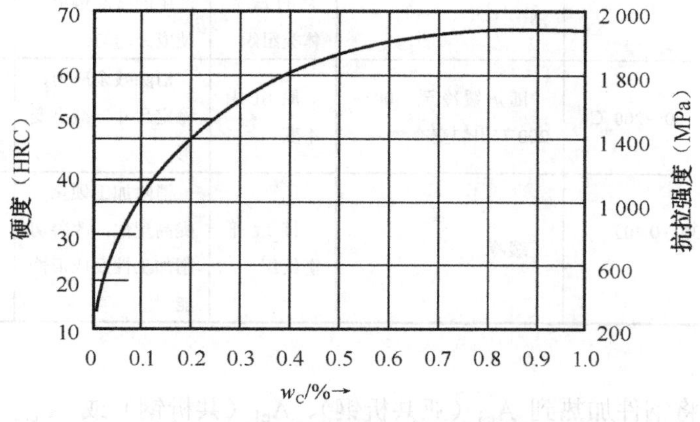

图 1-3-12　马氏体硬度和强度与含碳量的关系

1.3.2 钢的整体热处理

钢的整体热处理（也称普通热处理）是指对工件整体进行穿透加热。常用的方法有退火、正火、淬火和回火。

1. 钢的退火和正火

退火和正火经常安排在铸造、锻造、焊接工序之后，切削（粗）加工之前，用来消除前一工序所带来的某些缺陷，为随后的工序作准备，所以常被作为预先热处理工序；对一些普通铸件、焊件等，还可作为最终热处理工序。

（1）钢的退火

钢的退火是指将钢件加热到适当温度，保温一定时间，然后缓慢冷却，以获得接近平衡组织状态的热处理工艺。其处理过程、目的及应用见表 1-3-3。

表 1-3-3 退火的种类、过程、目的及应用

种类	加热温度	冷却方式	得到组织	目的	应用
完全退火	A_{c3} 以上 30～50 ℃	随炉冷至 600 ℃左右后出炉空冷	接近平衡组织	消除残余应力；细化晶粒	亚共析钢的铸、锻、焊件
球化退火	A_{c1} 以上 10～20 ℃	冷至略低于 Ar_1 温度，保温后随炉冷至 600 ℃左右，出炉空冷	粒状珠光体组织	片状珠光体转变球状珠光体，降低硬度，改善切削加工性，为淬火做组织准备	过共析钢的刃具、量具、模具等
等温退火	A_{c3} 以上 30～50 ℃或 A_{c1} 以上 10～20 ℃	较快冷却到珠光体转变温度区间的适当温度等温，使奥氏体转变为珠光体类组织后在空气中冷却	珠光体类组织	与完全退火和球化退火相同，但组织更均匀，晶粒更细小，缩短生产周期	高碳钢、合金工具钢和高合金钢
均匀化退火	钢熔点以下 100～200 ℃	保温 10～15 h 后缓冷	晶粒粗大的珠光体类组织	消除铸造过程中产生的枝晶偏析，使成分均匀化	亚共析钢的铸锭
去应力退火	A_1 以下 100～200 ℃	随炉缓冷至 300～200 ℃出炉空冷	原组织不变	消除残余应力，稳定尺寸，减小变形	铸件、锻件、焊接件、冷冲压件及机械加工件等
再结晶退火	$T_{再}$=（0.35～0.40）$T_{熔点}$，K	缓冷	接近平衡组织	消除加工硬化，提高塑性，改善切削加工性及成形性能	进一步冷变形钢件、冷变形钢材及其他合金成品

（2）钢的正火。

钢的正火是指将钢件加热到 A_{c3}（亚共析钢）、A_{c1}（共析钢）或 A_{ccm}（过共析钢）以上 30～50 ℃，奥氏体化后经保温在空气中均匀冷却的热处理工艺。正火后的组织：亚共析钢

为 F+S；共析钢为 S；过共析钢为 $S+Fe_3C_{II}$。

正火比退火冷却速度稍快，组织较细小，强度和硬度有所提高，操作简便，生产周期短，成本较低。因此，生产中应尽量采用正火代替退火。正火主要应用范围见表 1-3-4。

表 1-3-4 正火的主要应用范围及目的

应用范围	目的
低碳钢	减少钢中铁素体含量，使珠光体量增多并细化，提高硬度、强度和韧性，改善切削加工性能
中碳钢	代替调质处理作为最终热处理，也可作为表面热处理的预先热处理
过共析钢	减少 Fe_3C_{II}量，并消除网状二次渗碳体为球化退火做好组织准备。当淬火有开裂危险时，可采用正火作为最终热处理
铸钢件	细化铸态组织，改善切削加工性能
大型锻件	作为最终热处理，避免淬火时有开裂倾向
球墨铸铁	提高强度、硬度和耐磨性

注意

（1）钢铁材料的硬度在 170～230HBS 范围内，金属切削加工性较好。

（2）Fe_3C 是钢的强化相，常以片状、球状、网状等形式存在，其中网状对钢的性能响最坏。

几种退火与正火的加热温度范围及热处理工艺曲线如图 1-3-13 所示。

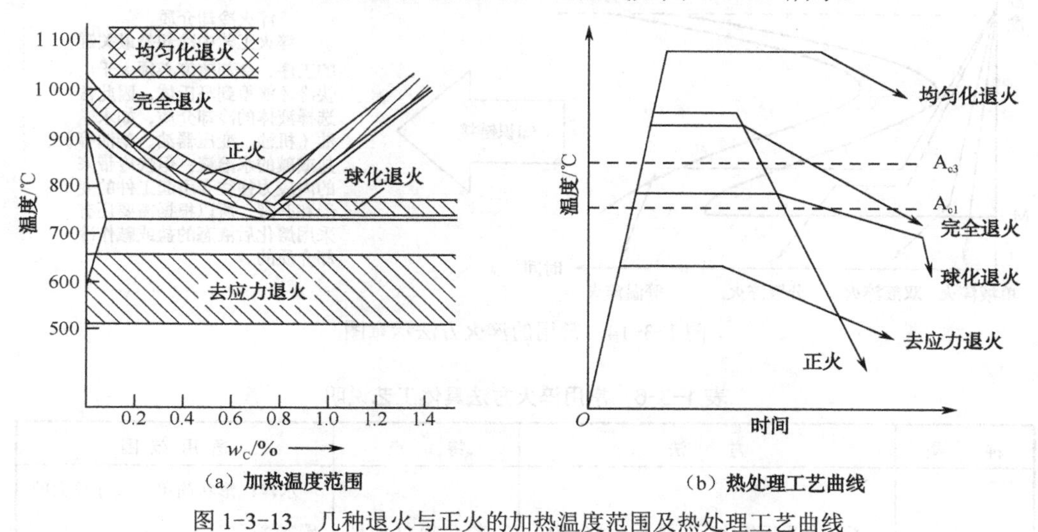

图 1-3-13 几种退火与正火的加热温度范围及热处理工艺曲线

2. 钢的淬火和回火

淬火（除等温淬火外）是指将钢加热至临界点（A_{c3} 或 A_{c1}）以上，保温后以大于 V_K 的速度冷却，使奥氏体转变成马氏体（或下贝氏体）的热处理工艺。淬火的目的是为了得到

马氏体组织，提高钢的硬度和耐磨性，是钢的最主要强化方式。

回火是指淬火后的钢加热至 A_1 以下的某一温度后进行冷却的热处理工艺。一般淬火后的钢都要进行回火才能使钢具有不同的力学性能。

1）钢的淬火

（1）淬火加热温度见表 1-3-5。

表 1-3-5　淬火加热温度

钢的种类	加热温度（℃）	理　由
亚共析钢	$A_{c3}+30\sim50$	若温度过低，淬火后组织中将会有铁素体出现，使强度、硬度降低；温度过高，奥氏体晶粒粗化，使钢的力学性能变差，且淬火应力增大，易变形和开裂
共析钢	$A_{c1}+30\sim50$	若温度过高，淬火后残留奥氏体量增多，钢的硬度和耐磨性降低或淬火后得到粗大的马氏体。若温度低于 A_{c1} 点，则组织没发生相变，达不到淬火目的
过共析钢	$A_{c1}+30\sim50$	

温馨提示

在实际生产中，淬火加热温度及升温、保温时间的确定须全面考虑各种因素（如工件形状、尺寸，钢的成分、原始组织，加热介质、炉型等）的影响，加热及保温时间常常用有关经验公式估算。

（2）常用淬火方法如图 1-3-14 所示，具体工艺见表 1-3-6。

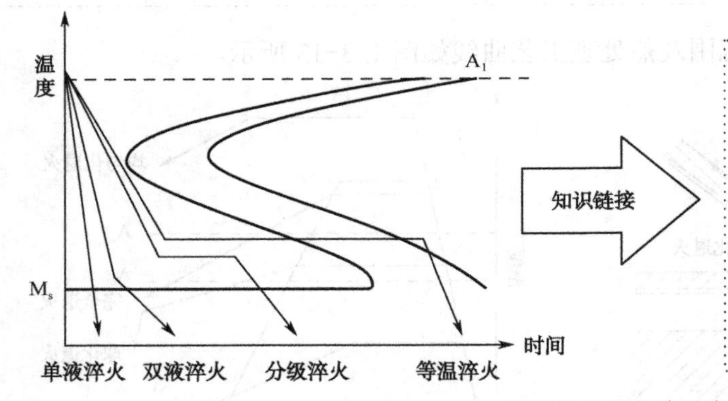

淬火冷却介质

淬火工艺中冷却是最关键的工序，冷却速度必须大于 V_K，快冷才能得到马氏体，因此常选择液体的冷却介质，如水、油（机油、变压器油、柴油等）、盐或碱的水溶液；但快冷带来的内应力往往会引起工件的变形和开裂，所以根据需要还有采用熔化后液态的盐或碱作冷却介质的。

图 1-3-14　常用的淬火方法示意图

表 1-3-6　常用淬火方法具体工艺说明

种　类	方　法	特　点	适用范围
单液淬火	将工件奥氏体化后，放入一种介质中连续冷却至室温	操作简单，易实现机械化	水淬：形状简单、尺寸较大的碳钢件； 油淬：合金钢件及尺寸很小的碳钢件

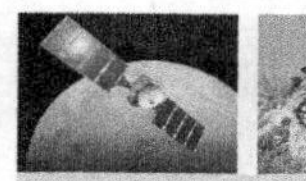

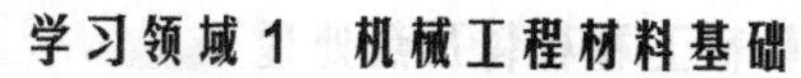

续表

种　类	方　法	特　点	适用范围
双液淬火	将工件奥氏体化后，先放入冷却能力强的介质中，在将要发生马氏体转变时立即转入冷却能力弱的介质中；常用的有先水后油，先水后空气等	要求较高的操作水平，有效防止工件的变形和开裂	主要用于形状复杂的高碳钢件和尺寸较大的合金钢件
（马氏体）分级淬火	将工件奥氏体化后，先浸入温度稍高或稍低于 Ms 点的盐浴或碱浴中，保持适当时间，待工件整体达到介质温度后取出空冷	比双液淬火易控制，减小热应力、相变应力和变形，防止开裂	主要用于截面尺寸较小（直径或厚度<12 mm）、形状较复杂工件
等温淬火	将工件奥氏体化后，快冷到贝氏体转变温度区间保持等温，使奥氏体转变为贝氏体	应力和变形很小，但生产周期长，效率低	主要用于形状复杂、尺寸要求精确，并要求有较高强韧性的小型模具及弹簧的淬火

温馨提示——淬火缺陷

（1）变形与开裂

淬火时产生的热应力（淬火钢件因内、外温度分布不均而造成收缩程度不同引起的内应力）和组织应力（淬火时钢件各部分转变成马氏体过程中因体积膨胀不均而引起的内应力）是造成零件变形或开裂的根本原因。变形较大或开裂的零件只能报废。

（2）氧化和脱碳

钢在加热时，氧原子与零件表面铁原子形成 FeO 的现象称为氧化；氧原子或氢原子与零件中的碳原子形成 CO 或 CH_4 而降低碳的质量分数的现象称为脱碳。氧化和脱碳降低零件的表面硬度和疲劳强度，同时还影响零件的尺寸并增加淬火开裂的可能性。

（3）过热和过烧

零件在热处理时，加热温度过高或高温下保温时间过长，引起奥氏体晶粒显著长大的现象称为过热；加热温度过高，使钢的晶界严重氧化或熔化的现象称为过烧。过热会影响零件的力学性能，一般用正火细化晶粒补救；过烧严重降低零件的力学性能，且无法挽救。

知识链接——钢的淬透性

（1）淬透性的概念

钢的淬透性是指钢淬火时形成马氏体的能力。一般以圆柱形试样的淬硬层深度或沿截面硬度分布曲线表示，而淬硬层深度是指从工件表面向里至半马氏体区（马氏体与非马氏体组织各占一半处）的垂直距离作为有效淬硬层深度。从理论上讲，淬硬层深度应是工件整个截面上全部淬成马氏体的深度，但实际上，金相检验组织很困难，且当钢的组织中含有少量非马氏体组织时，硬度值变化不明显，所以用半马氏体处作为淬硬层界限，只要测出截面上半马氏体硬度值的位置，即可确定淬硬层深度。

淬透性是材料本身固有的一种性能，在同样奥氏体条件下，一种钢的淬透性是相同的；淬透性好的钢淬火时容易得到马氏体。合金钢就比非合金钢（碳钢）淬透性好。影响钢的淬透性的因素主要是马氏体临界冷却速度 V_K 的大小，V_K 越大，钢的淬透性越小。

（2）淬透性的测定方法

淬透性测定方法很多，常用的有末端淬火法和临界直径法。具体的方法和实验可查阅相关手册。

（3）淬透性的实际意义

对承受拉应力和压应力的连接螺栓、拉杆、锤杆及在动载荷下工作的重要零件，常常要求其表面与心部力学性能一致，应选用高淬透性的钢，并将零件全部淬透。

对于承受弯曲或扭转载荷的轴类、齿轮零件，其表面受力最大，心部受力最小，可选用淬透性较低的钢种，只要求淬透层深度为工件半径或厚度的 1.2～1.3 倍即可。

注意

（1）在实际淬火时，如果零件整个截面都得到马氏体，就表明工件已淬透，但尺寸大的工件经常表面淬成了马氏体，而心部并未得到马氏体。原因是淬火时，表层冷却速度大于临界冷却速度 V_K，而心部冷却速度小于 V_K。如图 1-3-15 所示。

钢的淬透性和具体零件的淬硬层深度不能混为一谈。钢的淬硬层深度与钢的临界冷却速度、工件的截面尺寸和介质的冷却能力有关。

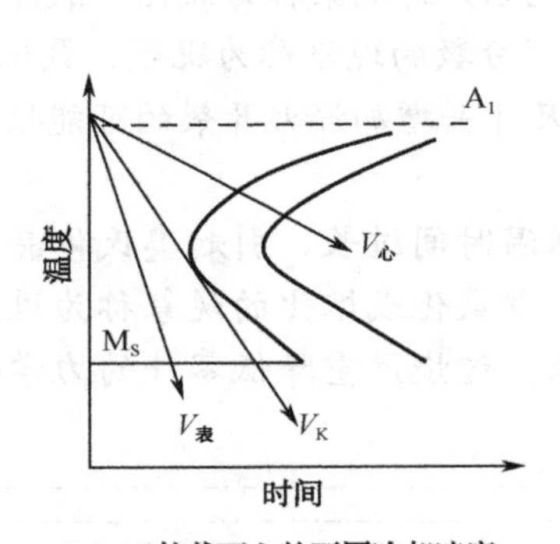

（a）工件截面上的不同冷却速度

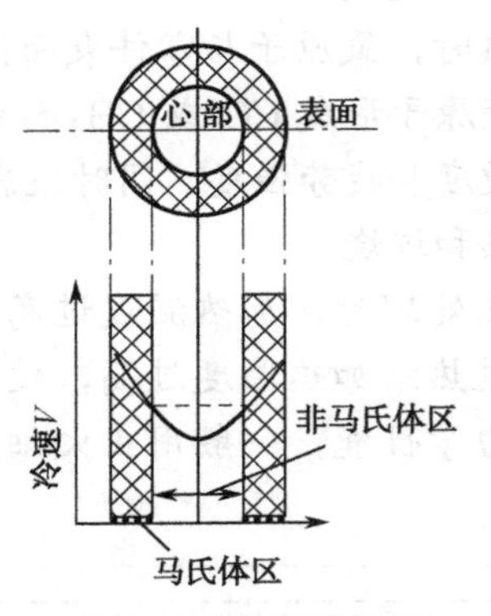

（b）淬硬区与非淬硬区示意图

图 1-3-15　工件淬硬层深度与冷却速度关系示意图

（2）钢的淬透性和淬硬性是两个不同的概念。淬硬性是指钢在正常的淬火条件下所能达到的最高硬度。淬硬性主要与钢的含碳量有关，即淬火加热时固溶于奥氏体中的含碳量。奥氏体中固溶的含碳量越高，淬火后马氏体的硬度也越高。淬透性用于不同种类的钢（如合金钢和碳钢）在相同淬火条件下的属性比较，而淬硬性常用于一种钢在不同淬火条件下的属性比较。合金元素含量对淬透性有很大影响，但对淬硬性没有明显影响，因此淬透性好的钢淬硬性不一定高。

2）钢的回火

淬火后钢的组织里有马氏体和少量的残余奥氏体，它们都是亚稳定组织，有自发向平衡组织转变的倾向，容易引起工件在使用过程中形状、尺寸的变化，甚至产生开裂；还有淬火后的钢硬度很高，但塑性、韧性显著降低。为了调整淬火钢的组织以获得工件的不同性能，稳定工件的尺寸，降低脆性，减小或消除内应力，防止工件变形开裂，对淬火后的钢往往进行回火（钢加热至 A_1 以下的某一温度后空冷的热处理工艺）。

根据需要，按回火时加热温度的不同，可将回火分成三种，见表 1-3-7。

表 1-3-7 回火种类、加热温度、组织特点、目的及其应用

种 类	加热温度（℃）	组 织 特 点	目 的	应 用
低温回火	150～250	回火马氏体	减小应力和脆性，保持高硬度（58～64HRC）和耐磨性	用于刃具、量具、模具、滚动轴承及渗碳、表面淬火的零件
中温回火	350～500	回火托氏体	获得高的弹性极限、屈服点和较好的韧性。硬度一般为 35～50HRC	主要用于各种弹簧、锻模等
高温回火	500～650	回火索氏体	获得强度、塑性、韧性都较好的综合力学性能，硬度一般为 25～35HRC	广泛用于各种重要结构件（如轴、齿轮、连杆、螺栓等），也可作为某些精密零件的预先热处理

淬火钢回火时的组织转变是在不同温度范围内进行的，但多半又是交叉重叠进行的，即在同一回火温度下可能进行几种不同的转变。随着回火温度的升高，强度、硬度降低，而塑性、韧性提高，温度越高，变化越明显。

回火后的显微组织如图 1-3-16 所示。

（a）回火马氏体

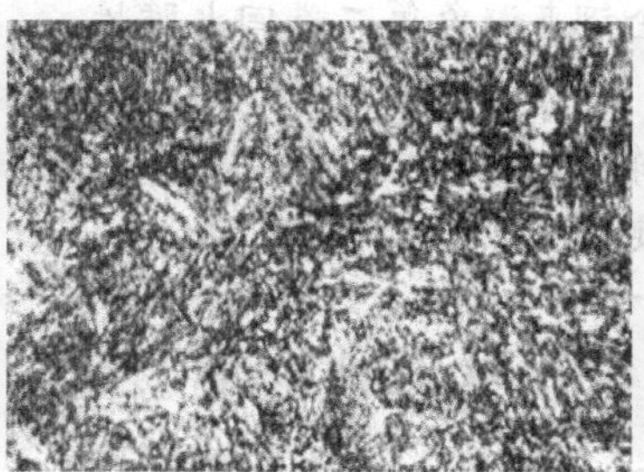

（b）回火托氏体

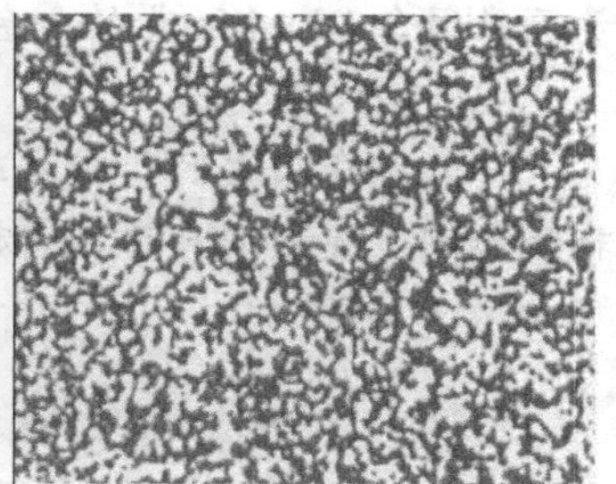

（c）回火索氏体

图 1-3-16 回火后的显微组织

注意——淬火+高温回火=调质处理

调质处理是应用很广的热处理工艺，钢经调质后，硬度与正火相近，但塑性和韧性显著高于正火，表 1-3-8 所示为 45 钢（20～40 mm）经调质处理和正火后的力学性能比较。

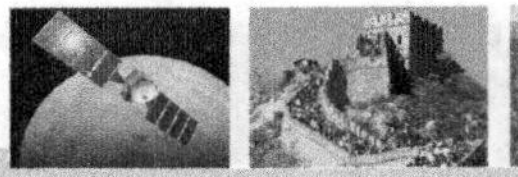

调质处理一般作为最终热处理，也可作为表面淬火和化学热处理的预先热处理。经调质处理的钢,便于切削加工并能获得较好的表面光洁度。

表 1-3-8　45 钢经调质处理和正火后的力学性能比较

热处理方法	力 学 性 能				组　织
	R_m/MPa	A/%	A_k/J	HBS	
正火	700～800	15～20	40～64	163～220	索氏体+铁素体
调质	750～850	20～25	64～96	210～250	回火索氏体

除了以上三种常用的回火方法外，某些高合金钢还在 A_1 以下（20～40 ℃）进行高温软化回火。其目的是获得回火珠光体，以代替球化退火。

回火加热时间要保证工件穿透及组织转变充分进行。组织转变所需时间一般不大于 0.5 h，而穿透加热时间则随加热温度、工件的有效厚度、装炉量及加热方式等的不同波动较大，一般为 1～3 h。

知识链接——钢回火中的问题

（1）回火脆性

钢在回火温度升高到 250～350℃和 500～650℃这两个区间时，冲击韧性显著降低，即脆性增加，这种现象称为回火脆性。前者又称为低温回火脆性（第一类回火脆性），几乎所有的工业用钢都有这类脆性，为避免此类脆性，一般不在 250～350℃回火。后者又称为高温回火脆性（第二类回火脆性），这类回火脆性具有可逆性，将已产生高温回火脆性的钢重新加热至 650℃以上温度，然后快冷，则脆性消失；尽量减小钢中杂质元素的含量及采用含 W、Mo 等的合金钢来避免第二类回火脆性。

（2）回火稳定性

淬火钢在回火时，抵抗软化（强度、硬度降低）的能力称为回火稳定性。合金钢比非合金钢（碳素钢）回火稳定性要好。

知识拓展

1.3.3　钢的表面热处理

有些零件（如车床主轴）表层和心部受力不同，表层承受较高的应力，要求具有高强度、硬度、耐磨性及疲劳强度，而心部需要有足够的塑性和韧性。这时只靠整体热处理不能满足工作需要，生产中广泛采用表面热处理，即改变工件表面的组织和性能。

钢的表面热处理包括表面淬火和化学热处理。

1. 钢的表面淬火

钢的表面淬火是通过快速加热使钢的表层奥氏体化，然后迅速冷却，使表层形成马氏

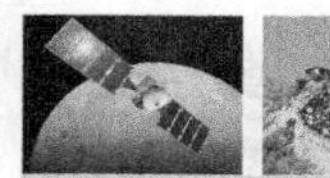

体组织，而心部仍保持未淬火状态组织的热处理工艺，使零件具有“表硬里韧”的力学性能。表面淬火的方法很多，目前广泛应用的有感应加热表面淬火和火焰加热表面淬火。一般表面淬火前应对工件进行正火或调质处理，以保证工件心部具有良好的力学性能，并为表层加热做好组织准备。表面淬火后应进行低温回火，以降低淬火应力和脆性。

1）感应加热表面淬火（简称感应淬火）

感应淬火是指利用感应电流通过工件所产生的热量，使工件表层、局部或整体加热并快速冷却的淬火，如图 1-3-17 所示。

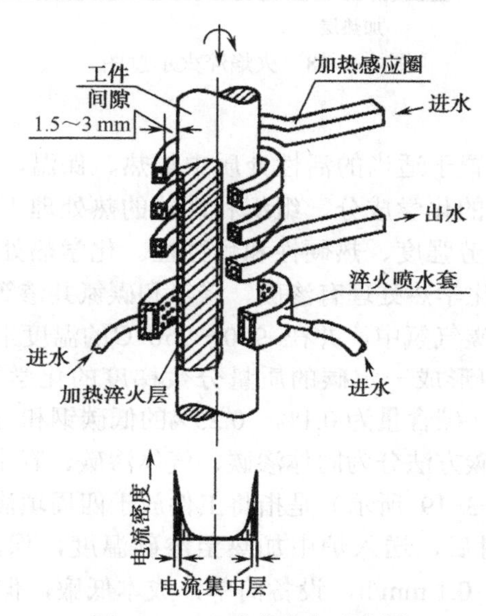

图 1-3-17　感应淬火示意图

在生产中，应根据对零件表面淬硬层深度的要求，选择合适的感应电流频率，分高频（200～300 kHz，淬硬层深度为 0.5～2 mm）感应淬火、中频（2 500～8 000 Hz，淬硬层深度为 2～10 mm）感应淬火、工频（50 Hz，淬硬层深度为 10～20 mm）感应淬火，频率越高，电流集中层越薄，加热层越薄，淬硬层深度越小。

感应加热表面淬火零件最适宜的钢种是中碳钢（如 40 钢、45 钢）和中碳合金钢（如 40Cr 钢、40MnB 钢等），也可用于高碳工具钢、含合金元素较少的合金工具钢及铸铁等。

经感应加热表面淬火的工件表面不易氧化、脱碳，变形小；硬度和疲劳强度比普通淬火稍高，脆性较低；感应淬火加热速度极快，淬硬层深度也易控制，生产效率高，易于实现机械化、自动化。但其工艺设备较贵，维修调整困难，不易处理形状复杂的零件。

2）火焰加热表面淬火（简称火焰淬火）

火焰淬火是指利用氧-乙炔（或其他可燃气体）火焰对工件表层加热并快速冷却的淬火工艺，如图 1-3-18 所示。其淬硬层深度一般为 2～6 mm。

火焰淬火操作简便，设备简单，成本低，灵活性大，但不易控制，质量不稳定，适用于单件、小批生产及大型零件（如大模数齿轮、大型轴类等）的表面淬火。

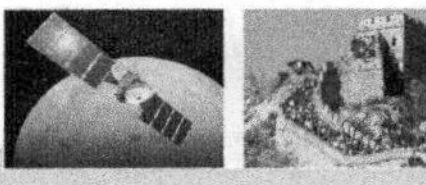

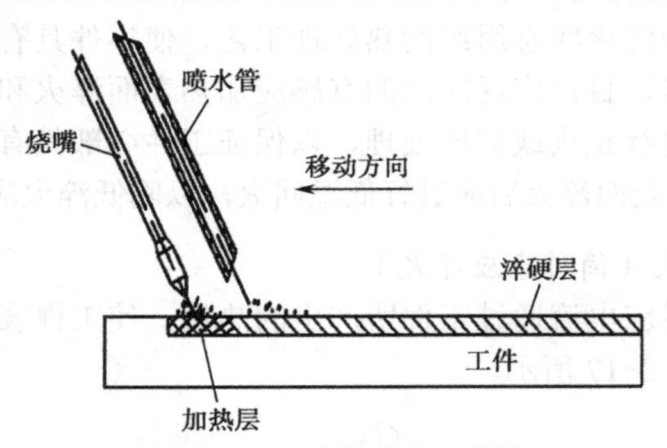

图 1-3-18 火焰淬火示意图

2. 钢的化学热处理

化学热处理是指将工件置于适当的活性介质中加热、保温，使一种或几种元素渗入其表层，以改变表层一定深度的化学成分、组织和性能的热处理工艺。其目的主要是提高工件的表面硬度、耐磨性、疲劳强度、热硬性和耐蚀性。化学热处理种类很多，一般以渗入的化学元素来命名，常用的化学热处理有渗碳、渗氮和碳氮共渗等。

渗碳是指将工件放入渗碳气氛中，并在 900～950 ℃的温度下加热、保温，以提高工件表层碳的质量分数并在其中形成一定碳的质量分数梯度的化学热处理工艺。工件外硬内韧，常用于齿轮、活塞销等（碳含量为 0.1%～0.25%的低碳钢和合金低碳钢）。

根据渗碳剂的不同，渗碳方法分为固体渗碳、气体渗碳、真空渗碳等。

（1）固体渗碳（如图 1-3-19 所示）是指将工件放于四周填满固体渗碳剂的渗碳箱中，用盖和耐火泥将渗碳箱密封后，送入炉中加热至渗碳温度，保温一定时间使工件表面增碳。固体渗碳的平均速度为 0.1 mm/h，设备简单，成本低廉，但质量不易控制，生产效率低，工作环境较差，主要用于单件、小批生产，在一些中小型工厂中有使用。

（2）气体渗碳（如图 1-3-20 所示）是指将工件放于密封的井室渗碳炉中，滴入易于热分解和汽化的液体（如煤油、甲醛等）或直接通入渗碳气体（如煤气、石油液化气等），加热至渗碳温度，形成渗碳气氛。活性碳原子被工件表面吸收而溶于高温奥氏体中，并向工件内部扩散形成一定深度的渗碳层。气体渗碳的平均速度为 0.2～0.5 mm/h，生产效率高，质量容易控制，易于实现机械化。但设备成本较高，主要用于大批量生产。

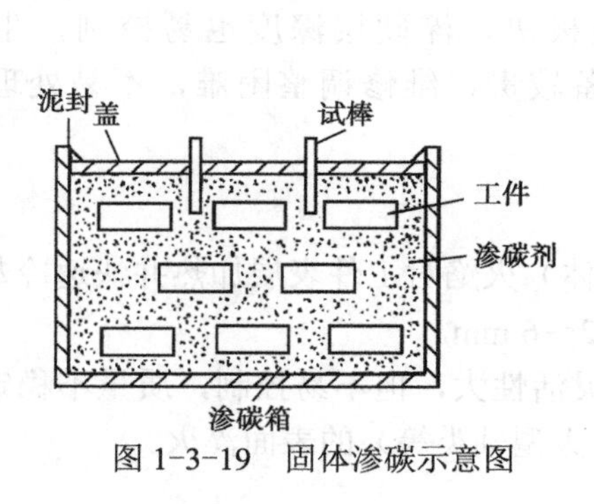

图 1-3-19 固体渗碳示意图

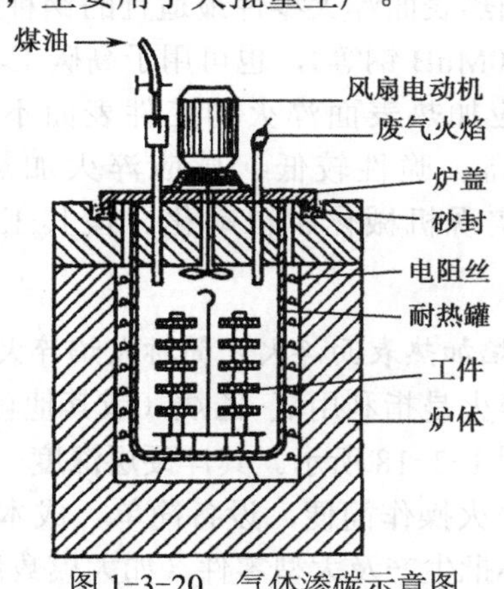

图 1-3-20 气体渗碳示意图

小贴士

热处理工艺曲线

热处理工艺曲线是用来表示热处理工艺过程和热处理工艺参数的图形，在热处理工艺曲线上往往标有表示工艺参数的数字。例如，图 1-3-21 是表示 40Cr 钢制造连杆螺栓的热处理工艺曲线。其含义为：把 40Cr 制造的螺栓快速加热到 840℃，保温 120 min，再油冷；然后再加热到 540℃，保温 120 min，再水冷。曲线前半部分是淬火，后半部分是高温回火，即对螺栓进行了调质处理。

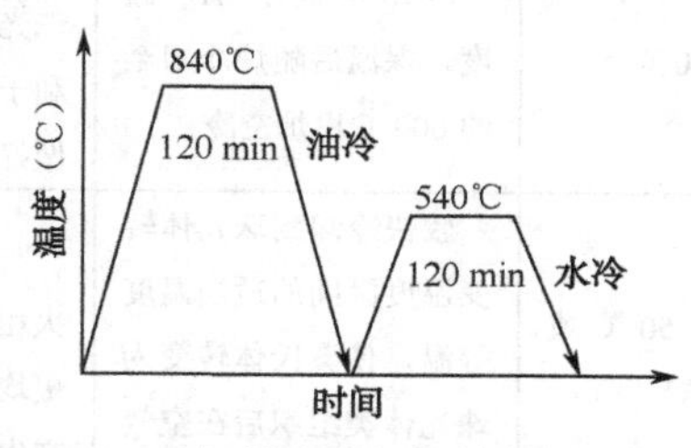

图 1-3-21 40Cr 钢制造连杆螺栓的热处理工艺曲线

知识梳理

（1）钢的热处理原理见表 1-3-9。

表 1-3-9 钢的热处理原理

<table>
<tr><td rowspan="18">钢的热处理原理（钢在加热与冷却时的转变）</td><td rowspan="6">加热（获得奥氏体）</td><td rowspan="6">奥氏体化的四个阶段：
奥氏体形核
奥氏体长大
残余渗碳体溶解
奥氏体成分均匀化</td><td></td><td>钢的类别</td><td>加热温度</td><td>组织</td></tr>
<tr><td rowspan="3">完全奥氏体化</td><td>亚共析钢</td><td>A_{c3} 以上</td><td>A</td></tr>
<tr><td>共析钢</td><td>A_{c1} 以上</td><td>A</td></tr>
<tr><td>过共析钢</td><td>A_{ccm} 以上</td><td>A</td></tr>
<tr><td rowspan="2">不完全奥氏体化</td><td>亚共析钢</td><td>A_{c1}～ A_{c3}</td><td>A+F</td></tr>
<tr><td>过共析钢</td><td>A_{c1}～A_{ccm}</td><td>A+Fe_3C</td></tr>
<tr><td rowspan="12">冷却（以共析钢为例）</td><td colspan="2" rowspan="6">等温冷却</td><td>温度范围/℃</td><td colspan="2">组织转变</td></tr>
<tr><td>A_1～650</td><td colspan="2">A→P</td></tr>
<tr><td>650～600</td><td colspan="2">A→S</td></tr>
<tr><td>600～550</td><td colspan="2">A→T</td></tr>
<tr><td>550～350</td><td colspan="2">A→$B_{上}$</td></tr>
<tr><td>350～M_s</td><td colspan="2">A→$B_{下}$</td></tr>
<tr><td colspan="2" rowspan="5">连续冷却</td><td>冷却方式</td><td colspan="2">组织转变</td></tr>
<tr><td>炉冷</td><td colspan="2">A→P</td></tr>
<tr><td>空冷</td><td colspan="2">A→S</td></tr>
<tr><td>油冷</td><td colspan="2">A→T+M+A′</td></tr>
<tr><td>水冷</td><td colspan="2">A→M+A′</td></tr>
</table>

（2）热处理工艺的目的及应用见表 1-3-10。

表 1-3-10　热处理工艺的目的及应用

种类		加热温度（℃）	冷却方式	目的	应用
退火	完全退火	A_{c3} 以上 30～50 ℃	随炉冷至 600 ℃左右后出炉空冷	消除残余应力，细化晶粒	亚共析钢的铸、锻、焊件
	球化退火	A_{c1} 以上 10～20 ℃	冷却至低于 A_{r1} 温度，保温后随炉冷却至约 600 ℃出炉空冷	片珠光体转变成球状珠光体，降低硬度，有利于切削加工，为淬火做好组织准备	过共析钢的刃具、量具、模具等
	等温退火	A_3 以上 30～50 ℃或 A_{c1} 以上 10～20 ℃	较快冷却到珠光体转变温度区间的适当温度等温，使奥氏体转变为珠光体类组织后在空气中冷却	与完全退火和球化退火相同，但得到的组织更均匀，晶粒更细小，产生周期短	高碳钢、合金工具钢和高合金钢
	均匀化退火	钢熔点以下 100～200 ℃	保温 10～15 h 后缓冷	消除铸造过程中产生的枝晶偏析，使成分均匀化	亚共析钢的铸锭
	去应力退火	A_{c1} 以下 100～200 ℃	随炉缓冷至 300～200 ℃，出炉空冷	消除残余应力，稳定尺寸，减小变形	铸件、锻件、焊接件、冷冲件及机械加工件等
	再结晶退火	$T_{再}$=（0.35～0.40）$T_{熔点}$，K	缓冷	消除加工硬化，提高塑性，改善切削加工性能及成形性能	进一步冷变形钢件、冷变形钢材及其他合金成品
正火		A_{c3} 或 A_{ccm} 以上 30～50 ℃	空冷	细化晶粒，改善切削加工性能，为最终热处理做好组织准备	低碳钢、中碳钢的预先热处理；消除过共析钢的网状渗碳体；一般要求钢件的最终热处理
淬火		A_{c3} 或 A_{c1} 以上 30～50 ℃	以大于钢的淬火临界冷却速度冷却，一般合金钢油淬，碳钢水淬	获得马氏体，个别获得下贝氏体，提高钢的硬度和耐磨性	各种工具、模具、量具、滚动轴承等
回火	低温回火	150～250 ℃	空冷	在保持高硬度的同时，降低淬火内应力和脆性	工具、模具、量具、轴承、渗碳件及经表面淬火的工件
	中温回火	350～500 ℃	空冷	提高弹性极限和屈服强度	各类弹簧及其他结构钢
	高温回火	500～650 ℃	空冷	获得良好的综合力学性能，硬度一般为 25～35HRC	各种重要的机器结构件，特别是受交变载荷的零件，如连杆、轴等

续表

种　类	加热温度（℃）	冷却方式	目　的	应　用
钢的表面淬火	钢表面加热到淬火温度（A_{c3}+80～150 ℃）	表面急冷大于淬火临界冷却速度	表面获得一定深度的淬硬层，提高表面的硬度和耐磨性，而心部还具有很好的塑性和韧性	在扭转和弯曲等交变载荷作用下工作的零件，如齿轮、凸轮、曲轴、活塞销等
钢的化学热处理（渗碳简介）	900～950 ℃	缓冷	提高低碳钢表面硬度、耐磨性及疲劳强度，保持心部良好的塑性和韧性	用于低碳钢、低碳合金钢，如汽车、拖拉机变速箱齿轮等

练习及思考题 3

一、选择题（将正确答案所对应的字母填在括号里）

1．为了改善非合金工具钢的切削加工性，应采用（　　）作为预备热处理。

A．完全退火　　B．球化退火　　C．再结晶退火　　D．去应力退火

2．影响淬透性的因素是（　　）。

A．钢的临界冷却速度　　B．工件的形状

C．工件的尺寸　　D．冷却介质的冷却能力

3．共析钢奥氏体化后过冷到 350 ℃等温，将得到（　　）。

A．马氏体　　B．珠光体　　C．贝氏体　　D．铁素体

4．过共析钢适宜的淬火加热温度为（　　）。

A．A_{c3} 以上 30～50 ℃　　B．A_{c1} 以上 30～50 ℃

C．A_{c3} 和 A_{c1} 之间　　D．A_{c1} 以下

5．为改善低碳钢的切削加工性，应采用（　　）。

A．正火　　B．球化退火　　C．完全退火　　D．去应力退火

6．马氏体的硬度主要取决于（　　）。

A．淬火加热温度　　B．淬火冷却速度

C．保温时间　　D．马氏体中碳的质量分数

7．用 T12 钢（含碳量 1.2%）制造的锉刀，为了达到其高硬度和高耐磨性的要求，应采用（　　）。

A．调质处理　　B．淬火+中温回火

C．淬火+低温回火　　D．表面淬火

8．调质处理是指（　　）的复合热处理工艺。

A．淬火+低温回火　　B．淬火+中温回火

C．淬火+高温回火　　D．淬火+退火

9．低温回火的温度是（　　）。

A．150～250 ℃　　B．100～150 ℃　　C．350～500 ℃　　D．500～600 ℃

10．中温回火后的组织为（　　）。

A．回火马氏体　　B．回火索氏体　　C．回火托氏体　　D．回火珠光体

11．通过加热、保温、冷却，使金属的内部组织结构发生变化，从而获得所需要性能的工艺方法称为（　　）。

A．锻造　　B．铸造　　C．焊接　　D．热处理

12．钢在加热时，由于加热温度过高或时间过长，引起奥氏体晶粒粗大的现象称为（　　）。

A．脱碳　　B．过热　　C．氧化　　D．过烧

13．把零件需要耐磨的表面淬硬，而心部仍保持高韧性的热处理方法称为（　　）。

A．淬火　　B．渗碳　　C．调质　　D．表面淬火

14．淬火钢在 300 ℃左右回火时，韧性出现显著下降的现象称为（　　）。

A．热脆性　　B．冷脆性

C．第一类回火脆性　　D．第二类回火脆性

15．共析钢的过冷奥氏体在 550 ℃～M_s范围内发生等温转变的产物是（　　）。

A．珠光体　　B．贝氏体　　C．马氏体　　D．索氏体

16．影响钢的淬硬性的主要因素是（　　）。

A．加热温度　　B．淬火介质

C．钢中碳的质量分数　　D．钢中合金元素的质量分数

17．马氏体临界冷却速度是指获得（　　）组织的最小冷却速度。

A．全部马氏体　　B．全部铁素体

C．部分马氏体　　D．部分马氏体和部分索氏体

18．减小钢中杂质元素含量及采用含 W、Mo 等的合金钢可防止（　　）。

A．第二类回火脆性　　B．第一类回火脆性

C．冷脆性　　D．热脆性

19．调质处理后可获得综合力学性能好的组织是（　　）。

A．回火马氏体　　B．回火托氏体

C．回火索氏体　　D．索氏体

二、判断题（正确的在括号内画“√”，错误的在括号内画“×”）

（　　）1．为便于进行机械加工，对于碳钢或高碳钢可预先进行球化退火。

（　　）2．共析钢加热为奥氏体，冷却时所形成的组织主要取决于钢的加热温度。

（　　）3．过冷奥氏体的冷却速度越快，钢冷却后的硬度越高。

（　　）4．同一种钢在相同的加热条件下，水淬比油淬的淬透性好，小件比大件的淬透性好。

（　　）5．马氏体转变是在等温冷却的条件下进行的。

（　　）6．对于同一种钢，淬火可使其硬度最高。

（　　）7．调质是淬火后进行高温回火的复合热处理工艺。

（　　）8．退火和正火一般安排在粗加工之后、精加工之前。

（　　）9．为改善低碳钢和低碳合金钢的切削加工性，应采用正火作为预备热处理。

（　　）10．退火比正火的冷却速度快，所以晶粒细小，力学性能高。

（　　）11．亚共析钢经完全退火后，其组织为铁素体和珠光体。

（　　）12．钢中合金元素的量越大，淬火后钢的硬度就越高。

（　　）13．退火和回火都可以消除内应力，因此在生产中二者可以通用。

（　　）14．渗碳用钢必须是中碳钢或中碳合金钢。

（　　）15．过冷奥氏体转变为马氏体后，钢的体积会膨胀。

（　　）16．马氏体都是硬而脆的相。

（　　）17．淬火的主要目的是提高钢的强度，因此淬火钢就可以不经过回火而直接使用。

（　　）18．钢的表面淬火既可以改变钢的成分，又可以改变钢的组织。

（　　）19．钢的化学热处理只能改变钢的成分，不能改变钢的组织。

（　　）20．钢加热时获得的奥氏体晶粒越小，冷却时转变产物组织越细小，性能越好。

三、思考题

1．解释术语。

（1）奥氏体、过冷奥氏体与残余奥氏体。

（2）珠光体、索氏体与托氏体。

（3）淬透性、淬硬性与淬硬层深度。

2．什么是退火、正火、淬火、回火、调质？说明各自的工序位置。

3．试绘出共析钢过冷奥氏体连续冷却转变图，说明为了获得以下组织应采用的冷却方法，并在绘出的连续冷却转变图上画出其冷却曲线。

（1）珠光体；（2）索氏体；（3）托氏体+马氏体+残余奥氏体；（4）马氏体+残余奥氏体。

4．用原始状态的 45 钢制成 4 个小试样，分别进行如下热处理，

（1）试样 1 加热至 710 ℃，水中速冷；

（2）试样 2 加热至 750 ℃，水中速冷；

（3）试样 3 加热至 840 ℃，水中速冷；

（4）试样 4 加热至 840 ℃，由中冷却。

试分别定性地比较试样 1 与 2、2 与 3、3 与 4 所得硬度的大小，并说明原因。

5．有一批用共析钢制成的直径为 5 mm 的销子，采用什么热处理方法可得到下列组织？

（1）珠光体；（2）托氏体+索氏体；（3）下贝氏体；（4）回火索氏体；（5）马氏体+残余奥氏体。

6．某柴油机凸轮轴，要求凸轮表面有高的硬度（>50HRC），而心部具有良好的韧性（A_k>40J）。原来用 w_C=0.45%的碳钢调质，再在凸轮表面进行高频淬火，最后低温回火。现因库存钢材用完，拟用 w_C=0.15%的碳钢代替。试说明：

（1）原 w_C=0.45%钢的各热处理工序的作用。

（2）改用 w_C=0.15%的钢后，仍执行原热处理工序，能否满足性能要求？为什么？

（3）改用 w_C=0.15%的钢后，采用何种热处理工艺能达到所要求的性能？

7．车床主轴要求轴颈部位的硬度为 56～48HRC，其余处为 20～24HRC，其加工工艺路线为：锻造→正火→机加工→轴颈表面淬火+低温回火→磨加工，请指出：

（1）主轴应选用何种材料？

（2）正火、表面淬火及低温回火的目的和大致工艺。

（3）轴颈表面的组织和其余部位的组织各是什么？

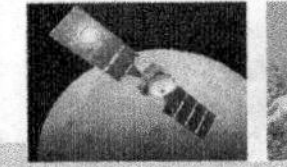

8．图 1-3-22 所示的是卧式车床主轴箱中的滑动齿轮。工作中，通过拨动主轴箱外手柄使齿轮在轴上滑移，利用与不同齿数的齿轮啮合，可得到不同转速，工作时转速较高。要求达到的热处理技术条件是：

（1）轮齿表面硬度为 50～55 HRC；

（2）齿心部硬度为 20～25 HRC；

（3）整体强度 R_m=780～800 MPa，

（4）整体韧性 a_K=40～60 J·cm^{-2}；

（5）欲选用 40Cr 合金调质钢，试为其设计加工工艺路线，并指出其热处理目的。

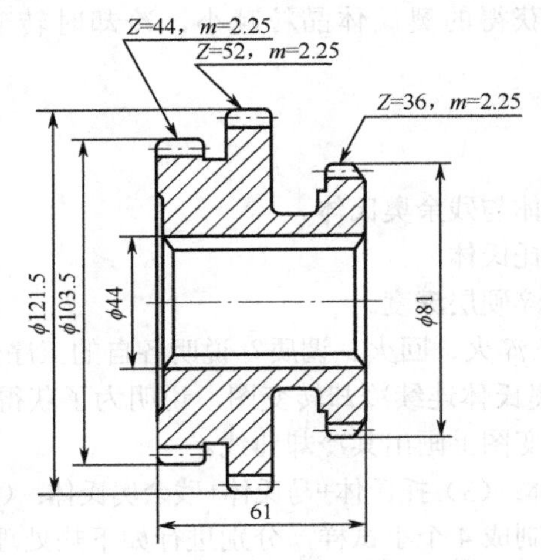

图 1-3-22　卧式车床主轴箱中的滑动齿轮

学习领域2 钢铁材料

教学导航

教	知识重点	常用碳钢（非合金钢）、合金钢及工程铸铁的牌号、性能及用途
	知识难点	钢铁材料的成分、组织结构对其性能的影响； 根据零部件的工作环境、载荷形式选择合适的材料和热处理方法
	推荐教学方式	任务驱动，案例导入
	建议学时	16～20 学时
学	推荐学习方法	课内：听课+互动； 课外：寻找生活中的实例，图书馆、网上搜集相关资料
	应知	钢铁材料的种类、组织特征、牌号、性能、用途
	应会	常用碳钢、合金钢及工程铸铁的牌号、性能及用途

任务 2-1 认识非合金钢

案例 4 减速器输出轴（优质碳素结构钢）的选材及热处理

看一看

一级圆柱齿轮减速器（立体装配图如图 2-1-1 所示）是通过装在箱体内的一对啮合齿轮的转动将外界动力从主动齿轮轴（输入轴）传至从动轴（输出轴）来实现减速的。输出轴上安装有端盖、滚动轴承、从动齿轮等零件。

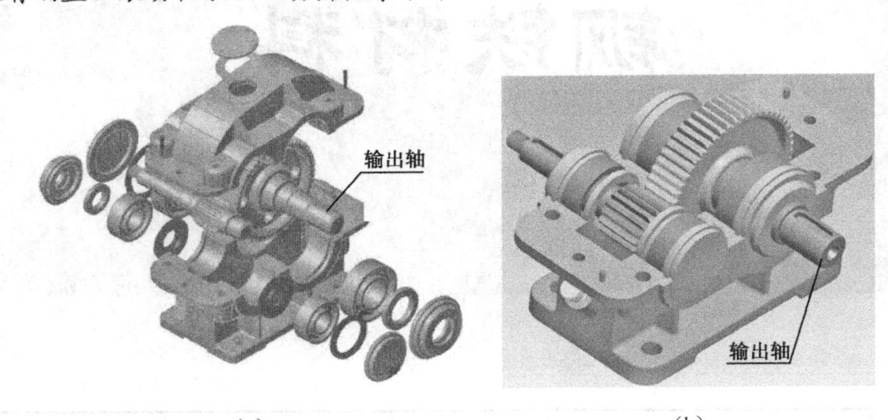

(a) (b)

图 2-1-1 一级圆柱齿轮减速器立体装配关系图

想一想

减速器输出轴主要承受弯曲和扭转载荷。怎样选材？如何处理？

相关知识

2.1 非合金钢（碳素钢）

2.1.1 工程材料选用原则

在零件的设计过程中，设计人员不仅要根据零件的工作条件和性能要求设计零件的形状和结构，还要分析零件可能的失效（零件丧失正常工作能力称为失效）形式，选择合适的材料。在选择零件的材料时，除了要满足零件的使用性能要求外，还应统筹兼顾材料的加工工艺、制造成本等。合理的选材标志是在满足零件工作要求的条件下，最大限度地发挥材料潜力，提高性价比。

1. 充分考虑材料的使用性

在进行零件选材时，应根据零件的工作条件（受力情况 、载荷性质、工作环境）和失效形式（指零件过量变形、断裂、疲劳损伤、腐蚀等）确定材料应具有的主要性能指标，这是保证零件安全可靠、经久耐用的先决条件。

2. 必须兼顾材料的工艺性

工艺性是指材料能否保证顺利地加工制造成零件。例如，某些材料仅从零件的使用要求来考虑是合适的，但无法加工制造，或加工困难，制造成本高，这些均属于选材不合理。

3. 注重材料的经济性

经济性是指所选用的材料加工成零件后能否做到价格便宜，成本低廉。在满足前面两条原则的前提下，应尽量降低零件的总成本，以提高经济效益。零件总成本包括材料本身的价格、加工费、管理费、运输费和安装费等。

碳素钢、工程铸铁价格较低，加工方便，在满足使用性能的前提下应尽量选用。低合金高强度结构钢价格低于合金钢，有色金属、铬镍不锈钢、高速工具钢价格高，应尽量少用。生产中，应尽量使用简单设备、减少加工工序、采用少切削或无切削加工等措施，以降低加工费用。对于某些重要、精密、加工过程复杂的零件和使用周期长的工模具，选材时不能单纯考虑材料本身的价格，而应注意制件的质量和使用寿命。此时，采用价格较高的合金钢或硬质合金来代替碳钢，从长远观点看，因其使用寿命长、维修保养费用少，总成本反而会降低。

2.1.2 钢的分类

钢铁材料又称黑色金属材料，是以铁和碳为主要成分的铁-碳合金，可分为钢和铁，前者是指碳的质量分数≤2.11%，并可能含有其他化学元素的铁-碳合金；后者是指碳的质量分数>2.11%的铁-碳合金（在案例 11 中将详细介绍）。

钢的分类方法很多，对钢进行分类是为了满足各方面的要求，当然，各种分类方法之间是有重复的。国际上比较通用的分类方法是按化学成分及按主要质量等级和主要性能或使用特性进行分类。

（1）按化学成分不同分类：

钢 {
- 非合金钢（又称碳素钢）
- 低合金钢
- 合金钢

（2）按主要质量等级分类：

钢 {
- 普通质量钢
- 优质钢
- 高级优质或特殊质量钢

（3）按主要性能或使用特性分类：

钢 {
- 结构钢
- 工具钢
- 特殊性能钢

2.1.3 非合金钢（碳素钢）

非合金钢（俗称碳素钢）是以铁、碳两种元素为主要成分并含有少量化学元素 Si、Mn、S、P 等杂质的合金。其工艺性能良好，价格低廉，力学性能也能满足一般工程和机械

制造中零部件的使用要求，是工农业生产中应用广泛的工程材料。

（1）按碳的质量分数分类

① 低碳钢（$0.0218\%<w_C<0.25\%$）。

② 中碳钢（$0.25\%\leqslant w_C\leqslant 0.6\%$）。

③ 高碳钢（$0.6\%<w_C\leqslant 2.11\%$）。

（2）按钢的质量分类

① 普通钢（钢中 S 元素的质量分数 $w_S\leqslant 0.05\%$、P 元素的质量分数 $w_P\leqslant 0.045\%$）。

② 优质钢（$w_S\leqslant 0.03\%$、$w_P\leqslant 0.035\%$）。

③ 高级优质钢（钢牌号后标注 A）（$w_S\leqslant 0.025\%$、$w_P\leqslant 0.025\%$）。

④ 特级优质钢（钢牌号后标注 E）（$w_S\leqslant 0.015\%$、$w_P\leqslant 0.025\%$）。

（3）按用途分类

① 碳素结构钢：一般为低碳钢和中碳钢，用于制造各种工程构件，如建筑、桥梁、船舶等，以及机械零件，如齿轮、轴、螺钉、螺母等。

② 碳素工具钢：一般为高碳钢，用于制造各种刃具、量具和模具等。

③ 铸造碳钢：主要用于制造形状复杂、难以锻压成形、用铸铁又不能满足性能要求的零件，如大型车辆上的轴、缸体等。

1. 普通碳素结构钢

普通碳素结构钢的牌号用“Q+数字—字母+字母”来表示，“Q”为屈服点“屈”字的汉语拼音首写字母；数字表示屈服点数值（单位为 MPa）；第一组字母为钢的质量等级符号（A、B、C、D、E），表示由 A 到 E 级含元素 S、P 的量依次降低，则钢的质量由 A 到 E 依次提高；第二组字母表示炼钢脱氧方法符号（F、b、Z、TZ），分别表示沸腾钢、半镇静钢、镇静钢、特殊镇静钢，Z、TZ 可省略。举例如图 2-1-2 所示。

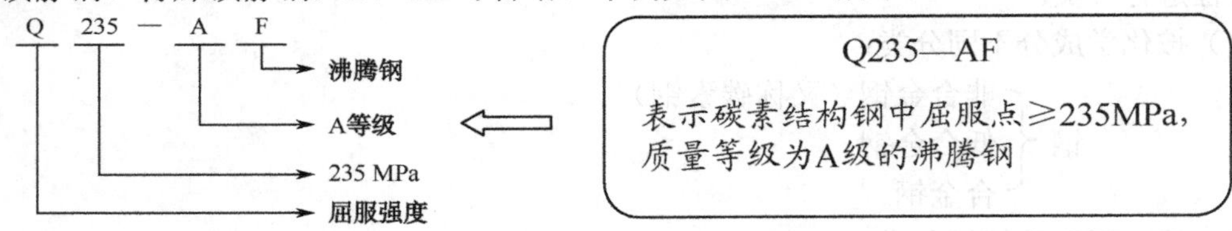

图 2-1-2 普通碳素结构钢牌号注解

普通碳素结构钢强度较低，冶炼容易，工艺性好，价廉，能满足一般工程结构和普通零件的使用要求。加工成形后一般不进行热处理，大都在热轧状态下直接使用，如圆钢、钢管、钢板、角钢、槽钢、钢筋等型材，广泛用于桥梁、建筑、船舶等钢结构，以及容器等金属结构；也常用于制造要求不高、受力不大的普通机器零件，如螺钉、螺栓、螺母，以及手柄、小轴等。

常用普通碳素结构钢的牌号、性能及用途见表 2-1-1。

2. 优质碳素结构钢

优质碳素结构钢的牌号由两位数字组成。用平均万分数的碳质量分数表示。如 45 钢，表示碳的质量分数为 $w_C=45/10\ 000=0.45\%$（$w_C=0.42\%\sim 0.50\%$）。当钢中 Mn 的质量分数较高（$w_{Mn}=0.7\%\sim 1.2\%$）时，在数字后加“Mn”。如 45Mn 表示 $w_C=0.45\%$，并含有较多锰

的优质碳素结构钢。

表 2-1-1　常用普通碳素结构钢的牌号、性能及用途

新牌号	旧牌号	主要性能	用途举例
Q195	A1	具有高塑性、韧性和焊接性能，良好的压力加工性能，但强度低	用于制造地脚螺栓、犁铧、烟筒、屋面板、铆钉、低碳钢丝、薄板、焊管、拉杆、吊钩、支架、焊接结构
Q215	A2、C2		
Q235	A3 C3	具有良好的塑性、韧性、焊接性能、冷冲压性能及一定的强度和良好的冷弯性能	广泛用于一般要求的零件和焊接结构，如受力不大的拉杆、销、轴、螺钉、螺母、套圈、支架、机座、建筑结构、桥梁等
Q255	A4 C4	具有较好的强度、塑性和韧性，较好的焊接性能和冷/热压力加工性能	用于制造要求强度不太高的零件，如螺栓、键、摇杆、轴、拉杆和钢结构用各种型钢、钢板等
Q275	C5	具有较高的强度，较好的塑性和切削加工性能及一定的焊接性能。小型零件可以淬火强化	用于制造要求强度较高的零件，如齿轮、轴、链轮、键、螺栓、螺母、农机用型钢、输送链和链节等

优质碳素结构钢的 S、P 含量较低，非金属夹杂物较少，塑性及韧性较高，可热处理强化，以提高力学性能，主要用于机械制造中较重要的零件。

低碳优质碳素结构钢 08F、15、20 等具有良好的塑性、韧性及良好的锻压、焊接性能，常用于制作受力不大，塑性、韧性要求较高的冷冲压件、渗碳件等，如螺钉、螺栓、螺母及手柄、小轴、销、链等。经过渗碳处理可用来制作表面要求耐磨、心部要求塑性、韧性好的机械零件。其中 08F 多用于冷冲压件，如汽车车身、拖拉机驾驶室等；15、20 常用于制作尺寸较小、负荷较轻的渗碳件，如小齿轮、小凸轮、活塞销等。

中碳优质碳素结构钢 35、40、45、50、55 同低碳钢相比，强度较高而塑性、韧性稍低，经调质处理后具有良好的综合力学性能，且切削加工性较好，还可在表面淬火处理后提高零件的抗疲劳性能和耐磨性能，用于制作受力较大或受力情况复杂的零件，如主轴、曲轴、齿轮、连杆等。其中 45 钢是应用最广泛的。

高碳优质碳素结构钢 60、65、70 经淬火和回火后具有较高的强度、硬度、弹性和耐磨性，主要用于制造弹性元件、耐磨件等，如汽车气门弹簧。其中 65 钢是常用的弹簧钢。

常用优质碳素结构钢的牌号、性能及用途见表 2-1-2。

表 2-1-2　常用优质碳素结构钢的牌号、性能及用途

牌号	性能特点	用途举例
08F	优质沸腾钢，强度、硬度低，塑性极好。深冲压，深拉延性好，冷加工性能、焊接性能好。成分偏析倾向大，时效敏感性大，故冷加工时可采用消除应力热处理或水韧处理等方法，以防止冷加工断裂	易轧成薄板、薄带、冷变型材及冷拉钢丝，用于冲压件、压延件及各类不承受载荷的覆盖件、渗碳件、渗氮件，制作各类套筒、靠模、支架等
20	强度、硬度稍高于 15F、15 钢，塑性、焊接性能都好，热轧或正火后韧性好	制作不太重要的中小型渗碳件、碳氮共渗件、锻压件，如杠杆轴、变速箱变速叉、齿轮、重型机械拉杆、钩环等

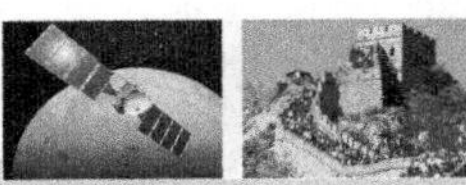

续表

牌　号	性能特点	用途举例
30	强度、硬度较高，塑性、焊接性能良好，可在正火或调质后使用，适用于热锻、热压。切削加工性能良好	用于受力不大、温度低于 150℃的低载荷零件，如丝杆、拉杆、轴键、齿轮、轴套筒等；渗碳件表面耐磨性好，可制作耐磨件
45	最常用的中碳调质钢，综合力学性能良好，淬透性差，水淬时易产生裂纹。小型件宜采用调质处理，大型件宜采用正火处理	主要用于制造强度高的运动件，如透平机叶轮、压缩机活塞及轴、齿轮、齿条、蜗杆等。焊接件注意焊前预热，焊后去应力退火
65	适当热处理后具有较高的强度与弹性。焊接性能不好，易形成裂纹，可切削性差，冷变形塑性低，淬透性不好，一般采用油淬，大截面件采用水淬或正火处理	宜用于制造截面、形状简单且受力小的扁形或螺形弹簧零件，如气门弹簧、弹簧环等，也宜用于制造高耐磨零件，如轧辊、曲轴、凸轮及钢丝绳等
85	碳的质量分数最高的高碳结构钢，强度、硬度高，弹性低，其他性能与 65 钢相近。淬透性不好	用于制造铁道车辆、扁形板弹簧、圆形螺旋弹簧、钢丝、钢带等
40Mn	淬透性略高于 40 钢。热处理后，强度、硬度、韧性比 40 钢稍高，冷变形时塑性中等，可切削性好，焊接性能差，具有过热敏感性和回火脆性，水淬易裂	用于制造耐疲劳件、曲轴、辊子、轴、连杆、高应力下工作的螺钉、螺母等
65Mn	强度、硬度、弹性和淬透性均比 65 钢高，具有过热敏感性和回火脆性倾向，水淬有形成裂纹倾向。退火态可切削性尚可，冷变形塑性低，焊接性能差	用于制造中等载荷的板弹簧，直径为 7～20 mm 的螺旋弹簧及弹簧垫圈、弹簧环、高耐磨性零件，如磨床主轴、弹簧卡头、精密机床丝杆、犁、切刀、螺旋辊子轴承上的套环、铁道钢轨等

3. 碳素工具钢

工具钢是指制造各种工具的钢，按用途分为量具钢、刃具钢、模具钢。碳素工具钢的牌号由“T+数字”组成。“T”是“碳”字的汉语拼音首字母，数字是以碳的平均质量千分数来表示的。若为高级优质碳素工具钢，则在数字后加“A”，如 T12A，如图 2-1-3 所示。

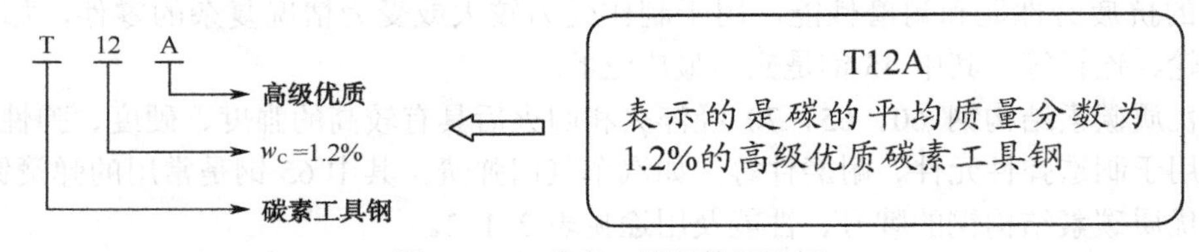

图 2-1-3　碳素工具钢牌号注解

碳素工具钢中碳的质量分数比较高（w_C=0.65%～1.35%），经淬火、低温回火后具有较高的硬度和耐磨性，塑性较低，热硬性差，当工作温度达到 250℃时，硬度下降到 60HRC 以下。主要用于制造低速、手动工具及常温下使用的工具、模具、量具等。另其淬透性低，淬火时易产生变形或裂纹，因此一般采用分级淬火或等温淬火，并及时回火；淬火时还要严格控制温度，防止过热、脱碳和变形。为了防止网状碳化物的产生，钢材要反复锻造，锻后快速冷却，球化退火可使层片状珠光体中的渗碳体球化。

碳素工具钢中，在硬度相同的情况下，耐磨性随碳的质量分数的增大而增强。

常用碳素工具钢的牌号、性能及用途见表 2-1-3。

表 2-1-3 常用碳素工具钢的牌号、性能及用途

牌号	主要性能	硬度			用途举例
		退火状态	试样淬火		
		HBS 不大于	淬火温度 t/℃ 冷却介质	HRC 不小于	
T7 T7A	热处理后，具有较高的强度、韧性和相当的硬度，淬透性和热硬性差，淬火时变形	187	800～820 水	62	制造承受撞击、振动，要求韧性较好，硬度中等且切削能力不高的各种工具，如小尺寸风动工具、木工用的凿和锯、剪铁皮的剪子、手用大锤、钳工锤头及销轴等
T8 T8A	淬火、回火后，硬度较高，耐磨性良好，强度、塑性不高，淬透性差，加热时易过热，易变性、热硬性低，承受冲击的能力差	187	780～800 水	62	制造切削刃口在工作中不变热、硬度和耐磨性较高的工具，木材加工用的斧、凿、锯片，简单形状的模子和冲头、打眼工具，虎钳口及弹簧片、销子等
T8Mn T8MnA	性能和 T8、T8A 钢相近，但锰使之淬透性比 T8、T8A 钢好，淬硬层较深。可制作较大截面的工具	187	780～800 水	62	用途和 T8、T8A 钢相似
T10 T10A	韧性较好，强度较高，耐磨性比 T8、T8A 钢高，热硬性低，淬透性不好，淬火变形较大	197	760～780 水	62	制造切削条件差、耐磨性较高、不受强烈振动且要求一定韧性和锋刃的工具，如铣刀、车刀、锉刀、钻头、丝锥、拉丝模、冲孔模等
T12 T12A	硬度和耐磨性高，韧性较低，热硬性差，淬透性不好，淬火变形大	207	760～780 水	62	制造冲击小、切削速度不高、硬度高的各种工具，如铣刀、车刀、锉刀、钻头、丝锥、板牙、锯片、小尺寸的冷切边模及冲孔模等
T13 T13A	硬度和耐磨性最好的非合金工具钢，但韧性较差，不能承受冲击	217	760～780 水	62	制造要求极高硬度但不受冲击的工具，如刮刀、剃刀、拉丝工具、刻锉刀纹的工具、雕刻用工具、钻头、锉刀等

4. 铸造碳钢

由熔融的碳钢直接浇铸而成的构件或机械零件，称为铸造碳钢（简称铸钢）。铸钢牌号常由“ZG + 数字—数字”组成。“ZG”是“铸钢”二字的汉语拼音首字母，两组数字分别代表铸钢的屈服强度和抗拉强度（单位为 MPa），如 ZG200—400，如图 2-1-4 所示。

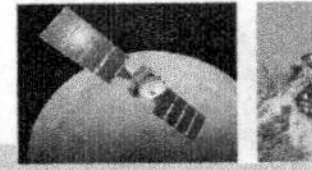

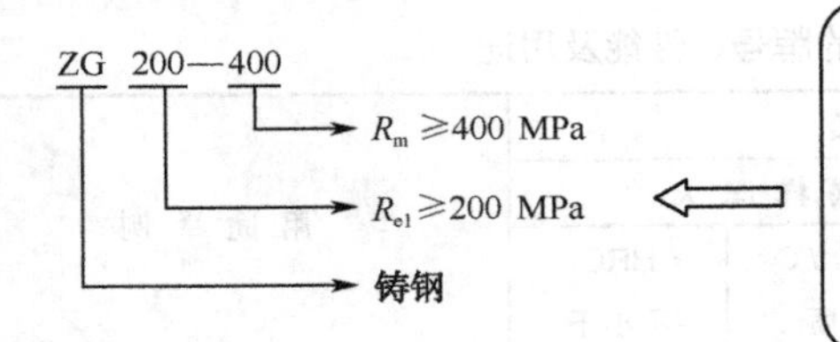

ZG200—400

表示的是屈服强度R_{el}（或$R_{r0.2}$）不小于200 MPa，抗拉强度R_m不小于400 MPa的铸造碳钢

图 2-1-4　铸造碳钢牌号注解

铸造碳钢中碳的质量分数 w_C=0.15%～0.60%，与铸铁相比，强度和塑性、韧性较高，但钢水的流动性差，收缩率较大，易产生偏析，使化学成分不均匀，晶粒粗大，并存有较大的残余应力，不宜直接使用。因此铸钢一般采用正火或退火处理，以改善组织，消除残余应力，提高力学性能。但铸造缺陷（如夹砂、气孔、缩松等）不能通过热处理来改善。

常用铸造碳钢的牌号、化学成分、力学性能及用途见表 2-1-4。

表 2-1-4　常用铸造碳钢的牌号、化学成分、力学性能及用途

<table>
<tr><th rowspan="3">牌　号</th><th colspan="5">主要化学成分（质量分数）/%</th><th colspan="5">室温力学性能</th><th rowspan="3">性能特点
及用途举例</th></tr>
<tr><th>C</th><th>Si</th><th>Mn</th><th>P</th><th>S</th><th>$R_{el}(R_{r0.2})$/MPa</th><th>R_m/MPa</th><th>$A_{11.3}$/%</th><th>Z/%</th><th>A_k/J (a_k/(J·cm^{-2}))</th></tr>
<tr><th colspan="5">不大于</th><th colspan="5">不小于</th></tr>
<tr><td>ZG200—400</td><td>0.20</td><td rowspan="3">0.50</td><td>0.80</td><td colspan="2" rowspan="3">0.04</td><td>200</td><td>400</td><td>25</td><td>40</td><td>30（60）</td><td>有良好的塑性、韧性和焊接性能。用于受力不大，要求韧性好的各种机械零件，如机座、变速箱壳等</td></tr>
<tr><td>ZG230—450</td><td>0.30</td><td rowspan="2">0.90</td><td>230</td><td>450</td><td>22</td><td>32</td><td>25（45）</td><td>有一定的强度和较好的塑性、韧性，焊接性能尚好。用于受力不大，要求韧性好的各种机械零件，如砧座、外壳、轴承盖、底板、阀体、犁柱等</td></tr>
<tr><td>ZG270—500</td><td>0.40</td><td>270</td><td>500</td><td>18</td><td>25</td><td>22（35）</td><td>有较高的强度和较好的塑性，铸造性能良好，焊接性能尚好，切削性能好。用于制造轧钢机机架、轴承座、连杆、箱体、曲轴、缸体等</td></tr>
</table>

续表

牌　号	主要化学成分（质量分数）/%					室温力学性能					性能特点及用途举例
	C	Si	Mn	P	S	$R_{el}(R_{r0.2})$/MPa	R_m/MPa	$A_{11.3}$/%	Z/%	A_k/J (a_k/(J·cm^{-2}))	
	不大于					不小于					
ZG310—570	0.50	0.60	0.90	0.04		310	570	15	21	15（30）	强度和切削性能良好，塑性、韧性较低。用于制造载荷较大的零件，如大齿轮、缸体、制动轮、辊子等
ZG340—640	0.60					340	640	10	18	10（20）	有高的强度、硬度和耐磨性，切削性能良好，焊接性能差，流动性好，裂纹敏感性较大。用于制造齿轮、棘轮等

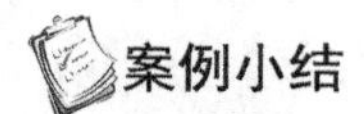案例小结

减速器输出轴选用 45 钢并需调质（淬火+高温回火）处理。

知识梳理

在生产生活中，应用特别广泛的工程材料中，60%～70%为钢铁材料，非合金钢（俗称碳素钢）是钢铁材料的基础。非合金钢的应用情况见表 2-1-5。

表 2-1-5　非合金钢（俗称碳素钢）应用一览表

类　别		典 型 牌 号	常用热处理工艺	用　途
非合金钢	普通质量非合金钢	Q235	一般不进行热处理	见表 2-1-1
	优质非合金结构钢	45	调质	见表 2-1-2
		65Mn	淬火+中温回火	见表 2-1-2
	非合金工具钢	T8MnA、T12A	淬火+低温回火	见表 2-1-3
	铸造非合金钢	ZG270—500、ZG310—570	退火或正火	见表 2-1-4

技能训练 1　锉刀的选材及热处理

锉刀（主要是普通钳工锉）是手工工具。普通钳工锉（如图 2-1-5 所示）用于一般金属的锉削加工，受力不大，要求表面有很高的硬度和很好的耐磨性。

图 2-1-5　普通钳工锉

技能训练 2　铆钉的选材及热处理

铆钉是一种不可拆卸的永久性连接零件，由它形成铆接连接，这种连接就是依靠铆钉（如图 2-1-6 所示）的钉杆镦粗形成镦头将构件连接在一起的。因此要求铆钉具有高塑性、韧性和良

好的压力加工性。

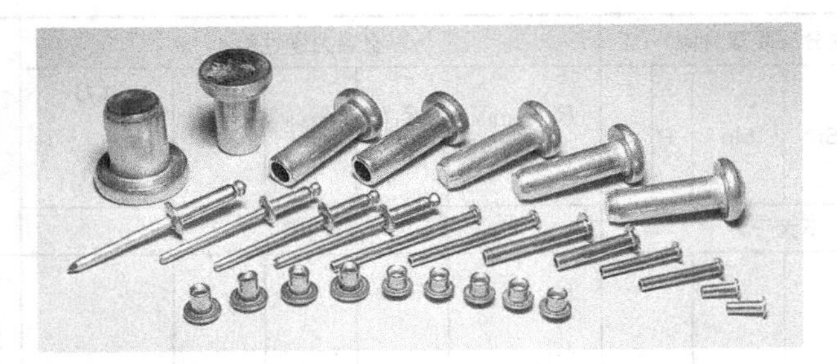

图 2-1-6　铆钉

任务 2-2　认识合金钢

案例 5　南京长江大桥的选材（低合金钢）

看一看

南京长江大桥（如图 2-2-1 所示）位于长江下游，是长江上第一座由我国自行设计、建造的双层式铁路、公路两用桥，主跨为 160 米，桥体为钢结构。

（a）竣工后

（b）施工中

图 2-2-1　南京长江大桥

想一想

桥体材料要有足够的强度和很好的抗疲劳强度，同时焊接性要好，还要具有一定的耐大气腐蚀能力。怎样选材？是否处理？

相关知识

2.2　合金钢

2.2.1　钢铁中的元素及其作用

钢铁中的主要组元是铁和碳，但在冶炼过程中，还会带入一定量的 Mn、Si、S、P 等金属元素或非金属夹杂物及氧、氮、氢等气体，这些非有意加入的元素称为杂质；而为了改

善钢铁材料的力学性能或使之获得某种特殊性能，人为有目的地在其中加入一定量的一种或几种化学元素，这些元素称为合金元素，得到的材料称为合金钢。

1. 常存杂质元素对钢性能的影响

杂质元素对钢性能的影响较大。Mn、Si 溶入铁素体，有利于提高钢的强度和硬度，Mn 还可以与 S 形成 MnS，减轻 S 的危害，所以 Mn 和 Si 在一定范围内属于有益元素。S 和 P 属于有害元素，S 在钢中主要以 FeS 的形态存在，形成低熔点的共晶体分布在晶界上，使钢加热到 1 100～1 200 ℃进行锻压或轧制时晶界熔化并沿此开裂（称之为热脆）；P 在低温时使钢的塑性、韧性显著降低（称之为冷脆），也使焊接性变坏，所以 S 和 P 的含量必须严格控制，二者是衡量钢的质量等级的指标之一。

2. 合金元素在钢中的作用

合金元素在钢中的作用主要表现在合金元素与铁、碳之间的相互作用，以及对铁碳相图和热处理相变过程的影响，常用的有 Cr、Mn、Si、Ni、Mo、W、V、Co、Ti、Al、Cu、B、N、稀土等。

1）合金元素使钢的力学性能得到提高

（1）合金元素 Cr、Mn、Si、Ni、Mo、W 等可溶入铁素体、奥氏体、马氏体中，引起晶格畸变，产生固溶强化，使钢的强度、硬度提高，但塑性、韧性下降，如图 2-2-2 所示。

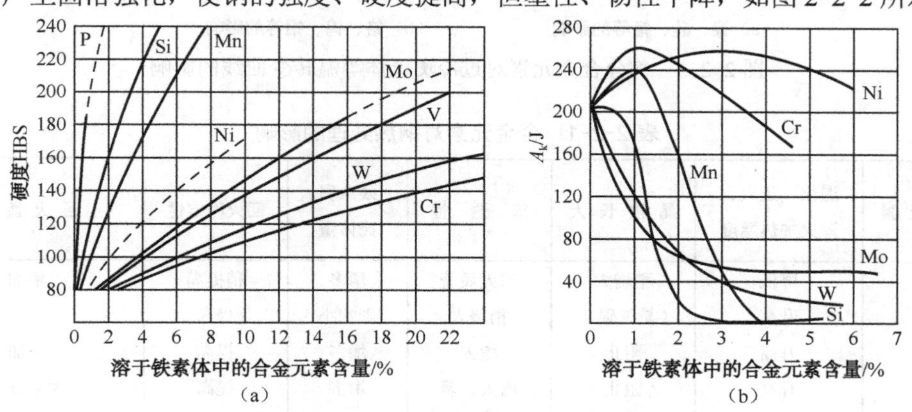

图 2-2-2 几种合金元素对铁素体力学性能的影响

（2）有些合金元素可与碳作用形成碳化物，这类元素称为碳化物形成元素，如 Fe、Mn、Cr、W、V、Nb、Zr、Ti（按与碳的亲和力由弱到强依次排列）。与碳的亲和力越强，形成的碳化物越稳定，硬度就越高。由于合金元素与碳的亲和力强弱不同及含量不同，会形成不同类型的碳化物，如合金渗碳体（FeMn）$_3$C、合金碳化物 Cr_7C_3、特殊碳化物 WC 等，它们的稳定性及硬度依次升高，使钢的强度、硬度提高，但塑性、韧性下降。

2）合金元素对钢热处理的影响

（1）在钢加热过程中的表现。合金钢的奥氏体化过程与非合金钢基本相同，但需要更高的温度和较长的保温时间，因为合金元素（除 Mn、P 外）均阻止奥氏体晶粒长大，合金元素与碳作用形成的碳化物很难溶解在奥氏体中。

（2）在钢冷却过程中的表现。合金元素（除 Co、Al 外）完全溶于奥氏体，使奥氏体等

温转变曲线位置右移，降低了钢的马氏体临界冷却速度，提高钢的淬透性。部分合金元素对过冷奥氏体等温转变曲线的影响如图 2-2-3（a）所示。Cr、Mo、W 等合金元素不但使“C”曲线右移，而且当达到一定含量时，会使“C”曲线出现两个鼻尖，分解成珠光体和贝氏体两个转变区，如图 2-2-3（b）所示，可在连续冷却的条件下获得贝氏体组织。但除 Co、Al 外，大多数合金元素均使马氏体转变温度 M_s 和 M_f 点下降，使合金钢淬火后残余奥氏体量较非合金钢多，需进行冷处理或多次回火，使残余奥氏转变为马氏体或贝氏体。另外，在淬火钢回火时，大多数合金元素可以提高回火稳定性；有些元素可使钢回火时产生二次硬化，并防止出现回火脆性。合金元素对钢热处理的影响见表 2-2-1。

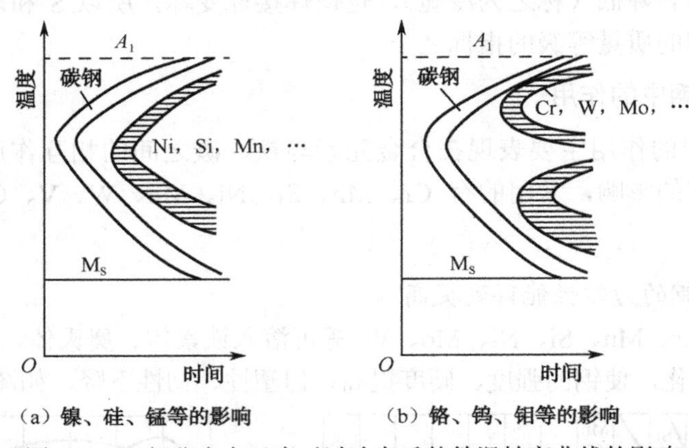

（a）镍、硅、锰等的影响　（b）铬、钨、钼等的影响

图 2-2-3　部分合金元素对过冷奥氏体等温转变曲线的影响

表 2-2-1　合金元素对钢热处理的影响

合金元素	退火、正火、淬火加热温度	晶粒长大	淬透性	残余奥氏体量	回火稳定性	回火脆性
Mn	降低	稍增大	增大显著	增多	稍提高	增加
Si	升高	（易脱碳）	稍增大	影响小	提高	—
Cr	升高	阻止	增大	增多	提高	增加
Mo	升高	阻止	增大显著	增多	提高	大大减小
W	升高	阻止	增大	增多	提高	减小
V	升高	阻止	增大	增多	提高	减小第一类脆性
Ti	升高	阻止	增大	增多	提高	减小第一类脆性
Nb	升高	阻止	增大	增多	提高	—
Ni	降低	影响小	增大	增多	稍提高	与 Cr 同时存在时增加
Al	升高	阻止	影响小	减少	—	—
B	—	稍增大	增大极显著	—	—	稍增加

3）合金元素对铁-碳相图的影响

铁-碳相图是以铁和碳两种元素为基本组元的相图，加入合金元素必将使铁-碳相图的相区和转变点发生变化。

（1）合金元素对奥氏体区的影响

Ni、Co、Mn 等合金元素的加入使奥氏体区扩大，GS 线向左下方移动，A_1 线、A_3 线下

降；若其含量足够高，可使单相奥氏体区扩大至常温，即可在常温下保持稳定的单相奥氏体组织，得到奥氏体钢。Cr、Si、Mo、W、V、Ti、Al 等合金元素的加入使奥氏体区缩小，GS 线向左上方移动，A_1 线、A_3 线升高；若其含量足够高，可使单相奥氏体区完全消失，即可在常温下保持稳定的单相铁素体组织，得到铁素体钢。

（2）合金元素使 S、E 点位置左移

合金元素的加入使奥氏体区扩大或缩小，都会使 S、E 点位置左移，即使钢的共析含碳量和奥氏体对碳的最大溶解度降低，亚共析钢中出现过共析钢的组织，钢中有可能出现莱氏体组织（称为莱氏体钢）。要判断合金钢是亚共析钢还是过共析钢，以及确定其热处理加热或缓冷时的相变温度，不能单纯地直接根据 $Fe\text{-}Fe_3C$ 相图，而应根据多元铁基合金系相图来进行分析。

2.2.2 低合金高强度结构钢

合金钢中合金元素的总质量分数不超过 5%（一般不超过 3%），且具有很好的可焊性的低碳合金钢称为低合金钢。常用的低合金钢有低合金高强度结构钢、低合金耐候钢和低合金专业用钢。

低合金高强度结构钢是结合我国资源条件（主要加入锰这种我国富有的元素）而发展起来的一种优质低合金钢，广泛用于桥梁、建筑、船舶、车辆、铁道、高压容器及大型军事工程等方面。

1. 牌号的表示方法

低合金高强度结构钢牌号用“Q+数字+字母”表示，其中“Q”为屈服点 “屈”字的汉语拼音首字母，数字表示屈服点数值（单位为 MPa），字母为钢的质量等级符号，如 Q420D 表示屈服强度 $R_{el}\geq420$MPa，质量等级为 D 级的低合金高强度结构钢。

2. 成分、特点

低碳，一般 $w_C\leq0.20\%$（保证其塑性、韧性、焊接性和冷成形性能）；以 Mn 为主加元素，一般锰含量为 0.8%～1.6%（使强度提高，降低 S 的热脆影响，改善热加工性能）；常辅加 Cu、Ti、V、Nb、P 等合金元素（提高钢的强度和韧性，增加耐蚀性），有时也加入微量稀土元素（脱硫、去气、净化钢材）。

3. 性能特点

低合金高强度结构钢具有良好的综合力学性能，屈服强度比普通质量碳素钢高 25%～50%，屈强比（R_{el}/R_m）明显提高；塑性和韧性较好，韧脆转变温度较低（约-30 ℃）；良好的耐大气、海水、土壤腐蚀的能力，耐蚀性高于非合金钢；具有良好的焊接性能和冷成形性能，不易在焊缝区产生淬火组织及裂纹，且钢中的 Ti、Nb、V 元素还可抑制焊缝区的晶粒长大，使其焊接性能大大提高；加工性能与低碳钢相近。

4. 热处理特点

低合金高强度结构钢一般在热轧和正火状态下使用，不需要进行专门的热处理。常用低合金高强度结构钢的化学成分、力学性能及用途见表 2-2-2。

表 2-2-2　常用低合金高强度结构钢的化学成分、力学性能及用途

牌号		主要化学成分（质量分数）/%			力学性能			用途
新标准	旧标准	C	Si	Mn	R_{eL}/MPa	R_m/MPa	A/%	
Q295	09MnNb	≤0.12	0.20～0.60	0.08～1.20	300 280	420 400	23 21	桥梁、车辆
	12Mn	≤0.16	0.20～0.60	1.10～1.50	300 280	450 440	21 19	锅炉、容器、铁道车辆、油罐等
Q345	16Mn	0.12～0.20	0.20～0.60	1.20～1.60	350 290	520 480	21 19	桥梁、船舶、车辆、压力容器、建筑结构
	16MnRe	0.12～0.20	0.20～0.60	1.20～1.60	350	520	21	建筑结构、船舶、化工容器等
Q390	16 MnNb	0.12～0.20	0.20～0.60	1.20～1.60	400 380	540 520	19 18	桥梁、起重设备等
	15 MnTi	0.12～0.18	0.20～0.60	1.20～1.60	400 380	540 520	19 19	船舶、压力容器、电站设备等
Q420	14 MnVTiRe	≤0.18	0.20～0.60	1.30～1.60	450 420	560 540	18 18	船舶、高压容器、大型船舶、电站设备等
	15 MnVN	0.12～0.20	0.20～0.60	1.30～1.70	450 430	600 580	17 18	大型焊接结构、桥梁、管道等
Q460	14 MnMoV	0.10～0.18	0.20～0.50	1.20～1.60	500	650	16	中温高压容器（<500 ℃）
	18 MnMoNb	0.17～0.23	0.17～0.37	1.35～1.65	520 500	650	17 16	锅炉、化工、石油等高压厚壁容器（<500 ℃）

小贴士

Q345 钢（16Mn）是我国低合金高强度结构钢中用量最多、产量最大的钢种。强度比普通碳素结构钢 Q235 高约 20%～30%，耐大气腐蚀性能高 20%～38%，可使结构自重减轻，使用可靠性提高，如武汉长江大桥采用 Q235 制造，其主跨为 128 米，而南京长江大桥采用 Q345（16Mn）制造，其主跨增加到 160 米；而九江长江大桥采用 Q420（15MnVN）制造，其主跨提高到 216 米。

知识拓展

2.2.3 低合金耐候钢

低合金耐候钢即耐大气腐蚀钢，它是在低碳钢的基础上加入少量 Cu、Cr、Ni、Mo 等合金元素，在钢的表面形成保护膜，从而提高钢材的耐大气腐蚀性。

低合金耐候钢有焊接结构用耐候钢和高耐候性结构钢，它们的牌号是分别在低合金高强度钢牌号后加字母“NH”（耐候）、“GNH”（高耐候）。有关它们的力学性能、工艺性能可查阅国家相关标准。

案例小结

南京长江大桥采用 Q345（16Mn）制造。

技能训练 3　液化气罐的选材

温馨提示

液化气罐是内部充满超过大气压力、具有一定腐蚀性的液化石油天然气的压力容器（如图 2-2-4 所示），属于特种设备。它的制作工艺需要材料具有良好的冲压变形能力和焊接性能。

图 2-2-4　液化气罐

案例 6　汽车变速箱齿轮的选材及热处理（合金渗碳钢）

看一看

汽车变速箱齿轮（如图 2-2-5 所示）位于汽车传动部分，用于传递扭矩与动力，起改变速度的作用。

（a）变速箱

（b）齿轮

图 2-2-5　汽车变速箱齿轮

想一想

齿轮的轮齿要承受较大的弯曲载荷和交变载荷，表面还要承受强烈的摩擦，齿轮还要承受变速时的冲击与碰撞。怎样选材？如何处理？

相关知识

2.2.4　合金渗碳钢

合金渗碳钢是指经渗碳淬火、低温回火后使用的低碳合金结构钢，用于制作表面受到强烈摩擦、磨损，同时又承受较大交变载荷，特别是冲击载荷的作用，要求零件表面具有优异的耐磨性和高的疲劳强度，心部具有较高强度和足够韧性的机械零件。

1. 牌号表示方法

合金渗碳钢的牌号由“数字（2 位）+元素符号+数字”组成。其中，前两位数字以平均万分数表示碳的质量分数，元素符号表示钢中所含的合金元素，元素符号后的两位数字是以名义百分数表示的该合金元素的质量分数。若合金元素的平均质量分数<1.5%，则只标注

元素符号，不标注其质量分数；当其平均质量分数≥1.5%、≥2.5%、≥3.5%…时，在元素符号后相应标注数字 2、3、4…如图 2-2-6 所示。钢中若含有 V、Ti、B、Mo 及稀土（RE）等合金元素，即使质量分数很低，由于其作用重要，也仍在牌号中标出。高级优质钢和特级优质钢分别在牌号后加“A”和“E”；保证淬透性的钢牌号后加“H”，如 45H、40CrAH 等。

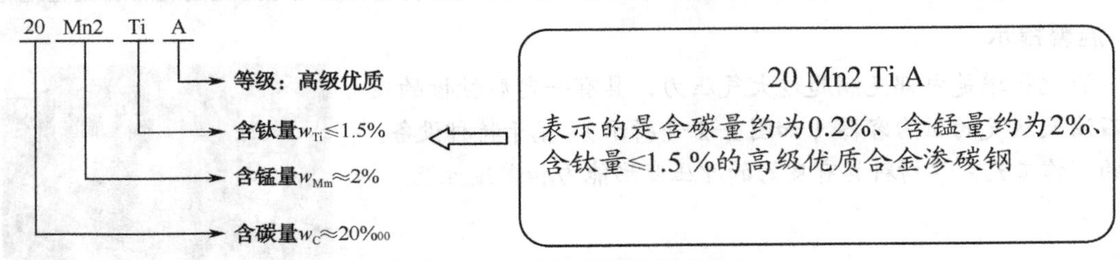

图 2-2-6　合金渗碳钢的牌号注解

2. 成分特点及其作用

合金渗碳钢的含碳量较低，一般为 0.1%～0.25%，以保证零件淬火后心部有足够的塑性和韧性；Cr、Ni、Mn、B 等可以强化铁素体和提高淬透性（Cr 是主加元素）；V、Ti、W、Mo 可形成细小难溶的碳化物，阻止晶粒长大，并使零件渗碳后能直接淬火，简化热处理工序。

3. 常用的合金渗碳钢种类

1）低淬透性渗碳钢

水淬临界淬透直径为 20～35 mm。心部强度不高，渗碳时晶粒易长大（特别是锰钢）。常用于制作尺寸较小的零件，如小齿轮、活塞销等。

2）中淬透性渗碳钢

油淬临界淬透直径为 25～60 mm，渗碳过渡层比较均匀，奥氏体晶粒长大倾向小，可自渗碳温度预冷到 870 ℃左右直接淬火。常用于制造高速、中载、冲击和在剧烈摩擦条件下工作的零件，如汽车、拖拉机上的重要齿轮及离合器轴等。

3）高淬透性渗碳钢

油淬临界淬透直径为 100 mm 以上，甚至空冷也能淬成马氏体，主要用于制造大截面、高载荷、磨损剧烈的零件，如内燃机的主动牵引齿轮、精密机床上控制进刀的蜗轮、飞机及坦克中的重要齿轮及曲轴等。

4. 热处理工艺

预先热处理为：低、中淬透性的渗碳钢，锻造后正火；高淬透性的渗碳钢，锻压、空冷淬火后，再于 650 ℃左右高温回火，以改善渗碳钢毛坯的切削加工性。

最终热处理为：渗碳后淬火和低温回火（180～200 ℃）。合金钢渗碳件表层组织为高碳回火马氏体和合金渗碳体或碳化物及少量残留奥氏体，硬度可达 60～62HRC。心部组织若心部淬透，则回火组织是低碳回火马氏体，硬度为 40～48HRC；若未淬透，则为托氏体加少量低碳回火马氏体及铁素体混合组织，硬度为 25～40HRC。高碳回火马氏体保证了表面的高硬度和耐磨性，心部的混合组织则具有足够的强度和韧性。常用的热处理方法参照“任务 1-3”中“知识拓展”下的固体渗碳图 1-3-19 和气体渗碳图 1-3-20。

常用渗碳钢的牌号、成分、热处理、力学性能及用途见表 2-2-3。

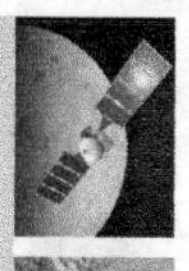

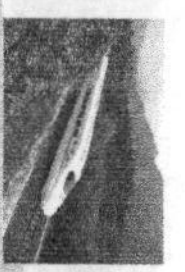

表 2-2-3 常用渗碳钢的牌号、成分、热处理、力学性能及用途

类别	牌号	主要化学成分（质量分数）/%							热处理/℃				力学性能（不小于）					毛坯尺寸/mm	用途举例
		C	Si	Mn	Cr	Ni	V	其他	渗碳	预备热处理	淬火	回火	R_m/MPa	R_{eL}/MPa	A/%	Z/%	a_k/(kJ·m^{-2})		
低淬透性	15	0.12～0.19	0.17～0.37	0.35～0.65	—	—	—	—	930	890±10 空	770～800 水	200	500	300	15	55	—	<30	活塞销等
	20Mn2	0.17～0.24	0.17～0.37	1.40～1.80	—	—	—	—	930	850～870	770～800 油	200	785	590	10	40	600	15	小齿轮、小轴、活塞销等
	20Cr	0.18～0.24	0.17～0.37	0.50～0.80	0.70～1.00	—	—	—	930	880 水、油	880 水、油	200	835	540	10	40	600	15	齿轮、小轴、活塞销等
	20MnV	0.17～0.24	0.17～0.37	1.30～1.60	—	—	0.07～0.12	—	930	—	880 水、油	200	785	590	10	40	700	15	同上，也用于锅炉、高压容器管道
	20CrV	0.17～0.24	0.20～0.40	0.5～0.8	0.80～1.10	—	0.10～0.20	—	930	880	880 水、油	200	850	600	12	45	700	15	齿轮、小轴顶杆、活塞销、耐热垫圈
中淬透性	20CrMn	0.17～0.23	0.17～0.37	0.90～1.20	0.90～1.20	—	—	—	930	—	850 油	200	930	735	10	45	600	15	齿轮、轴、蜗杆、活塞销、摩擦轮
	20CrMnTi	0.17～0.23	0.17～0.37	0.80～1.10	1.00～1.30	—	—	Ti0.06～0.12	930	830 油	860 油	200	1080	850	10	45	700	15	汽车、拖拉机上的变速箱齿轮
	20Mn2TiB	0.17～0.24	0.20～0.40	1.50～1.80	—	—	—	Ti0.06～0.12 B0.001～0.004	930	—	860 油	200	1 150	950	10	45	700	15	代20CrMnTi
	20SiMnVB	0.17～0.24	0.50～0.80	1.30～1.60	—	—	0.07～0.12	B0.001～0.004	930	850～880 油	780～800 油	200	1 200	1 000	10	45	700	15	代20CrMnTi
高淬透性	18Cr2Ni4WA	0.13～0.19	0.17～0.37	0.30～0.60	1.35～1.65	4.00～4.50	—	W0.80～1.20	930	950 空	850 空	200	1 180	835	10	45	1 000	15	大型渗碳齿轮和轴类件
	20Cr2Ni4A	0.17～0.24	0.20～0.40	0.30～0.60	1.25～1.75	3.25～3.75	—	—	930	880 油	780 油	200	1 200	1 100	10	45	800	15	同上
	15CrMn2SiMo	0.13～0.19	0.4～0.7	2.0～2.40	0.4～0.7	—	—	Mo0.4～0.5	930	880～920 油	860 油	200	1 200	900	10	45	800	15	大型渗碳齿轮、飞机齿轮

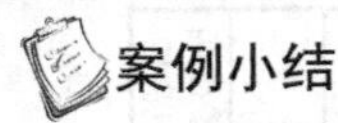

案例小结

汽车变速箱齿轮选用具有良好机械性能和工艺性能的20CrMnTi（中淬透性的渗碳钢）；进行热处理的预处理为：正火（950～970 ℃），机加工后再渗碳（920～950 ℃，6～8 h），预冷到875 ℃左右油淬，最后低温回火（180～200 ℃）。

技能训练4　柴油机活塞销的选材及热处理

温馨提示

柴油机活塞销（如图 2-2-7 所示）是连接活塞和连杆小头的零件，通过它将活塞承受的气体压力传给连杆。工作时活塞销长期在高温下承受很大的周期性非对称冲击载荷和弯曲载荷，而且其表面要在润滑条件较差的摩擦环境中工作。因此要求其具有足够的强度、韧性、耐磨性及疲劳强度，并为了减小往复惯性力，自身质量要轻。

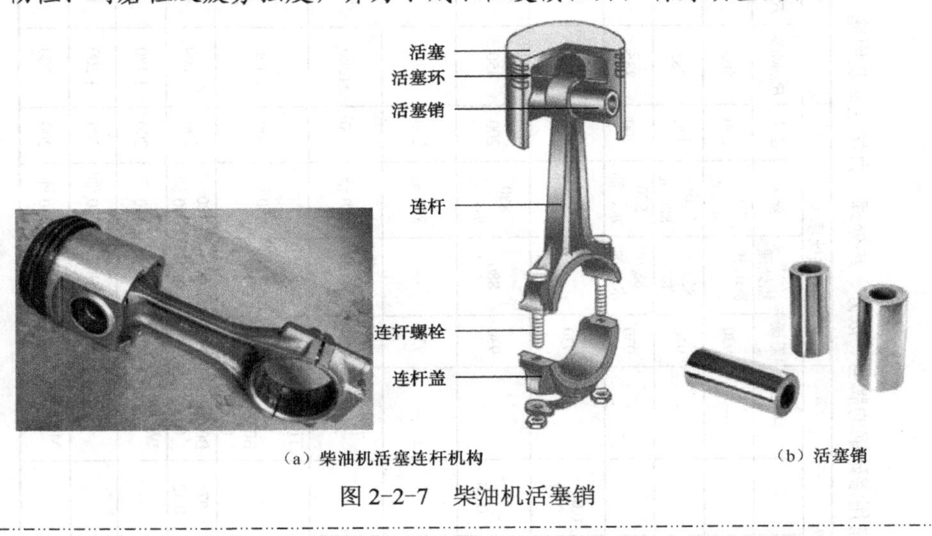

（a）柴油机活塞连杆机构　　（b）活塞销

图 2-2-7　柴油机活塞销

案例7　汽车、拖拉机上连杆的选材及热处理（合金调质钢）

看一看

位于汽车、拖拉机传动部分的连杆，如图 2-2-8（a）所示，其作用是连接活塞与曲轴，把活塞所承受的气体压力传给曲轴，将活塞的往复运动变成曲轴的旋转运动；它由小头、杆身、大头三部分组成，如图 2-2-8（b）所示，小头与活塞一起作往复运动，大头与曲轴一起作旋转运动，杆身作复杂的平面摆动。

想一想

连杆在工作中除受到交变的拉、压载荷外，还承受弯曲载荷，还产生摩擦和磨损，工作环境很复杂，因此要求材料既有高的屈服强度和疲劳强度，又有很好的塑性和冲击韧度，即良好的综合力学性能。怎样选材？如何处理？

相关知识

2.2.5　合金调质钢

合金调质钢是经调质处理后使用的合金钢，主要用于在重载荷作用下同时又受冲击载

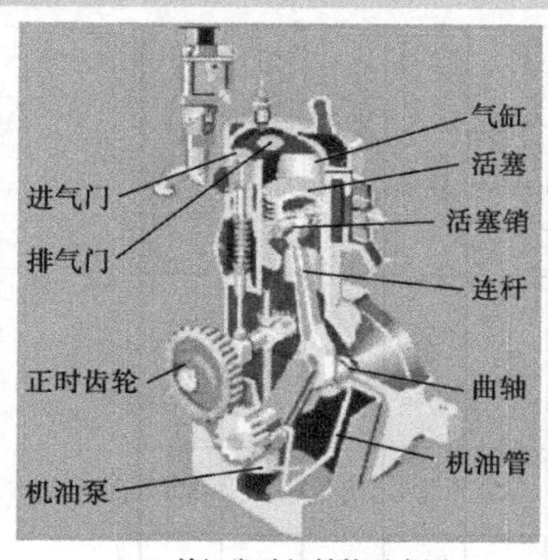

（a）单缸发动机结构示意图

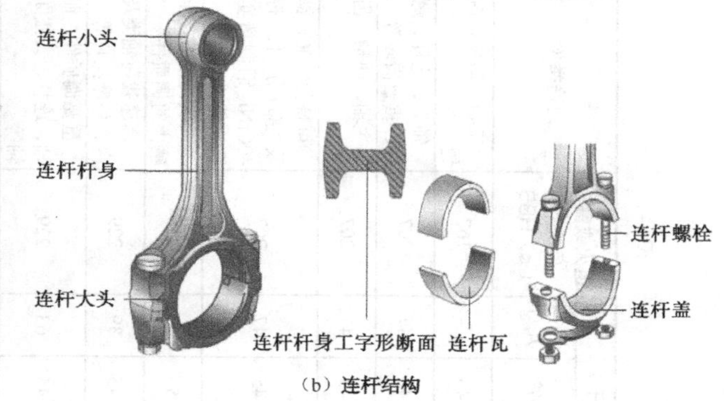

（b）连杆结构

图 2-2-8 汽车、拖拉机上的连杆

荷作用的一些重要零件，要求其具有高强度、高韧性相结合的良好的综合力学性能及良好的淬透性，以保证零件整个截面上的性能均匀一致。

1. 牌号表示方法

合金调质钢的牌号与合金渗碳钢的表示方法相同。

2. 成分特点及其作用

合金调质钢的含碳量一般为 0.25%～0.5%，0.4%的居多；合金元素 Mn、Si、Cr、Ni、B 的主要作用是增大钢的淬透性，特别是高的屈强比；V 的主要作用是细化晶粒，提高综合力学性能；Mo 和 W 的主要作用是减轻或抑制第二类回火脆性；Al 的主要作用是加速合金调质钢的氮化过程。

3. 常用合金调质钢的种类

1）低淬透性调质钢

低淬透性调质钢的合金元素总量低于 2.5%，油淬临界直径为 20～40 mm，常用于制造截面尺寸较小或载荷较小的零件，如连杆螺栓、机床主轴等。

2）中淬透性调质钢

中淬透性调质钢的合金元素较多，油淬临界淬透直径为 40～60 mm，常用于制造截面尺寸较大、载荷较大的零件，如火车发动机曲轴、连杆等。

3）高淬透性调质钢

高淬透性调质钢的合金元素含量较前两种调质钢多，油淬临界淬透直径≥60～100 mm，调质后强度高，韧性也很好，常用于制造截面尺寸大、载荷大的零件，如精密机床主轴、汽轮机主轴、航空发动机曲轴、连杆等。

4. 热处理工艺

合金调质钢预先热处理（锻造成形后）：低淬透性调质钢常采用正火；中淬透性调质钢常采用退火；高淬透性调质钢则用正火后再高温回火。

合金调质钢最终热处理：粗加工后的调质处理（即淬火后高温回火）。对于某些要求具有良好的综合力学性能，局部还要求硬度高、耐磨性好的零件可在调质后进行局部表面淬火及低温回火或氮化处理。

常用合金调质钢的牌号、成分、热处理、力学性能及用途见表 2-2-4。

表 2-2-4 常用合金调质钢的牌号、成分、热处理、力学性能及用途

类别	牌号	主要化学成分（质量分数）/%								热处理			力学性能（不小于）					退火或高温回火态（≤）HBS	用途举例
		C	Si	Mn	Mo	W	Cr	Ni	其他	淬火/℃	回火/℃	毛坯尺寸/mm	R_m/MPa	R_{el}/MPa	A/%	Z/%	A_k/J		
低淬透性	45	0.42～0.50	0.17～0.37	0.50～0.80	—	—	—	—	—	830～840	580～640	<100	600	355	16	40	—	167	主轴、曲轴、齿轮
低淬透性	40Cr	0.37～0.44	0.17～0.37	0.50～0.80	—	—	0.80～1.10	—	—	850	520	25	980	785	9	45	47	207	轴类、连杆、螺栓、重要齿轮等
低淬透性	40MnB	0.37～0.44	0.17～0.37	1.10～1.40	—	—	—	—	B0.0005～0.0035	850	500	25	980	785	9	45	47	207	主轴、曲轴、齿轮
低淬透性	40MnVB	0.37～0.44	0.17～0.37	1.10～1.40	—	—	—	—	V0.05～0.10 B0.0005～0.0035	850	520	25	980	785	10	45	47	207	可替代 40Cr 钢及部分代替 40CrNi 钢制造重要零件
中淬透性	38CrSi	0.35～0.43	1.00～1.30	0.30～0.60	—	—	1.30～1.60	—	—	900	600	25	980	835	12	50	55	225	大载荷轴类、车辆上的调质件
中淬透性	30CrMnSi	0.27～0.34	0.90～1.20	0.80～1.10	—	—	0.80～1.10	—	—	880	520	25	1 080	885	10	45	39	229	高速载荷轴类及内、外摩擦片等
中淬透性	35CrMo	0.32 ～0.40	0.17 ～0.37	0.40 ～0.70	0.15 ～0.25	—	0.80 ～1.10	—	—	850	550	25	980	835	12	45	63	229	重要调质件、曲轴、连杆、大截面轴等
高淬透性	38CrMoAl	0.35～0.42	0.20～0.45	0.30～0.60	0.15～0.25	—	1.35～1.65	—	Al 0.70～1.10	940	640	30	980	835	14	50	71	229	渗氮零件、镗杆、缸套等
高淬透性	37CrNi3	0.34～0.41	0.17～0.37	0.30～0.60	—	—	1.20～1.60	3.00～3.50	—	820	500	25	1130	980	10	50	47	269	大截面并需高强度、高韧性的零件
高淬透性	40CrMnMo	0.37～0.45	0.17～0.37	0.90～1.20	0.20～0.30	—	0.90～1.20	—	—	850	600	25	980	785	10	45	63	217	相当于 40CrNiMo 高级调质钢
高淬透性	25Cr2Ni4WA	0.21～0.28	0.17～0.37	0.30～0.60	—	0.80～1.20	1.35～1.65	4.00～4.50	—	850	550	25	1080	930	11	45	71	269	力学性能要求高的大截面零件
高淬透性	40CrNiMoA	0.37～0.44	0.17～0.37	0.50～0.80	0.15～0.25	—	0.60～0.90	1.25～1.65	—	850	600	25	980	830	12	55	78	269	高强度零件、飞机发动机轴等

知识拓展

2.2.6　合金非调质钢

非调质钢是在中碳钢中添加微量合金元素（V、Ti、Nb、N 等），然后加热使这些元素固溶于奥氏体中，再通过控温轧制（或锻制）、控温冷却，使钢在轧制（或锻制）后获得与碳素结构钢或合金结构钢经调质处理后所达到的同样力学性能的钢种。

非调质钢按使用加工方法不同分为以下两类：

（1）切削加工用非调质机械结构钢，牌号以 YF 为首；

（2）热锻用非调质机械结构钢，牌号以 F 为首。

其他部分的表示方法与合金结构钢相同。典型非调质机械结构钢的化学成分和力学性能见表 2-2-5。

表 2-2-5　典型非调质机械结构钢的化学成分和力学性能

牌号	化学成分（质量分数）/%						力学性能（≥）					
	C	Mn	Si	P	S	V	R_m/MPa	R_{el}/MPa	A/%	Z/%	A_k/J	硬度/HBS
YF35MnV	0.32～0.39	1.00～1.50	0.30～0.60	≤0.035	0.035～0.075	0.06～0.13	735	460	17	35	37	257
F40MnV	0.37～0.44	1.00～1.50	0.20～0.40	≤0.035	≤0.035	0.06～0.13	785	490	15	40	36	257

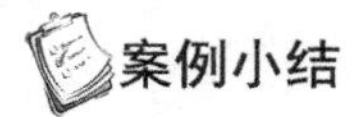

汽车、拖拉机上连杆选用 40Cr，锻造成形后采用正火，粗加工后调质处理。

技能训练 5　柴油机曲轴的选材及热处理

温馨提示

柴油机曲轴（如图 2-2-9 所示）是旋转运动的零件，它的前端用来安装正时齿轮、皮带轮、扭振减振器及启动爪等；后端有飞轮结合盘（凸缘盘），用来安装飞轮。工作时主要承受交变的弯曲、扭转载荷和一定的冲击载荷，轴颈表面还要受到严重的磨损，因此要求曲轴的材料要有高强度，足够的弯曲、扭转疲劳强度和刚度，一定的冲击韧性，轴颈表面有高硬度和耐磨性。

图 2-2-9　柴油机曲轴

案例 8　汽车板弹簧的选材及热处理（合金弹簧钢）

看一看

钢板弹簧（如图 2-2-10 所示）是汽车悬架中应用最广泛的一种弹性元件，它是由若干片等宽但不等长（厚度可以相等，也可以不相等）的合金弹簧片组合而成的一根近似等强度的弹性梁，如图 2-2-10（b）所示。当钢板弹簧安装在汽车悬架中，所承受的垂直载荷为正向时，各弹簧片都受力变形，有向上拱弯的趋势。这时，车桥和车架便相互靠近。当车桥与车架互相远离时，钢板弹簧所受的正向垂直载荷和变形便逐渐减小，可以缓冲和减轻车厢的振动。

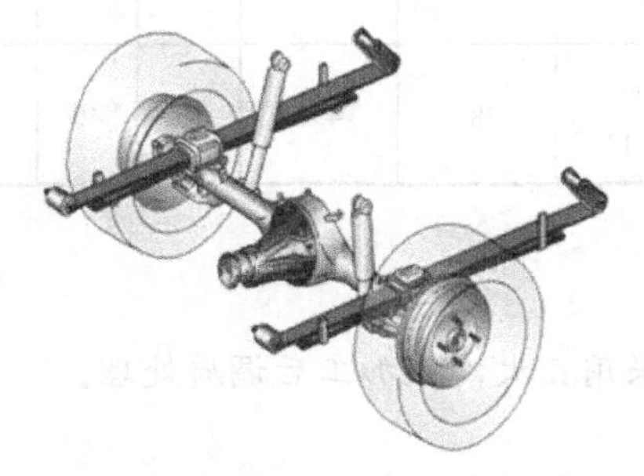

（a）钢板弹簧在车桥上的安装示意图

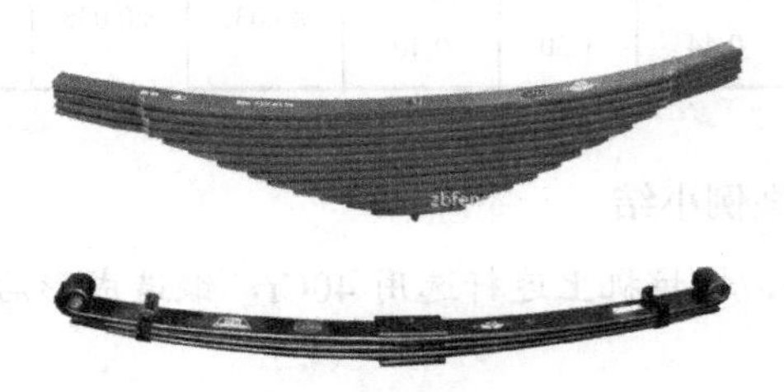

（b）钢板弹簧

图 2-2-10　钢板弹簧

想一想

汽车板弹簧在工作中承受很大的交变弯曲载荷和冲击载荷，需要高的屈服强度和疲劳强度。怎样选材？如何处理？

相关知识

2.2.7　合金弹簧钢

合金弹簧钢主要用于制造各种机械和仪表中的弹簧，如汽车、拖拉机、坦克、机车车辆的减振弹簧，以及大炮缓冲弹簧、钟表发条等。弹簧的主要作用是吸收冲击能量，

缓和机器的振动和冲击作用，或储存能量使机件完成事先规定的动作，保证机器和仪表的正常工作。弹簧在交变应力作用下工作，易产生疲劳破坏；也可能因弹性极限较低，产生过量变形或永久变形而失去弹性。因此要求弹簧应具有高的弹性极限、屈服点及高的屈强比，高的疲劳强度，足够的塑性和韧性，良好的耐热性、耐蚀性和较高的表面质量。

1. 牌号的表示方法

合金弹簧钢的牌号与合金渗碳钢表示方法相同。代表钢号为 60Si2Mn。

2. 成分特点及其作用

弹簧钢的含碳量一般为 0.6%～0.9%，以保证得到高的屈服强度和疲劳强度。合金弹簧钢由于合金元素而使 S 点左移，所以一般碳的质量分数为 0.45%～0.7%。主加元素是 Mn、Si 等，其作用是强化铁素体，提高钢的淬透性、弹性极限及回火稳定性，使之回火后沿整个截面获得均匀的回火托氏体组织，具有较高的硬度和强度。辅加元素 Mo、W、V 可减小钢的过热倾向和脱碳，细化晶粒，进一步提高弹性极限、屈强比和耐热性及冲击韧性。这些元素都能增加奥氏体的稳定性，使大截面弹簧可在油中淬火，减小其变形与开裂倾向。

3. 热处理工艺

1）冷成形弹簧的热处理

当弹簧直径或板簧厚度小于 8～10 mm 时，常采用冷拉弹簧钢丝或弹簧钢带冷卷成形。其成形前、后的热处理方法如下。

（1）退火状态供应的弹簧钢丝

钢丝在绕成弹簧之前，经冷拔至要求的直径，然后进行退火软化处理，绕制成弹簧后进行淬火和中温回火。

（2）铅浴等温淬火钢丝

将钢丝坯料奥氏体化后，在 500～550℃的铅浴中等温淬火，经冷拔后绕制成形，再在 200～300℃下回火，消除应力并使弹簧定形。这类钢丝强度很高而且还有较高的韧性。

（3）油淬回火钢丝

将钢丝冷拔到规定的尺寸后，进行油淬和中温回火处理。冷卷成弹簧后，在 200～300℃低温回火。这类钢丝性能均匀，强度波动范围小。

2）热成形弹簧的热处理

热成形弹簧多用热轧钢丝或钢板制成，通常采用淬火加热后成形工艺，即将弹簧加热至比正常淬火温度高 50～80℃后进行热卷成形，然后利用余热立即淬火、中温回火，获得回火托氏体组织，硬度为 40～48HRC，具有较高的弹性极限、疲劳强度和一定的塑性和韧性。

弹簧在热处理后往往需要喷丸处理，以消除或减轻表面缺陷的有害影响，并可使表面产生硬化层，形成残余压应力，提高疲劳强度和使用寿命。

常用弹簧钢的牌号、化学成分、热处理、力学性能及用途见表 2-2-6。

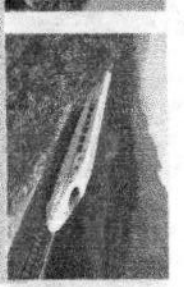

表 2-2-6 常用弹簧钢的牌号、化学成分、热处理、力学性能及用途

类别	牌号	主要化学成分（质量分数）/%						热处理		力学性能（不小于）				用途举例
		C	Si	Mn	Cr	V	其他	淬火/℃	回火/℃	R_{el}/MPa	R_m/MPa	$A_{11.3}$/%	Z/%	
碳素弹簧钢	65	0.62～0.70	0.17～0.37	0.50～0.80	≤0.25	—	—	840 油	500	800	1 000	9	35	截面直径小于 12 mm 的一般机器上的弹簧，或拉成钢丝制造小型机械弹簧
碳素弹簧钢	85	0.82～0.90	0.17～0.37	0.50～0.80	≤0.25	—	—	820 油	480	1 000	1 150	6	30	用于汽车、拖拉机及一般机器上的扁形弹簧、圆形螺旋弹簧及其他用途的钢丝等
碳素弹簧钢	65Mn	0.62～0.70	0.17～0.37	0.09～1.20	≤0.25	—	—	830 油	540	800	1 000	8	30	截面直径小于 25 mm 的各种螺旋弹簧、板弹簧，如坐垫板簧、弹簧发条等，冷卷成形弹簧
合金弹簧钢	55Si2Mn	0.52～0.60	1.50～2.00	0.60～0.90	≤0.35	—	—	870 油	480	1 200	1 300	6	30	截面直径在 20～25 mm 之间的弹簧，工作温度低于 230 ℃的中等应力弹簧
合金弹簧钢	60Si2Mn	0.56～0.64	1.50～2.00	0.60～0.90	≤0.35	—	—	870 油	480	1 200	1 300	5	25	用于汽车、拖拉机、机车的板簧（10～12 mm 厚）和螺旋弹簧（直径为 20～25 mm），工作温度低于 300 ℃
合金弹簧钢	50CrVA	0.46～0.54	0.17～0.37	0.50～0.80	0.80～1.10	0.10～0.20	—	850 油	500	1 150	1 300	10（A）	40	350 ℃以下重载,截面直径在 30～35 mm之间的较大型弹簧,如高速柴油机气门弹簧、喷油嘴弹簧
合金弹簧钢	60Si2CrVA	0.56～0.64	1.40～1.80	0.40～0.70	0.90～1.20	0.10～0.20	—	850 油	410	1 700	1 900	6（A）	20	截面直径不大于 50 mm 的大型承受重载弹簧，工作温度低于 250 ℃
合金弹簧钢	50SiMnMoV	0.52～0.60	0.90～1.20	1.00～1.30	—	0.08～0.15	Mo 0.20～0.30	880 油	550	1 300	1 400	6	30	截面直径不大于 750 mm 的弹簧，重型汽车、越野汽车大截面板簧

知识拓展

2.2.8 滚动轴承钢

滚动轴承钢主要用于制造各种滚动轴承元件，如轴承内外圈、滚动体等。工作中受到周期性交变载荷和冲击载荷的作用，产生强烈的摩擦，接触应力很大，同时还受到大气和润滑介质的腐蚀，因此要求其必须具有高而均匀的硬度和耐磨性，高的弹性极限和一定的冲击韧度，足够的淬透性和耐蚀能力，以及高的接触疲劳强度和抗压强度。

1. 牌号的表示方法

常用高碳铬滚动轴承钢的牌号由“G+Cr+数字”组成。其中“G”是“滚”字汉语拼音的首字母，“Cr”是合金元素铬的符号，数字是以名义千分数表示的铬的质量分数。代表钢号为GCr15。

2. 成分特点及其作用

常用高碳铬轴承钢的含碳量一般为 0.95%～1.15%，高碳以获得高强度、高硬度及高耐磨性；含铬量一般为 0.4%～1.65%，高铬以提高淬透性，提高接触疲劳强度和耐磨性。此外，在制造大尺寸轴承时，可加 Si、Mn，以进一步提高淬透性，同时还要严格限制 P、S 的含量。

3. 热处理工艺

滚动轴承钢的预先热处理采用球化退火，目的是降低硬度，利于切削加工，同时获得均匀分布的细粒珠光体，为最终热处理做好组织准备。最终热处理是淬火后低温回火。对于精密轴承零件淬火后还要冷处理，再进行低温回火；磨削加工后，还要时效处理，去除应力，以保证工作中的尺寸稳定性。

常用滚动轴承钢的牌号、化学成分、热处理及用途见表2-2-7。

小贴士

（1）弹簧是应用最广泛的基础零件，种类繁多，形状各异。按化学成分分为碳素弹簧钢和合金弹簧钢；按形状分成板弹簧和螺旋弹簧、蝶形弹簧等；按制造方法分冷拔和热轧；了解更多的弹簧知识请查阅相关资料。

（2）喷丸处理也称喷丸强化（将高速弹丸流喷射到弹簧表面，使弹簧表层发生塑性变形而形成一定厚度的强化层，强化层内形成较高的残余应力，由于弹簧表面压应力的存在，当弹簧承受载荷时抵消一部分抗应力，从而提高弹簧的疲劳强度），是减轻零件疲劳、提高寿命的有效方法之一。例如，60Si2Mn钢制成的汽车板簧经喷丸处理后，使用寿命提高了5～6倍。

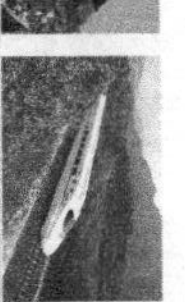

表 2-2-7　常用滚动轴承钢的牌号、化学成分、热处理及用途

牌号	主要化学成分（质量分数）/%							热处理			用途举例
	C	Cr	Si	Mn	V	Mo	RE	淬火/℃	回火/℃	回火后HRC	
GCr6	1.05～1.15	0.40～0.70	0.15～0.35	0.20～0.40	—	—	—	800～820	150～170	62～66	直径小于 10 mm 的滚珠、滚柱和滚针
GCr9	1.00～1.10	0.90～1.20	0.15～0.35	0.20～0.40	—	—	—	800～820	150～170	62～66	直径小于 20 mm 的滚动体及轴承内、外圈
GCr9SiMn	1.00～1.10	0.90～1.20	0.40～0.70	0.90～1.20	—	—	—	810～830	150～200	61～65	壁厚小于 14 mm、外径小于 250 mm 的轴承套，直径为 25～50 mm 的钢球，直径为 25 mm 左右的滚柱等
GCr15	0.95～1.05	1.30～1.65	0.15～0.35	0.20～0.40	—	—	—	820～840	150～160	62～66	与 GCr9SiMn 钢相同
GCr15SiMn	0.95～1.05	1.30～1.65	0.40～0.65	0.90～1.20	—	—	—	820～840	170～200	>62	壁厚不小于 14 mm、外径大于 250 mm 的套圈，直径为 20～200 mm 的钢球
GMnMoVRE	0.95～1.05	—	0.15～0.40	1.10～1.40	0.15～0.25	0.4～0.6	0.07～0.10	770～810	170±5	≥62	代替 GCr15 钢用于军工和民用方面的轴承
GSiMoMnV	0.95～1.10	—	0.45～0.65	0.75～1.05	0.20～0.30	0.2～0.4	—	780～820	175～200	≥62	与 GMnMoVRE 钢相同

案例小结

汽车板弹簧选用 60Si2Mn 热轧扁钢制造，进行淬火及中温回火，最后喷丸处理。

技能训练 6　火车上螺旋弹簧的选材及热处理

温馨提示

火车上螺旋弹簧（如图 2-2-11 所示）是位于车轮和车厢之间的减振零件，要求弹簧应具有高的弹性极限、屈服点及高的屈强比，高的疲劳强度，足够的塑性和韧性，良好的耐蚀性和较高的表面质量。

（a）工作中的螺旋弹簧

（b）螺旋弹簧

图 2-2-11　火车上的螺旋弹簧

技能训练 7　减速器滚动轴承的选材及热处理

温馨提示

圆柱齿轮减速器上的滚动轴承（如图 2-2-12 所示，图中右上角是深沟球轴承，是滚动轴承中的一种）用来支撑快速转动的轴及轴上的零件，要求其必须具有高硬度和耐磨性；高的弹性极限和一定的冲击韧度；足够的淬透性和耐蚀能力，以及高的接触疲劳强度和抗压强度。

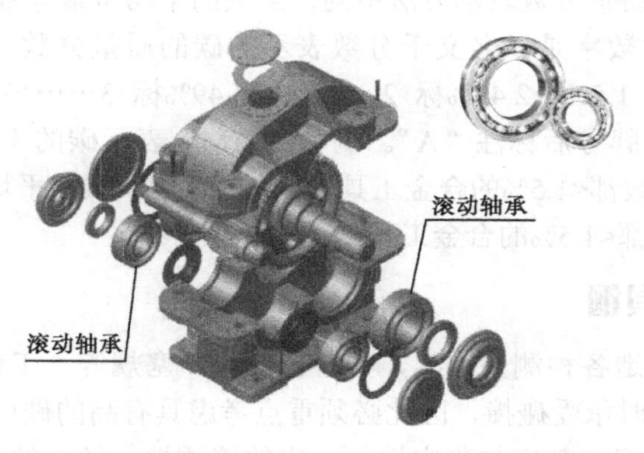

图 2-2-12　一级圆柱齿轮减速器立体装配关系图

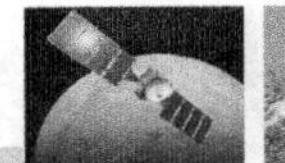

案例 9　钻头的选材及热处理（合金工具钢）

看一看

钻头是安装在钻床上，对其他实体材料进行钻削得到通孔或盲孔，并能对已有孔扩孔的刀具，如图 2-2-13 所示。麻花钻头是应用最广的孔加工刀具。

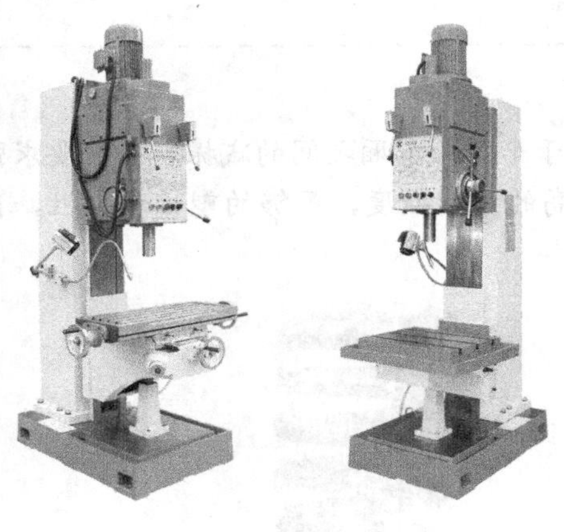

（a）立式钻床

（b）麻花钻头

图 2-2-13　钻床及钻头

想一想

钻头在钻削过程中承受非常大的压应力、弯曲应力、扭转应力，还有振动与冲击，同时还受到工件的强烈摩擦，以及由此产生的高温，所以钻头材料应具有足够高的硬度及耐磨性，非常高的热硬性、良好的强韧性及淬透性。怎样选材？如何处理？

相关知识

2.2.9　合金工具钢

合金工具钢比碳素工具钢的力学性能好，当然价格也贵。按用途可分为量具钢、刃具钢和模具钢。牌号表示方法与合金结构钢（合金渗碳钢、合金调质钢、合金弹簧钢等）相似，但要注意的是碳的质量分数表示方法不同：当碳的平均质量分数 $w_C \geqslant 1\%$时，不标注；$w_C < 1\%$时，牌号前一位数字是以名义千分数表示的碳的质量分数；合金元素含量＜1.5%不标数，>1.5%时标 1，1.5%～2.49%标 2，2.5%～3.49%标 3……另外由于合金工具钢都属于高级优质钢，故不在牌号后标注“A”。例如，CrMn 表示碳的平均质量分数 $w_C \geqslant 1\%$，Cr、Mn 的平均质量分数都<1.5%的合金工具钢；9SiCr 表示碳的平均质量分数 $w_C \approx 0.9\%$，Si、Cr 的平均质量分数都<1.5%的合金工具钢。

2.2.10　合金量具钢

量具钢主要用于制造各种测量工具，如游标卡尺、塞规等。工作时主要承受摩擦、磨损，承受外力很小，有时承受碰撞，因此必须重点考虑具有高的硬度（60～65HRC）、耐磨性和足够的韧性，高的尺寸精度与稳定性，一定的淬透性，较小的淬火变形和良好的耐蚀

性，以及良好的磨削加工性等要求。

1. 成分特点及其作用

量具钢的含碳量一般在 0.9%～1.5%之间，以保证高的硬度和耐磨性；加入 Cr、W、Mn 等合金元素，以提高淬透性。

2. 热处理工艺

量具用钢常采用球化退火→调质处理（减小淬火应力和变形，保持较好的韧性）→淬火→冷处理（使残余奥氏体转变成马氏体，提高硬度和耐磨性及尺寸的稳定性）→低温回火（保证硬度和耐磨性）→时效处理（消除磨削应力，稳定尺寸）。

常见量具用钢的牌号及用途见表 2-2-8。

表 2-2-8 常见量具用钢的牌号及用途

量 具	钢 号
平样板或卡板	10、20 或 50、55、60、60Mn、65Mn
一般量规与块规	T10A、T12A、9SiCr
高精度量规与块规	Cr（刃具钢）、CrMn、GCr15
高精度且形状复杂的量规与块规、螺旋塞头、千分尺	CrWMn（低变形钢）
抗蚀量具	4Cr13、9Cr18（不锈钢）

2.2.11 合金刃具钢

刃具钢是用来制造各种切削加工工具（如车刀、铣刀、钻头等）的钢种，由于被切削材料的差异、切削速度的不同对刃具的热硬性（刃具和被切割材料之间强烈摩擦产生的高温对刃具硬度的影响）要求也不同，把合金刃具钢分成低合金刃具钢和高合金刃具钢，低合金刃具钢常被称为“合金刃具钢”，高合金刃具钢常被称为“高速钢”。它们的共同点是都承受弯曲扭转、剪切应力和冲击、振动负荷，同时还要受到工件和切屑的强烈摩擦作用，产生大量热量，使刃具温度升高，所以刃具钢的性能要求为足够高的硬度和耐磨性（刃具必须具有比被加工工件更高的硬度），还要求其具有一定的强度、韧性和塑性，防止刃具由于冲击、振动负荷的作用而发生崩刃或折断。

1. 低合金刃具钢的成分特点及其作用

低合金刃具钢的含碳量一般在 0.75%～1.5%之间，以保证高的硬度和耐磨性；加入 W、Mn、Cr、V、Si 等合金元素（一般合金元素总含量<5%），以提高淬透性和回火稳定性，形成碳化物，细化晶粒，提高热硬性，降低过热敏感性。典型钢号为 9SiCr。

2. 热处理工艺

低合金刃具钢的预先热处理一般采用球化退火，最终热处理为淬火后低温回火，以获得细小回火马氏体、粒状合金碳化物及少量残余奥氏体组织。

常用刃具钢的化学成分、热处理及用途见表 2-2-9。

表 2-2-9 常用刃具钢（量具通用）的化学成分、热处理及用途

牌号	主要化学成分（质量分数）/%					淬火		用途举例
	C	Si	Mn	Cr	其他	温度/℃	硬度 HRC（不小于）	
9Mn2V	0.85～0.95	≤0.40	1.70～2.00	—	V 0.10～0.25	780～810 油	62	小冲模、剪刀、冷压模、量规、样板、丝锥、板牙、铰刀
9SiCr	0.85～0.95	1.20～1.60	0.30～0.60	0.95～1.25	—	820～860 油	62	板牙、丝锥、钻头、冷冲模、冷轧辊
Cr06	1.30～1.45	≤0.40	≤0.40	0.50～0.70	—	780～810 水	64	剃刀、锉刀、量规、块规
CrWMn	0.90～1.05	≤0.40	0.80～1.10	0.90～1.20	W 1.20～1.60	800～830 油	62	长丝锥、拉刀、量规、形状复杂的高精度冲模

2.2.12 高速刃具钢

高速刃具钢含有大量合金元素（合金元素总含量大于5%，还有的大于10%），具有更高的耐磨性、热硬性，当切削温度高达 600 ℃时，仍有良好的切削性能，故有“锋钢”之称。

常用高速刃具钢分为通用型高速钢（钨系高速钢和钼系高速钢）和高性能高速钢（高碳高速钢、钴高速钢、铝高速钢等）。其牌号表示与合金刃具钢相似，只是不论碳的质量分数是多少，均不标。最具代表性的牌号为 W18Cr4V（表示 w_C=0.7%～0.8%、w_W≈18%、w_{Cr}≈4%、w_V<1.5%的高速工具钢）。

1. 成分特点及其作用

高速刃具钢的含碳量一般在 0.7%～1.65%之间，以保证形成强硬的马氏体基体和合金碳化物，提高钢的硬度、耐磨性。钢中加入 Cr 提高淬透性；加入 W、Mo 提高热硬性；加入 V 提高耐磨性；加入 Co 显著提高钢的热硬性和二次硬化，还可提高钢的耐磨性、导热性，并改善切削加工性能。

2. 热处理工艺

高速刃具钢的预先热处理一般采用锻后球化退火，最终热处理为淬火后回火，特点是加热温度高，回火温度高，回火次数多。

常用高速刃具钢的牌号、化学成分、热处理及用途见表 2-2-10。

表 2-2-10 常用高速刃具钢的牌号、化学成分、热处理及用途

类别	牌号	主要化学成分（质量分数）/%						热处理			硬度		热硬性①	用途举例
		C	Cr	W	Mo	V	其他	预热温度/℃	淬火温度/℃	回火温度/℃	退火HBS	淬火+回火HRC不小于	HRC	
钨系	W18Cr4V（18-4-1）	0.70～0.80	3.80～4.40	17.50～19.00	≤0.30	1.00～1.40	—	820～870	1 270～1 285	550～570	≤255	63	61.5～62	加工中等硬度或软材料的车刀、丝锥、钻头、铣刀等
钨钼系	CW6Mo5Cr4V2	0.95～1.05	3.80～4.40	5.50～6.75	4.50～5.50	1.75～2.20	—	730～840	1 190～1 210	540～560	≤255	65	—	切削性能较高且冲击不大的刃具，如拉刀、铰刀、滚刀、扩孔刀等
钨钼系	W6Mo5Cr4V2（6-5-4-2）	0.80～0.90	3.80～4.40	5.50～6.75	4.50～5.50	1.75～2.20	—	730～840	1 210～1 230	540～560	≤255	63（箱式炉）64（盐浴炉）	60～61	要求耐磨性和韧性配合的中速切削刃具，如丝锥、钻头等
钨钼系	W6Mo5Cr4V3（6-5-4-3）	1.00～0.10	3.75～4.50	5.00～6.75	4.75～6.50	2.25～2.75	—	730～840	1 190～1 210	540～560	≤255	64	64	要求较高耐磨性和热硬性，且耐磨性和韧性能较好配合的形状稍微复杂的刃具，如拉刀、铣刀等
超硬系	W18Cr4V2Co8	0.75～0.85	3.75～5.00	17.50～19.00	0.50～1.25	1.80～2.40	Co 7.00～9.50	820～870	1 270～1 290	540～560	≤285	63	64	加工高硬度材料承受高切削力的各种刃具，如铣刀、滚刀、车刀等
超硬系	W6Mo5Cr4V2Al	1.05～1.20	3.80～4.40	5.50～6.75	4.50～5.50	1.75～2.20	Al 0.80～1.20	820～870	1 230～1 240	540～560	≤269	65	65	加工各种难加工材料，如高温合金、超高强度钢、不锈钢等的车刀、镗刀、铣刀、钻头等

注：①热硬性是将淬火回火试样在 600 ℃加热 4 次，每次 1 h 的条件下测定的。

2.2.13 合金模具钢

模具钢是用来制造各种成形工件模具的钢种。大致可分为冷作模具钢、热作模具钢和塑料模具钢三类，用于锻造、冲压、切型、压铸等。由于各种模具用途不同，工作条件复杂，因此对模具用钢的性能要求也不同。

1. 冷作模具钢

冷作模具包括冷冲模、拉丝模、拉延模、冷镦模和冷挤压模等。因为被加工材料在冷态下成形，故模具要承受很大的冲击压力、挤压力，同时模具与坯料之间还发生强烈的摩擦，所以要求冷作模具钢应具有高的硬度、强度、耐磨性、足够的韧性，以及高的淬透性、淬硬性和其他工艺性能。常选用高碳钢、高碳合金钢。

1）成分特点及其作用

冷作模具钢的含碳量一般在 0.8%～2.3%之间，以保证形成足够数量的碳化物，并获得含碳过饱和马氏体，提高钢的硬度、耐磨性。钢中加入 Cr 提高淬透性；加入 W、Mo 提高热硬性；加入 V 提高耐磨性。

2）热处理工艺

冷作模具钢的预先热处理一般采用锻后球化退火，最终热处理为淬火后回火。

常用冷作模具钢的牌号、热处理及用途见表 2-2-11。

表 2-2-11　常用冷作模具钢的牌号、热处理及用途

牌　号	淬　火		硬度 HRC（不小于）	用 途 举 例
	温度/℃	淬火介质		
9Mn2V	780～810	油	62	冲模、冷压模
CrWMn	800～830	油	62	形状复杂、高精度的冲模
Cr12	950～1000	油	60	冷冲模、冲头、拉丝模、粉末冶金模
Cr12MoV	950～1000	油	58	冲模、切边摸、拉丝模

2. 热作模具钢

热作模具钢用来制造使热态金属在压力下成形的模具，有热锻模、压力机锻模、冲压模、热挤压模和金属压铸模等，承受大的冲击载荷、强烈的摩擦、剧烈的冷热循环所引起的热应变和热压力，以及高温氧化。因此热作模具钢要有高的高温耐磨性和热硬性，高的热强性和抗氧化性能，足够的韧性和热疲劳抗力；淬透性好，热处理变形小。

1）成分特点及其作用

热作模具钢的含碳量一般在 0.3%～0.6%之间，保证高强韧性、热疲劳抗力和较高的硬度。Cr、Ni、Mn、Si 提高淬透性、回火稳定性和热疲劳抗力；W、Mo、V 提高热硬性和热强性。

2）热处理工艺

热作模具钢的预先热处理采用锻后退火；最终热处理是淬火后回火，回火温度视模具

大小确定。

常用热作模具钢的化学成分、热处理及用途见表 2-2-12。

表 2-2-12 常用热作模具钢的化学成分、热处理及用途

牌号	主要化学成分（质量分数）/%						热处理			用途举例
	C	Si	Mn	Cr	Mo	其他	淬火温度/℃	回火温度/℃	硬度 HRC	
5CrMnMo	0.50～0.60	0.25～0.60	1.20～1.60	0.60～0.90	0.15～0.30	—	820～850 油	490～640	30～47	中型锻模
5CrNiMo	0.50～0.60	≤0.40	0.50～0.80	0.50～0.80	0.15～0.30	Ni1.40～1.80	830～860 油	490～660	30～47	大型锻模
3Cr2W8V	0.30～0.40	≤0.40	≤0.40	2.20～2.27	—	W7.50～9.00 V0.20～0.50	1075～1125 油	600～620	50～54	高应力压模、螺钉或铆钉热压模、压铸模

3. 塑料模具钢

塑料模具包括热塑性塑料模具和热固性塑料模具。塑料模具钢要求具有一定的强度、硬度、耐磨性、热稳定性和耐蚀性等性能。此外，还要求具有良好的工艺性，如热处理变形小、加工性能好、耐蚀性好、研磨和抛光性能好，以及在工作条件下尺寸和形状稳定等。一般情况下，注射成形或挤压成形模具可选用热作模具钢；热固性成形和要求高耐磨、高强度的模具可选用冷作模具钢。

常用塑料模具及其用钢见表 2-2-13。

表 2-2-13 常用塑料模具及其用钢

塑料模具类型及工作条件	推荐用钢
泡沫塑料、吹塑模具	非铁金属 Zn、Al、Cu 及其合金或铸铁
中、小模具，精度要求不高，受力不大，生产批量小	45、40Cr、T8～T10、10、20、20Cr
受磨损及动载荷较大、生产批量较大的模具	20Cr、12CrNi3、20Cr2Ni4、20CrMnTi
大型复杂的注射成形模或挤压成形模，生产批量大	4Cr5MoSiV、4Cr5MoSiV1、4Cr3Mo3SiV、5CrNiMnMoVSCo
热固性成形模，要求高耐磨性、高强度的模具	Cr12、GCr15、9Mn2V、CrWMn、Cr12MoV、7CrSiMnMoV
耐腐蚀性、高精度模具	2Cr13、4Cr13、9Cr18、Cr18MoV、3Cr2Mo、Cr14Mo4V、3Cr17Mo、8Cr2MnWMoVS、
无磁模具	7Mn15Cr2Al3V2WMo

知识拓展

2.2.14 易切削钢

易切削钢是指既能满足工作条件需要又容易被切削加工成零件的钢，它能发挥自动机床的效能，提高切削速度，延长刃具的使用寿命。

1. 牌号的表示方法

易切削钢的牌号由“Y+数字+易切削元素符号”组成。其中，“Y”为“易”字汉语拼音的首写字母；数字是以平均万分数表示的碳的质量分数；加 S、P 的易切削钢不标注元素符号，当易切削元素为 Ca、Pb、Si 等时标注元素符号，含 Mn 易切削钢一般不标注元素符号，但当锰的质量分数较高（w_{Mn}=1.2%～1.55%）时要标注。例如，Y40Mn 表示碳的质量分数 w_C≈0.4%，锰的质量分数较高（w_{Mn}>1.5%）的易切削钢。

2. 成分特点及其作用

易切削钢的含碳量不高，小于 0.5%，加入能改善切削加工性能的合金元素，主要有 S、Pb、P 及微量的 Ca 等。S 与 Mn 生成 MnS，使钢在切削时易断屑，降低切削抗力，减轻刀具磨损，并使工件表面粗糙度降低；P 使切屑易断、易排除；Pb 起润滑作用；Ca 能减轻刃具磨损。应注意，易切削钢的锻造性能和焊接性能不好。

3. 热处理工艺

易切削钢可以进行最终热处理，但不采用预先热处理，防止破坏其切削加工性能。此外，易切削钢成本高，用于大批量生产时才会获得较高的经济效益。

常用易切削钢的牌号、化学成分、力学性能及用途见表 2-2-14。

表 2-2-14　常用易切削钢的牌号、化学成分、力学性能及用途

牌　号	主要化学成分（质量分数）/%						力学性能（热轧）				用途举例
	C	Si	M	S	P	其他	R_m/MPa	A/%	Z/%	HBS	
								不小于		不大于	
Y12	0.08～0.16	0.15～0.35	0.70～1.00	0.10～0.20	0.08～0.15	—	390～540	22	36	170	双头螺柱、螺钉、螺母等一般标准紧固件
Y12Pb	0.08～0.16	≤0.15	0.70～1.00	0.15～0.25	0.05～0.10	Pb 0.15～0.35	390～540	22	36	170	同 Y12 钢，但切削加工性能提高
Y15	0.10～0.18	≤0.15	0.80～1.20	0.23～0.33	0.05～0.10	—	390～540	22	36	170	同 Y12 钢，但切削加工性能显著提高
Y30	0.27～0.35	0.15～0.35	0.70～1.00	0.08～0.15	≤0.06	—	510～655	15	25	187	强度较高的小件，结构复杂、不易加工的零件，如纺织机、计算机上的零件等
Y40Mn	0.37～0.45	0.15～0.35	1.20～1.55	0.20～0.30	≤0.05	—	590～735	14	20	207	要求强度、硬度较高的零件，如机床丝杠和自行车、缝纫机上的零件等
Y45Ca	0.42～0.50	0.20～0.40	0.60～0.90	0.04～0.08	≤0.04	Ca 0.002～0.006	600～745	12	26	241	同 Y40Mn 钢

案例小结

钻头通常选用 W18Cr4V（合金工具钢中的高速钢），采用等温或球化退火的预处理，最终热处理为 1 280 ℃淬火+560～580 ℃回火（三次）。

技能训练 8 游标卡尺的选材及热处理

温馨提示

游标卡尺是一种测量长度、内外径、深度的测量工具，如图 2-2-14 所示。游标卡尺由主尺和附在主尺上能滑动的游标两部分构成。

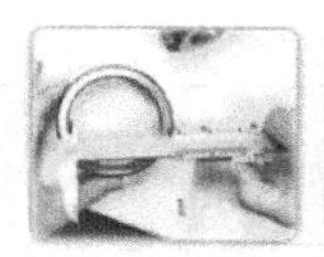
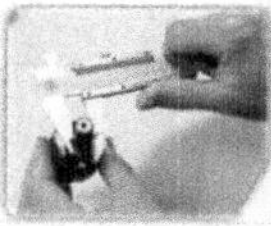
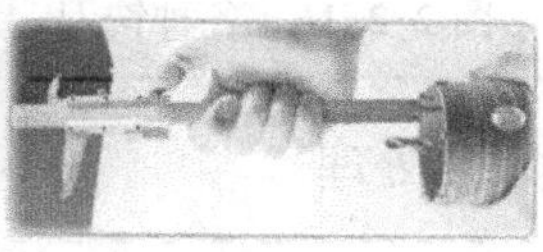

（a）使用中的游标卡尺

（b）游标卡尺

图 2-2-14 游标卡尺

制作材料要考虑具有高的硬度（60～65HRC）、耐磨性和一定的韧性，高的尺寸精度与稳定性，一定的淬透性，较小的淬火变形和良好的耐蚀性，以及良好的磨削加工性等要求。

技能训练 9 丝锥的选材及热处理

温馨提示

丝锥是加工圆柱形和圆锥形内螺纹的切削刃具，有直槽丝锥、螺旋槽丝锥等，如图 2-2-15 所示。丝锥有机用和手用之分，但工作原理基本相同，只是机用比手用的丝锥在选材上要求有更高的力学性能，尤其是热硬性。

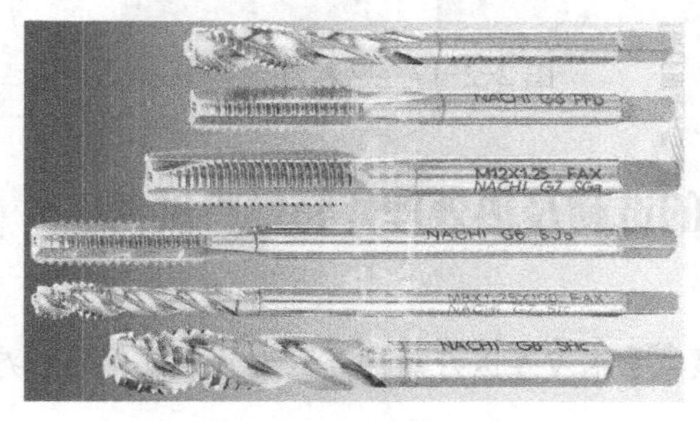

图 2-2-15 丝锥

技能训练 10　铣刀的选材及热处理

温馨提示

铣刀是用于铣削加工的、具有一个或多个刀齿的旋转刀具，如图 2-2-16 所示。工作时，各刀齿依次间歇地切去工件的余量。铣刀的选材要考虑高硬度和耐磨性，好的耐热性，以及高的强度和好的韧性。

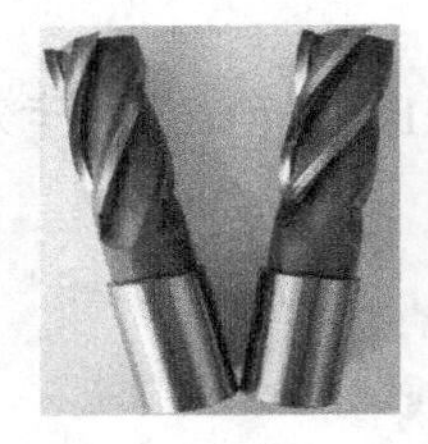
立铣刀

圆柱铣刀

面铣刀

锯片铣刀

图 2-2-16　各种铣刀

技能训练 11　塑料模具的选材及热处理

温馨提示

塑料模具（如图 2-2-17 所示）是在不超过 200 ℃的加热温度下，将细粉或颗粒状塑料压制成形的。工作时，模具持续受热、受压，并受到一定程度的摩擦和有害气体的腐蚀，因此要求塑料模具钢在 200 ℃时具有足够的强度和韧性，较高的耐磨性和耐蚀性，并具有良好的加工性、抛光性及热处理工艺性能。

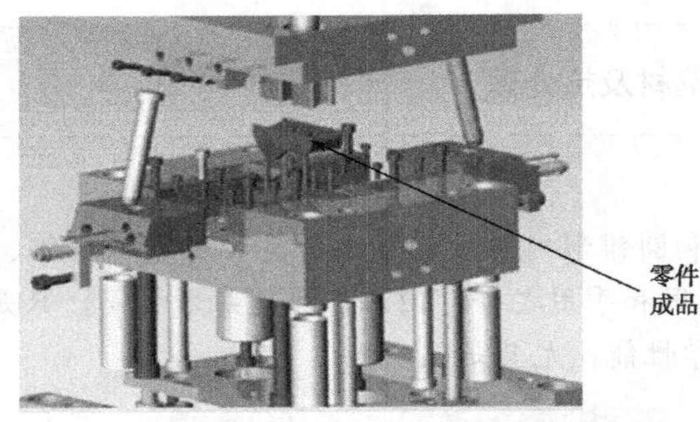

图 2-2-17　塑料注射模具

案例 10　医疗器械的选材及热处理（特殊性能钢）

看一看

医用剪、止血钳、医用镊、手术刀等医疗器械是医生最常使用的治疗工具，如图 2-2-18 所示。

想一想

这些医疗器械经常接触各种具有腐蚀性的介质并偶尔受到磕碰，所以对材料的耐蚀性及表面质量要求很高，怎样选材？如何处理？

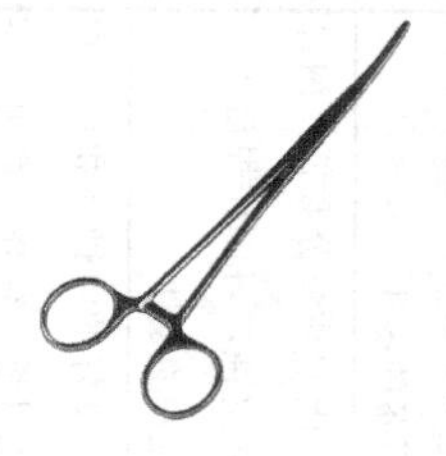
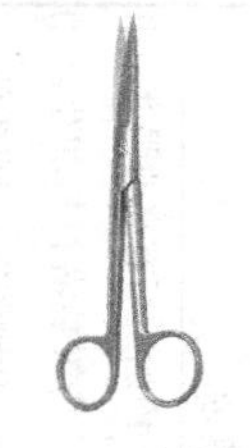
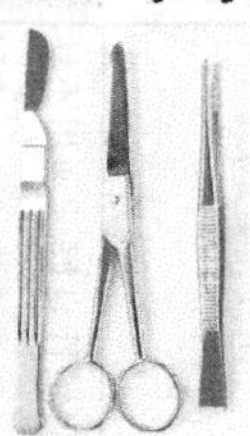

图 2-2-18　医疗器械

相关知识

2.2.15　不锈钢

不锈钢通常是不锈钢和耐酸钢的统称，能够抵抗空气、蒸汽和水等弱腐蚀介质的腐蚀钢称为不锈钢；能够抵抗酸、碱、盐等强腐蚀介质腐蚀的钢称为耐酸钢。一般来说，不锈钢不一定耐酸，但耐酸钢大多具有良好的耐蚀性。广义上的不锈钢主要用来制造在各种腐蚀性介质中工作的零件或构件，如化工装置中的各种容器、管道、阀门和泵，医疗手术器械，防锈刃具和量具等。因此对不锈钢材料性能的要求最重要的是耐蚀性，除此之外还要有适当的力学性能，良好的冷、热加工性能和焊接性能。

1. 牌号的表示方法

不锈钢的牌号由“数字+合金元素符号+数字”组成。前一组数字是以名义千分数表示的碳的质量分数，后一组数字表示合金元素的百分含量。例如，3Cr13 表示 w_C≈0.3%，w_{Cr}≈13%的不锈钢。

2. 成分特点及其作用

大多数不锈钢的 w_C=0.1%～0.2%，碳的质量分数越低，钢的耐蚀性越高。制造刃具和滚动轴承的不锈钢，w_C 可达 0.85%～0.95%，此时必须相应提高 Cr 的质量分数。在钢中加入 Cr、Mo、Ti、Nb、Ni、Mn、N、Cu 等均是为了提高钢的耐蚀性。Cr 是最重要的合金元素，它能提高钢基体的电极电位，使钢呈单一的铁素体组织。Cr 在氧化性介质中生成致密的氧化膜，使钢的耐蚀性大大提高。Mo 和 Cu 可提高钢在非氧化性酸中的耐蚀能力，Ti 和 Nb 可减轻钢的晶间腐蚀，Ni、Mn、N 可使钢获得奥氏体组织，提高铬不锈钢在有机酸中的耐蚀性。

3. 常用不锈钢种类及热处理工艺

不锈钢按金相组织特点可分为铁素体不锈钢、奥氏体不锈钢、马氏体不锈钢、奥氏体-铁素体不锈钢。

（1）铁素体不锈钢的特点是抗大气与酸的能力强，耐蚀性、高温抗氧化性、塑性和焊接性好，但强度低，可用形变强化提高其强度。

（2）奥氏体不锈钢具有很好的耐腐蚀性、耐热性，优良的抗氧化性，室温及低温韧性、塑性和焊接性比铁素体不锈钢要好，可用固溶处理提高耐蚀性。

（3）马氏体不锈钢的强度、硬度及耐磨性提高，但耐蚀性下降，只在氧化性介质中耐蚀。锻造后需退火。

（4）奥氏体-铁素体不锈钢在正确的加工条件和合适的环境中兼有铁素体和奥氏体钢的优点。

常用不锈钢的牌号、化学成分、热处理、力学性能及用途见表 2-2-15。

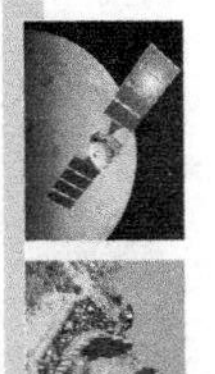

表 2-2-15　常用不锈钢的牌号、化学成分、热处理、力学性能及用途

类别	牌号	化学成分（质量分数）/%						热处理温度/℃				力学性能						用途举例
		C	Si	Mn	Cr	Ni	其他	退火温度	固溶处理温度	淬火温度	回火温度	R_m/MPa	R_{el}/MPa	A/%	Z/%	A_k/J	硬度 HBS（≥）	
												不小于						
铁素体型	1Cr17	≤0.12	≤0.75	≤1.00	16.00～18.00	≤0.60	—	780～850 空冷或缓冷	—	—	—	450	205	22	50	—	183	耐蚀性良好的通用不锈钢，用于建筑装潢、家用电器、家庭用具
铁素体型	00Cr30Mo2	≤0.010	≤0.40	≤0.40	28.50～32.00	—	Mo 1.50～2.50	900～1050 快冷	—	—	—	450	295	20	45	—	228	耐蚀性很好，用于耐有机酸、苛性碱设备，耐点腐蚀
奥氏体型	1Cr18Ni9	≤0.15	≤1.00	≤2.00	17.00～19.00	8.00～10.00	—	—	1 010～1 150 快冷	—	—	520	205	40	60	—	187	冷加工后有高的强度，用于建筑装潢材料和生产硝酸、化肥等化工设备零件
奥氏体型	0Cr19Ni9	≤0.08	≤1.00	≤2.00	18.00～20.00	7.00～10.50	—	—	1 010～1 150 快冷	—	—	520	205	40	60	—	187	应用最广泛的不锈钢，可制作食品、化工、核能设备的零件
奥氏体型	00Cr19Ni10	≤0.03	≤1.00	≤2.00	18.00～20.00	8.00～12.00	—	—	1 010～1 150 快冷	—	—	480	177	40	60	—	187	碳的质量分数低，耐晶界腐蚀，可制作焊后不热处理的零件
马氏体型	1Cr13	≤0.15	≤1.00	≤1.00	11.50～13.50	≤0.60	—	800～900 缓冷或约 750 快冷	—	950～1 000 油冷	700～750 快冷	540	345	25	55	78	159	良好的耐蚀性和切削加工性能。制作一般用途零件和刃具，如螺栓、螺母、日常生活用品等

续表

类别	牌号	化学成分（质量分数）/%						热处理温度/℃				力学性能						用途举例
		C	Si	Mn	Cr	Ni	其他	退火温度	固溶处理温度	淬火温度	回火温度	R_m/MPa	R_{el}/MPa	A/%	Z/%	A_k/J	硬度HBS（≥）	
												不小于						
马氏体型	3Cr13	0.26～0.35	≤1.00	≤1.00	12.00～14.00	≤0.60	—	800～900 缓冷或约 750 快冷	—	920～980 油冷	600～750 快冷	735	540	12	40	24	217	制作硬度较高的耐蚀耐磨刃具、量具、喷嘴、阀座、阀门、医疗器械等
马氏体型	7Cr17	0.60～0.75	≤1.00	≤1.00	16.00～18.00	≤0.60	Mo ≤0.75	800～920 缓冷	—	1 010～1 070 油冷	100～180 快冷	—	—	—	—	—	54HRC	淬火、回火后，强度、韧性、硬度较好，可制作刃具、量具、轴承等
马氏体型	11Cr17	0.95～1.20	≤1.00	≤1.00	16.00～18.00	≤0.60	Mo ≤0.75					—	—	—	—	—	58HRC	所有不锈钢和耐热钢中硬度最高，可制作喷嘴、轴承等
奥氏体-铁素体型	0Cr26Ni5Mo2	≤0.08	≤1.00	≤1.50	23.00～28.00	3.00～6.00	Mo 1.00～3.00	—	950～1 100 快冷	—	—	590	390	18	40	—	277	具有双相组织，抗氧化性及耐点腐蚀性好，强度高，可制作耐海水腐蚀的零件
奥氏体-铁素体型	00Cr18Ni5Mo3Si2	≤0.30	1.30～2.00	1.00～2.00	18.00～19.50	4.50～5.50	Mo 2.50～3.00	—	920～1 150 快冷	—	—	590	390	20	40	—	30HRB	耐应力腐蚀破裂性好，具有较高的强度，适用于含氯离子的环境，用于炼油、化肥、造纸、石油等工业热交换器和冷凝器等

知识拓展

2.2.16 耐热钢

耐热钢是指在高温下具有高的热稳定性和热强性的特殊性能钢，分为抗氧化钢（高温下不易被氧化或不易被高温介质腐蚀）和热强钢（在 450℃以上，甚至高达 1 100℃以上温度下工作而不产生大量变形或断裂），主要用于热工动力机械（汽轮机、燃气轮机、锅炉和内燃机）、化工机械、石油装置和加热炉等高温条件下工作的构件或零件。它们承受静载荷、交变或冲击载荷的作用，因此要求具有良好的抗蠕变能力、良好的高温抗氧化性和高温强度、一定的韧性、优良的加工性能和适当的物理性能，如热膨胀系数小、导热性好等。

1. 牌号的表示方法

耐热钢采用与不锈钢相同的表示方法。

2. 成分特点及其作用

耐热钢含碳量一般在 0.1%～0.2%之间。加入一定量的 Cr、Al、Si、Ni 等，在钢的表面生成结构紧密的高熔点的氧化膜，保护钢不受高温气体的腐蚀，但 Si 和 Al 能使钢变脆，要限制其含量，与 Cr 配合使用；加入 Cr、Mo、Nb、V、W、Ti 及 N 等元素，可提高钢的再结晶温度，形成细小弥散的碳化物，造成弥散强化，从而提高钢的高温强度。

常用耐热钢的牌号、化学成分、热处理、力学性能及用途见表 2-2-16。

2.2.17 耐磨钢

耐磨钢是指在高压力、严重磨损和强烈冲击下要求具有良好韧性和耐磨性的钢。最常用的是高锰钢，被用作坦克及拖拉机履带板、挖掘机铲斗、破碎机颚板、防弹板、铁路道岔等的材料。

1. 牌号的表示方法

由于高锰钢极易产生加工硬化，使切削加工困难，故大多数高锰钢零件采用铸造成形。其代表牌号为 ZGMn13，表示铸钢中的高锰钢，Mn 的质量分数在 11%～14%之间。

2. 成分特点及其作用

一般要求耐磨钢的碳含量在 1.0%～1.3%之间，以保证钢的耐磨性和强度；Mn 和 C 配合，保证完全获得奥氏体组织，提高钢的加工硬化率，Mn 和 C 的质量分数比值约为 10～12（Mn 的质量分数在 11%～14%之间）。

3. 热处理工艺

高锰钢只有在全部获得奥氏体组织时才呈现出最为良好的耐磨性和韧性。为了达到这一目的经常对高锰钢进行“水韧处理”（将铸件加热至 1 000～1 100 ℃后，在高温下保温一段时间，使碳化物全部溶入奥氏体，然后迅速把钢件浸在水中快冷，获得在室温下均匀单一的奥氏体组织）。水韧处理后，高锰钢的硬度很低，约为 210HBS，而塑性和韧性很好。

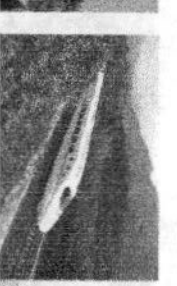

表 2-2-16 常用耐热钢的牌号、化学成分、热处理、力学性能及用途

类别	牌号	化学成分（质量分数）/%						热处理温度/℃				力学性能						用途举例
		C	Mn	Si	Ni	Cr	其他	退火温度	固溶处理温度	淬火温度	回火温度	R_m/MPa	$R_{r0.2}$/MPa	A/%	Z/%	A_k/J	硬度HBS	
												不小于						
珠光体型	15CrMo	0.12～0.18	0.40～0.70	0.17～0.27	—	0.80～1.10	Mo 0.40～0.55 W 0.80～1.10	—	—	900～950 空冷	630～700 空冷	440	295	22	60	12	≥179	不高于 550℃的锅炉受热管、垫圈等
珠光体型	12CrMoV	0.08～0.15	0.40～0.70	0.17～0.27	—	0.40～0.60	Mo 0.25～0.35 V 0.15～0.30	—	—	960～980 空冷	700～760 空冷	440	225	22	50	10	≥241	不高于 570℃的汽轮机叶片、过热器管、导管等
马氏体型	1Cr13	≤0.15	≤1.00	≤1.00	≤0.60	11.50～13.50	—	800～900 缓冷或约 750 快冷	—	950～1 000 油冷	700～750 快冷	540	345	25	55	78	≥159	用于低于 800℃的抗氧化件
马氏体型	4Cr9Si2	0.35～0.50	≤0.70	2.00～3.00	≤0.60	8.00～11.00	—	—	—	1 020～1 040 油冷	700～780 油冷	885	590	19	50	—	—	有较高的热强性，用于低于 700℃的内燃机进气阀或轻载荷发动机排气阀
奥氏体型	1Cr18Ni9Ti	≤0.12	≤2.00	≤1.00	8.00～11.00	17.00～19.00	Ti 0.50～0.80	—	920～1 150 快冷	—	—	520	205	40	50	—	≤187	具有较好的耐热性和耐蚀性，可制作加热炉管、燃烧室筒体、退火炉罩等

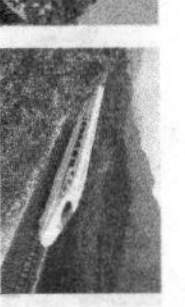

续表

类别	牌号	化学成分（质量分数）/%						热处理温度/℃				力学性能						用途举例
		C	Mn	Si	Ni	Cr	其他	退火温度	固溶处理温度	淬火温度	回火温度	R_m/MPa	$R_{r0.2}$/MPa	A/%	Z/%	A_k/J	硬度HBS	
												不小于						
奥氏体型	0Cr25Ni20	≤0.08	≤2.00	≤1.50	19.00～22.00	24.00～26.00	—	—	1 030～1 180 快冷	—	—	520	205	40	60	—	≤187	抗氧化钢，可承受1 035℃高温，可制作炉用材料、汽车净化装置材料
铁素体型	0Cr13Al	≤0.08	≤1.00	≤1.00	—	11.50～14.50	Al 0.10～0.30	780～830 空冷或缓冷	—	—	—	410	175	20	60	—	≥183	燃气轮机、压缩机叶片，淬火台架，退火箱
铁素体型	1Cr17	≤0.12	≤1.00	≤0.75	—	16.0～18.0	—	780～850 空冷或缓冷	—	—	—	450	205	22	60	—	≥183	用于制作小于900℃的抗氧化部件，如散热器、喷嘴、炉用部件

小贴士

（1）不锈钢是不是在任何情况下都不生锈？答案是否定的。通常在空气、蒸汽或水中，不锈钢都有较好的耐蚀性，但在某些情况下（如在海水中），不锈钢仍然会被腐蚀。原因是，海水中含有大量的氯离子和溶解氧，二者的同时存在很容易形成隐蔽性很强，而危害性很大的局部腐蚀——点腐蚀，会破坏不锈钢表面的钝化膜，因此腐蚀介质就会不断渗入，造成金属表面生锈。。

（2）对于不受很大工作压力而只要求耐磨的零件，不应选用高锰钢。因为高锰钢没有外加压力或冲击力，或外加压力和冲击力很小，其加工硬化特征不明显，表层的奥氏体不能发生马氏体转变，高耐磨性不能充分显示出来，甚至不及一般的马氏体组织钢或其他耐磨钢。

在工作中受到强烈冲击或强大压力而变形时，表面层的奥氏体将产生加工硬化，从而使表层硬度显著提高到 450～550HBW，表层获得高的耐磨性，心部则仍保持原来的高韧性状态。

铸造高锰钢的牌号、化学成分、力学性能及适用范围见表 2-2-17。

表 2-2-17　铸造高锰钢的牌号、化学成分、力学性能及适用范围

<table>
<tr><th rowspan="3">牌号①</th><th colspan="5">化学成分（质量分数）/%</th><th colspan="4">力学性能②</th><th rowspan="3">适 用 范 围</th></tr>
<tr><th rowspan="2">C</th><th rowspan="2">Mn</th><th rowspan="2">Si</th><th rowspan="2">S（≤）</th><th rowspan="2">P（≤）</th><th>R_m/MPa</th><th>A/%</th><th>α_k/（J.cm^{-2}）</th><th rowspan="2">HBS 不大于</th></tr>
<tr><th colspan="3">不小于</th></tr>
<tr><td>ZGMn13-1</td><td>1.00～1.45</td><td rowspan="4">11.00～14.00</td><td rowspan="2">0.30～1.00</td><td rowspan="2">0.040</td><td>0.090</td><td>635</td><td>20</td><td>—</td><td>—</td><td>低冲击件</td></tr>
<tr><td>ZGMn13-2</td><td>0.90～1.35</td><td rowspan="3">0.070</td><td>685</td><td>25</td><td rowspan="2">147</td><td rowspan="3">300</td><td>普通件</td></tr>
<tr><td>ZGMn13-3</td><td>0.95～1.35</td><td rowspan="2">0.30～0.80</td><td>0.035</td><td rowspan="2">735</td><td>30</td><td>复杂件</td></tr>
<tr><td>ZGMn13-4</td><td>0.90～1.30</td><td>0.040</td><td>20</td><td>—</td><td>高冲击件</td></tr>
</table>

注：①“-”后的阿拉伯数字表示品种代号。

②1 060～1 100 ℃水韧处理后试样的力学性能。

案例小结

医疗器械常选用 3Cr13 或 4Cr13 不锈钢，950～1 000 ℃油淬后高温回火。

技能训练 12　厨房用不锈钢器件的选材及热处理

温馨提示

厨房用不锈钢器件（如图 2-2-19 所示）属于力学性能要求不高，耐蚀性要求较低的生活日用品。

(a)

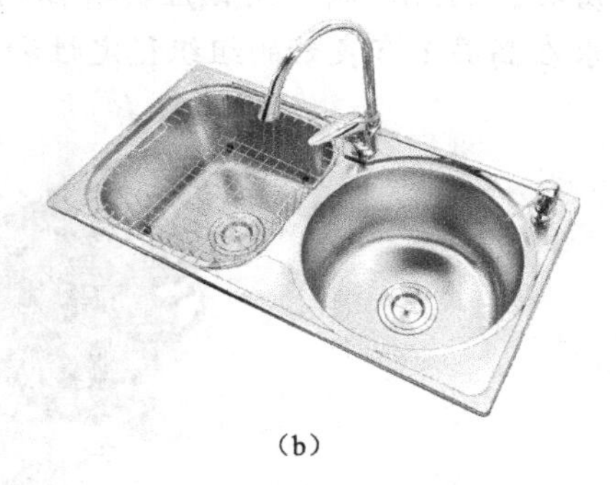

(b)

图 2-2-19　厨房用不锈钢器件

技能训练 13　挖掘机铲斗齿的选材及热处理

温馨提示

挖掘机及其铲斗齿（如图 2-2-20 所示）工作时承受高压力、严重磨损和强烈冲击，所以其用钢要求具有良好韧性和很强的耐磨性。

（a）挖掘机

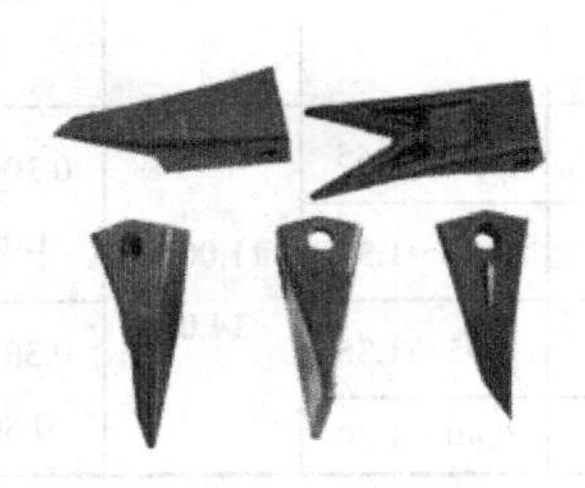

（b）铲斗齿

图 2-2-20　挖掘机及其铲斗齿

技能训练 14　小型内燃机排气阀的选材及热处理

温馨提示

小型内燃机排气阀（如图 2-2-21 所示）的阀端位于燃烧室中，工作温度在 700～850 ℃之间，燃气中还含有 V_2O、S_2O、Na_2O 等气体，所以排气阀门处在严重的高温氧化腐蚀环境中，同时阀门还承受每分钟上千次的高速运动和频繁动作，以及很高的气体爆发压力，使其产生机械疲劳和热疲劳；另外阀门还受燃气的冲刷腐蚀磨损及与阀座间的摩擦磨损。因此，阀门用钢应具有高的热强性、硬度、韧性、抗高温氧化性、腐蚀性，并要求在高温下有良好的组织稳定性和加工工艺性。

（a）单缸内燃机

（b）排气阀

图 2-2-21　小型内燃机及其排气阀

知识梳理

非合金钢虽因易加工、价格低的优点而得到广泛应用，但又因强度低、淬透性差、热硬性不高和不具备特殊性能等缺点而不能满足对材料性能更高、更全面的需要，所以有了合金钢的出现。合金钢中合金元素的作用见表 2-2-18，合金钢的应用情况见表 2-2-19。

表 2-2-18 合金元素的作用

合金元素	对淬透性的影响	形成碳化物倾向	抵抗回火软化	细化晶粒	强化铁素体	其他
Mn	强	弱	弱	促进晶粒长大	强	可用于形成奥氏体钢
Si	弱	促进石墨化	中等，在 250 ℃以下作用较强	弱，或无作用	最强元素之一	可用于电工钢； 可用于耐蚀及抗氧化材料
Ni	中等	不形成	弱	弱	中等	提高低温韧性； 可用于形成奥氏体钢
Cr	强	中强	中等	弱	弱	提高耐蚀性及高温强度
Mo	很强	比铬强	强，有二次硬化作用	中等	弱	显著提高钢的高温强度； 消除回火脆性
W	中等，但加热时含 W 碳化物，很难溶解	比铬强	强，有二次硬化作用	中等	弱	对高温强度和回火脆性的影响与钼相似，但作用不如钼强
V	强，但如未溶入奥氏体，则无作用	强	有强烈二次硬化作用	强	弱	主要的细化晶粒元素之一
Ti	在含碳的钢中，一般不溶入奥氏体，故无作用	比 V 更强	因一般不溶入奥氏体，故无作用	最强	如溶入铁素体，作用很强，但影响韧性	主要的细化晶粒元素之一，作用比 V 更强
Al	很弱	不形成	无	强	质量分数不高时，作用不明显	用于氮化钢
B	微量时有强烈作用	不形成	无	略促进晶粒长大	无	无

表 2-2-19 合金钢的应用情况一览表

类别			典型牌号	常用热处理工艺	用途
合金钢	低合金钢	低合金高强度结构钢	Q345	一般不进行热处理	见表 2-2-2
		低合金耐候钢	Q355NHC、345GNHI	视钢号和用途而定	查阅手册
	机械结构用合金钢	合金渗碳钢	20CrMnTi	渗碳淬火+低温回火	见表 2-2-3
		合金调质钢	40Cr	调质→局部表面淬火+低温回火	见表 2-2-4

续表

类别				典型牌号	常用热处理工艺	用途
合金钢	机械结构用合金钢	合金弹簧钢		60Si2Mn	淬火+中温回火	见表 2-2-6
		滚动轴承钢		GCr15、GCr15SiMn	淬火+低温回火	见表 2-2-7
		易切削钢		Y20、Y40Mn	不进行预先热处理	见表 2-2-14
	合金工具钢	量具刃具钢		CrWMn、9SiCr	球化退火→淬火+低温回火	见表 2-2-8 和表 2-2-9
		模具钢	冷作模具钢	CrWMn、9Mn2V	球化退火→淬火+低温回火	见表 2-2-11
			热作模具钢	5CrMnMo	淬火+回火	见表 2-2-12
			塑料模具钢	7Mn15Cr2Al3V2WMo	视材料而定	见表 2-2-13
		高速工具钢		W18Cr4V	淬火+多次回火	见表 2-2-10
	特殊性能钢	不锈钢		0Cr18Ni9	固溶处理	见表 2-2-15
		耐热钢		4Cr9Si2	调质	见表 2-2-16
		耐磨钢（高锰钢）		ZGMn13-4	水韧处理	见表 2-2-17

任务 2-3 认识工程铸铁

案例 11 机床床身的选材及热处理（工程铸铁）

看一看

机床有很多种类，车床是机床中应用最广泛的切削加工设备，尤其是普通车床，如图 2-3-1 所示。车床的床身是基础零件，用来支撑和安装车床的各部件，并保证其相对位置，如主轴箱、进给箱、溜板箱、尾座等。

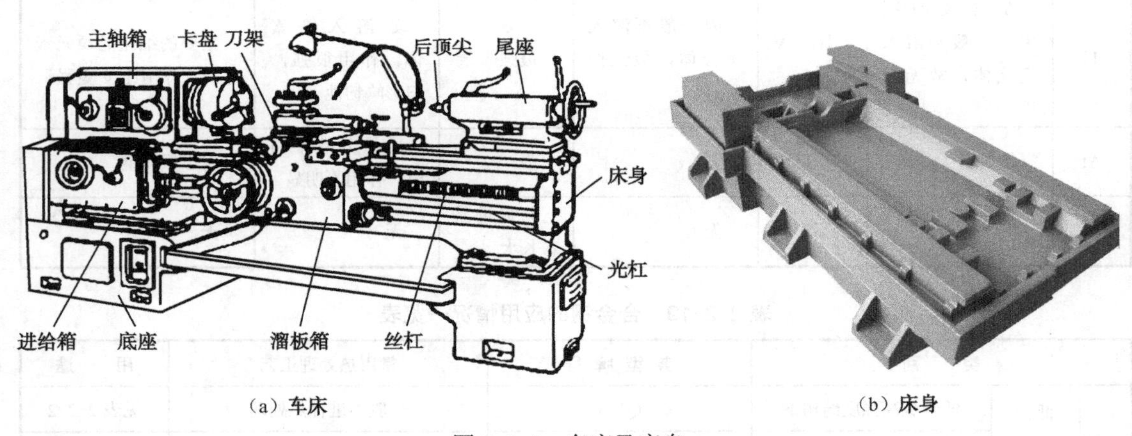

（a）车床　　（b）床身

图 2-3-1　车床及床身

想一想

车床的床身主要承受压应力和加工零件时的振动，因此要求床身具有足够的刚度和强度。怎样选材？如何处理？

相关知识

2.3　工程铸铁

2.3.1　工程铸铁的形成及组织性能

铸铁是指碳的质量分数大于 2.11%（一般为 2.5%～4%）的铁碳合金。它以铁、碳、硅为主要组成元素，与钢相比，锰、硫、磷等杂质元素含量较高。

当铸铁中的碳以化合态的渗碳体（Fe_3C）形式存在时，其断口呈银白色，称为白口铸铁。由于有大量硬而脆的渗碳体存在，白口铸铁硬度高，脆性大，难以切削加工成形，因此工业上很少直接用白口铸铁制造机器零件。

当铸铁中的碳以游离态的石墨（G）形式存在时，其断口呈暗灰色，称为灰口铸铁。灰口铸铁具有一定的力学性能，加之具备生产设备、熔炼工艺相对简单，价格低廉，并具有优良的铸造性、切削加工性、减摩性、减振性等一系列特点，因此是目前应用最广泛的铸造合金，所以即使不加说明，通常习惯上所说的“工程铸铁”就是指灰口铸铁。

当铸铁中的碳一部分以石墨形式存在，另一部分以渗碳体形式存在时，断口呈灰白相间的麻点，称为麻口铸铁。麻口铸铁与白口铸铁相似，工业上很少使用。

1. 工程铸铁的形成（铸铁的石墨化）

铁碳合金中的碳可以固溶于铁晶格的间隙中，形成间隙固溶体，如奥氏体、铁素体等，也可以形成渗碳体 Fe_3C，还在一定条件下以自由态的石墨形式析出。碳在铸铁中主要以石墨形式存在。

石墨是铸铁中的一个基本相，而且是比渗碳体更加稳定的相。实践证明，若将渗碳体加热到高温时，渗碳体可分解为铁素体和游离态的石墨，图 2-3-2 中全部由实线表示的是 Fe-Fe_3C（渗碳体）相图，部分虚线表示的是 Fe-G（石墨）相图，这实质上是 F-G 合金双重相图。如果 F-C 合金按 Fe-Fe_3C（渗碳体）相图进行结晶，可得到白口铸铁；若按 Fe-G（石墨）相图结晶，就有石墨形成，即发生石墨化过程（碳以石墨的形式析出的过程称为石墨化，常用 G 表示石墨），可得到灰口铸铁。铸铁在冷却过程中究竟能得到哪种铸铁，取决于加热、冷却条件或获得的平衡性质（亚稳定平衡还是稳定平衡）。

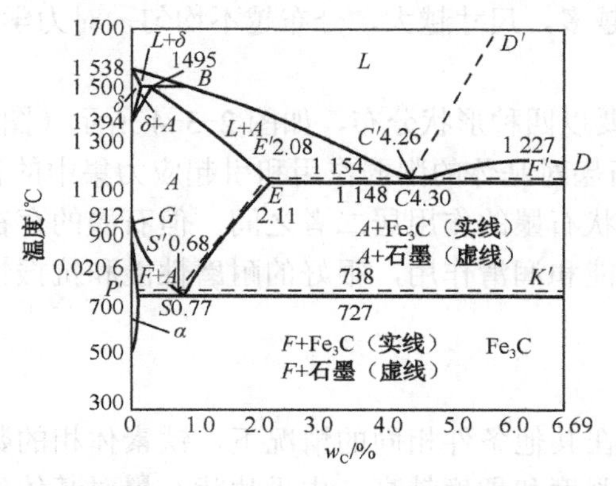

图 2-3-2　Fe-Fe_3C 与 F-G 双重相图

铸铁在石墨化过程中受到许多因素的影响，其中最主要的因素是化学成分和冷却速度。

1）化学成分

按对石墨化的作用来分，化学元素可分为促进石墨化的元素（C、Si、Al、Cu、Ni、Co、P 等）和阻碍石墨化的元素（Cr、W、Mo、V、Mn、S 等）两类。C 和 Si 强烈促进石墨化；S 强烈阻碍石墨化，降低铁液的流动性，促进高温铸件开裂；Cu、Ni 利于得到珠光体基体铸铁；适量的 Mn 间接促进石墨化，利于珠光体基体的形成，又能消除 S 的有害作用；P 微弱促进石墨化，能提高铁液的流动性，但当其超过奥氏体和铁素体的溶解度时，会形成磷化物共晶体在晶界中析出，使铸铁脆性增大。生产中，C、Si、Mn 为调节组织元素，P 是控制使用元素，S 属于限制元素。

2）冷却速度

冷却速度较大，碳原子来不及扩散，容易以渗碳体的形式存在，从而得到硬而脆的白口组织；反之冷却速度缓慢，有利于石墨化的进程。

在铸造生产中，冷却速度的快慢主要取决于浇注温度、铸件壁厚、铸型材料等。浇注温度越高，铸件的冷却速度越慢；铸件壁厚太薄，容易得到白口组织，要获得灰口组织就应适当增加壁厚或增加铸铁中 C、Si 的含量；相反，当铸件壁太厚时，为避免过多、过大的石墨出现，应适当减少 C、Si 的含量。

2. 工程铸铁的组织性能

工程铸铁的组织是由钢的基体和分布其上的石墨组成的，钢的基体组织又分为铁素体型、珠光体型、铁素体+珠光体型三种，而石墨的数量、形状、大小和分布状态会使铸铁的组织变得更复杂，它们共同决定了铸铁的性能。

1）石墨的影响

石墨是碳的一种结晶形态，其碳的质量分数约为 100%，具有简单六方晶格，如图 2-3-3 所示，原子呈层状排列，同一层面上的原子间距比层与层之间的距离小得多，因此层间结合力远比同层上原子间的结合力要小，极易沿层与层之间进行滑移，故石墨的强度、硬度极低，硬度仅为 3～5HBS，R_m 约为 20 MPa；塑性和韧性也特别差，断后伸长率 A 接近于零，致使铸铁的力学性能（抗拉强度、塑性和韧性等）不如钢；石墨数量越多，尺寸越大，分布越不均匀，对力学性能的削弱就越严重。

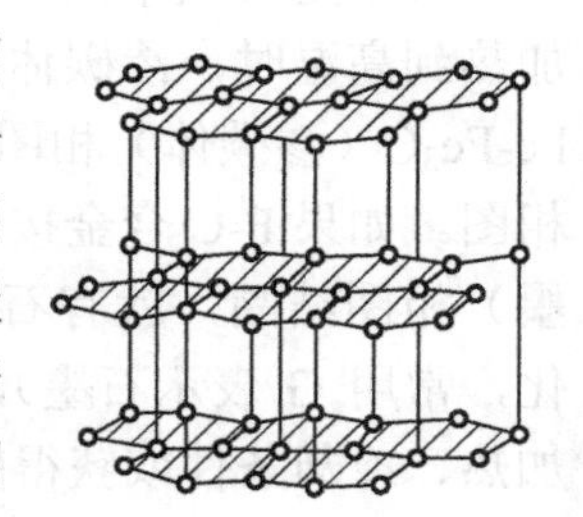

图 2-3-3 石墨的晶体结构

石墨在钢的基体上主要以四种形状分布，如图 2-3-4 所示（图中黑色部分为石墨）。片状石墨对基体的削弱作用和引起应力集中的程度最大，球状石墨对基体的割裂作用最小，团絮状石墨的作用居二者之间。但石墨的存在使铸铁具有优异的切削加工性能、良好的铸造性能和润滑作用，很好的耐磨性能和抗振性能，由于石墨的割裂作用，使铸铁对缺口不敏感。

2）基体组织的影响

对同一类铸铁来说，在其他条件相同的情况下，铁素体相的数量越多，塑性越好；珠光体的数量越多，则抗拉强度和硬度越高。由于片状石墨对基体的强烈作用，所以只有当

石墨为团絮状、蠕虫状或球状时，改变铸铁基体组织才能显示出对性能的影响。

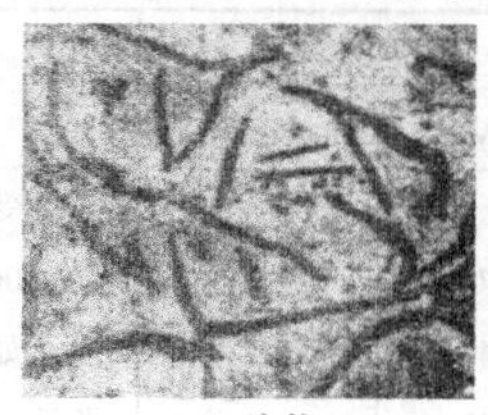

(a) 片状

(b) 蠕虫状

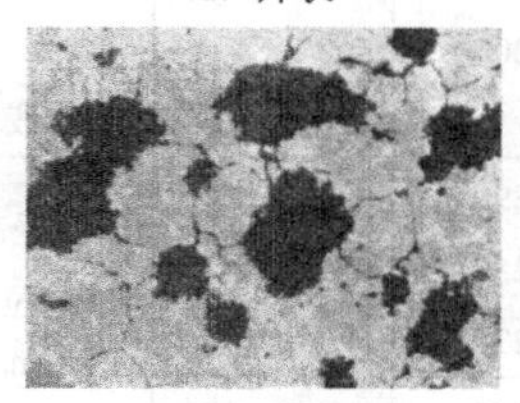

(c) 团絮状

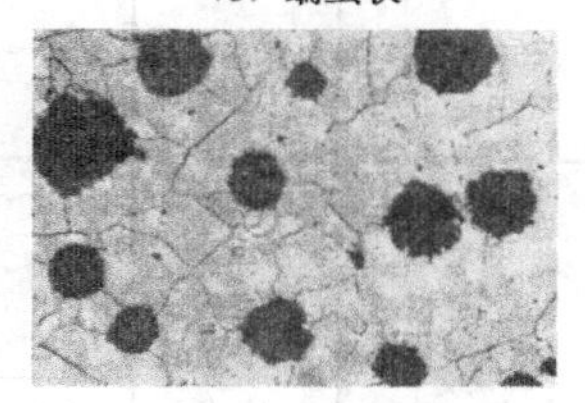

(d) 球状

图 2-3-4 铸铁中石墨的形状

2.3.2 工程常用铸铁

工程常用铸铁（灰口铸铁）按石墨的形状可分为灰铸铁（片状石墨）、球墨铸铁（球状石墨）、可锻铸铁（团絮状石墨）和蠕墨铸铁（蠕虫状石墨）。

1. 灰铸铁

普通灰铸铁的化学成分范围一般为 w_C=2.7%～3.6%，w_{Si}=1.0%～2.2%，w_{Mn}=0.5%～1.3%，w_S<0.15%，w_P<0.3%。其生产工艺简单，铸造性能优良，在生产中应用最为广泛，约占工程铸铁总量的 80%。

常用灰铸铁的牌号、组织、不同壁厚铸件的力学性能及用途见表 2-3-1。

表 2-3-1 常用灰铸铁的牌号、组织、不同壁厚铸件的力学性能及用途

牌 号	种 类	显微组织		铸件壁厚	力学性能		用途举例
		基体	石墨	/mm	R_m/MPa	HBS	
HT100	铁素体灰铸铁	F+P（少）	粗片	2.5～10 10～20 20～30 30～50	130 100 90 80	最大不超过 170	低载荷和不重要的零件，如盖、外罩、手轮、支架、重锤等
HT150	铁素体+珠光体灰铸铁	F+P	较粗片	2.5～10 10～20 20～30 30～50	175 145 130 120	150～200	承受中等应力（抗弯应力小于 100 MPa）的零件，如支柱、底座、齿轮箱、工作台、刀架、端盖、阀体、管路附件及一般无工作条件要求的零件
HT200	珠光体灰铸铁	P	中等片状	2.5～10 10～20 20～30 30～50	220 195 170 160	170～220	承受较大应力（抗弯应力小于 300 MPa）和较重要的零件，如汽缸体、齿轮、机座、飞轮、床身、缸套、活塞、刹车轮、联轴器、齿轮箱、轴承座、液压缸等

续表

牌号	种类	显微组织		铸件壁厚/mm	力学性能		用途举例
		基体	石墨		R_m/MPa	HBS	
HT250	珠光体灰铸铁	细珠光体	较细片状	4.0～10 10～20 20～30 30～50	270 240 220 200	190～240	承受较大应力（抗弯应力小于 300 MPa）和较重要的零件，如汽缸体、齿轮、机座、飞轮、床身、缸套、活塞、刹车轮、联轴器、齿轮箱、轴承座、液压缸等
HT300	孕育铸铁	索氏体或托氏体	细小片状	10～20 20～30 30～50	290 250 230	210～260	承受高弯曲应力（<500 MPa）及抗拉应力的重要零件，如齿轮，凸轮，车床卡盘，剪床和压力机的机身、床身，高压液压缸，滑阀壳体等
HT350				10～20 20～30 30～50	340 290 260	230～280	

注：

① 灰铸铁的牌号由“HT+数字”组成，其中“HT”是“灰铁”二字的汉语拼音首字母，数字表示最低抗拉强度值。

② 灰铸铁的强度与铸件的壁厚有关，铸件壁厚增加，则强度降低，原因是由于壁厚增加使冷却速度降低，造成基体组织中铁素体增多而珠光体减少的缘故。

③ 孕育铸铁是灰铸铁的孕育处理结果，即铸造浇注时向铁液中加入少量孕育剂（如硅铁、硅钙合金等）得到细小、均匀分布的片状石墨和细小的珠光体组织的方法，称为孕育处理。经过孕育处理的铸铁组织与性能均匀一致，提高了铸铁的强度、塑性和韧性，同时也降低了灰铸铁的断面敏感性，常用于制造力学性能要求较高，截面尺寸变化较大的大型铸件，如汽缸、曲轴、凸轮、机床床身等。

灰铸铁的特点：抗压不抗拉（其抗压强度约为抗拉强度的 3～4 倍），减摩性、减振性和切削加工性都高于碳钢，缺口敏感性也较低。

灰铸铁的热处理：对灰铸铁的热处理只能改变灰铸铁的基体组织，不能改变石墨的形态，故灰铸铁的热处理一般只用于消除铸件内应力和白口组织，稳定尺寸、提高工件表面的硬度和耐磨性等。消除铸件内应力和白口组织常用退火；提高某些工件表面的硬度和耐磨性常采用表面淬火等方法。

2. 球墨铸铁

球墨铸铁是将铁液经球化（将球化剂加入铁液中）处理和孕育处理，使铸铁中的石墨全部或大部分呈球状而获得的一种铸铁。

球墨铸铁的化学成分要求比较严格，通常 $w_C=3.6\%\sim3.9\%$，$w_{Si}=2.2\%\sim2.8\%$，$w_{Mn}=0.6\%\sim0.8\%$，$w_S<0.07\%$，$w_P<0.1\%$。

球墨铸铁的牌号、基体组织、力学性能及用途见表 2-3-2。

球墨铸铁具有优良的综合力学性能。石墨球越细小，分布越均匀，越能充分发挥基体组织的作用。同其他铸铁相比，球墨铸铁的强度、塑性、韧性高，屈服强度也很高。屈强比可达 0.7～0.8，比钢约高一倍，疲劳强度可接近一般中碳钢，耐磨性优于非合金钢，铸造性能优于铸钢，加工性能几乎可与灰铸铁媲美，但其熔炼工艺和铸造工艺要求较高，有待于进一步改进。

表 2-3-2 球墨铸铁的牌号、基体组织、力学性能及用途

牌号	基体组织	力学性能				用途举例
		R_m/MPa	$R_{r0.2}$/MPa	$A_{11.3}$/%	硬度HBS	
		不小于				
QT400-18	铁素体	400	250	18	130～180	承受冲击、振动的零件，如汽车、拖拉机的轮毂、驱动桥壳、差速器壳、拨叉，农机具零件，中低压阀门，上、下水及输气管道，压缩机上高、低压气缸，电动机机壳，齿轮箱，飞轮壳等
QT400-15		400	250	15	130～180	
QT450-10		450	310	10	160～210	
QT500-7	铁素体+珠光体	500	320	7	170～230	机器座架、传动轴、飞轮、内燃机的机油泵齿轮、铁路机车车辆轴瓦等
QT600-3	珠光体+铁素体	600	370	3	190～270	载荷大、受力复杂的零件，如汽车、拖拉机的曲轴、连杆、凸轮轴、汽缸套，部分磨床、铣床、车床的主轴，机床蜗杆、蜗轮，轧钢机轧辊、大齿轮，小型水轮机主轴，汽缸体，桥式起重机大、小滚轮等
QT700-2	珠光体	700	420	2	225～305	
QT800-2	珠光体或回火组织	800	480	2	245～335	
QT900-2	贝氏体或回火马氏体	900	600	2	280～360	高强度齿轮，如汽车后桥螺旋锥齿轮，大减速器齿轮，内燃机曲轴、凸轮轴等

注：

① 球墨铸铁的牌号由“QT+数字-数字”组成，其中“QT”是“球铁”二字的汉语拼音首字母，其后第一组数字表示最低抗拉强度值，第二组数字表示断后伸长率。

② 球墨铸铁主要的基体组织有铁素体、铁素体+珠光体和珠光体三种。通过合金化和热处理后，还可获得下贝氏体、回火马氏体等组织。

球墨铸铁的热处理：在生产中经退火处理可消除铸造应力，改善其加工性，获得高塑性的铁素体基体组织；经正火处理得到以珠光体为主的基体组织；经调质处理获得回火索氏体组织；经等温淬火后获得下贝氏体组织。

3. 可锻铸铁

可锻铸铁是由一定化学成分的白口铸铁坯件经退火得到的具有团絮状石墨的铸铁。其生产过程分两步：第一步先铸成白口铸铁件；第二步再将白口铸铁件经高温长时间的石墨化退火（也叫可锻化退火），使渗碳体分解成团絮状石墨。

常用可锻铸铁的牌号、力学性能及用途见表 2-3-3。

可锻铸铁的特点：与灰铸铁相比，有较好的强度和塑性，特别是低温冲击性能较好；与球墨铸铁相比，成本低，质量稳定，铁液处理简便，利于组织生产；耐磨性和减振性优于普通碳钢；切削性能与灰铸铁接近，适于制作形状复杂的薄壁中、小型零件和工作中受到振动而强韧性要求又较高的零件。

表 2-3-3　常用可锻铸铁的牌号、力学性能及用途

种　类	牌　号	试样直径/mm	力学性能				用途举例
			R_m/MPa	$R_{r0.2}$/MPa	$A_{11.3}$/%	硬度HBS	
			不小于				
黑心可锻铸铁	KTH300-06	12或15	300	—	6	不大于150	弯头、三通管件、中低压阀门等
	KTH330-08		330	—	8		扳手、犁刀、犁柱、车轮壳等
	KTH350-10		350	200	10		汽车、拖拉机的前后轮壳、差速器壳、转向节壳、制动器及铁道零件等
	KTH370-12		370	—	12		
珠光体可锻铸铁	KTZ450-06		450	270	6	150～200	载荷较高且耐磨损零件，如曲轴、凸轮轴、连杆、齿轮、活塞环、轴套、耙片、万向接头、棘轮、扳手、传动链条等
	KTZ550-04		550	340	4	180～230	
	KTZ650-02		650	430	2	210～260	
	KTZ700-02		700	530	2	240～290	

注：

可锻铸铁的牌号由“KTH+数字-数字”或“KTZ+数字-数字”组成。其中“KT”是“可铁”二字的汉语拼音首字母，其后第一组数字表示最低抗拉强度值，第二组数字表示断后伸长率。其中“KTH”代表黑心（铁素体基体）可锻铸铁，“KTZ”代表珠光体（珠光体基体）可锻铸铁。

4. 蠕墨铸铁

蠕墨铸铁是近十几年发展起来的新型铸铁。它是在一定成分的铁液中加入适量的蠕化剂和孕育剂，获得石墨形态介于片状和球状之间，形似蠕虫状石墨的铸铁。其生产方式与程序和球墨铸铁基本相同。

蠕墨铸铁的牌号、力学性能及用途见表 2-3-4。

表 2-3-4　蠕墨铸铁的牌号、力学性能及用途

牌　号	力学性能				用途举例
	R_m/MPa	$R_{r0.2}$/MPa	$A_{11.3}$/%	硬　度	
	不小于			HBS	
RuT260	260	195	3	121～197	增压器废气进气壳体、汽车底盘零件等
RuT300	300	240	1.5	140～217	排气管、变速箱体、汽缸盖、液压件、纺织机零件、钢锭模等
RuT340	340	270	1.0	170～249	重型机床件、大型齿轮箱体、盖、座、飞轮、起重机卷筒等
RuT380	380	300	0.75	193～274	活塞环、气缸套、制动盘、钢珠研磨盘、吸淤泵体等
RuT420	420	335	0.75	200～280	

注：

蠕墨铸铁的牌号由“RuT+数字”组成，其中“RuT”是“蠕铁”二字的汉语拼音首字母，数字表示最低抗拉强度值。

蠕墨铸铁的特点：组织和性能介于相同基体组织的球墨铸铁和灰铸铁之间；强度、韧性、疲劳强度、耐磨性及耐热疲劳性比灰铸铁高，断面敏感性也小，但塑性、韧性都比

球墨铸铁低；铸造性、减振性、导热性及切削加工性优于球墨铸铁，抗拉强度接近于球墨铸铁。

知识拓展

2.3.3 特殊性能铸铁

在铸铁熔炼时有意加入一些合金元素，进而改善其使用性能，尤其是力学性能，从而获得某些特殊性能的铸铁（也称合金铸铁），如耐热、耐磨、耐蚀铸铁等。这类铸铁比铸造碳钢熔炼简便，成本低，但脆性大，比合金钢力学性能要低。

1. 耐磨铸铁

耐磨铸铁指不易磨损的铸铁。按其工作条件不同，可分为减摩铸铁（如机床导轨、气缸套、环和轴承等）和抗磨铸铁（如犁铧、轧辊及球磨机零件等）。减摩铸铁用于在有润滑条件下工作的零件，其组织应为软基体上分布着硬的质点，软基体在磨损后形成的沟槽起到储油的作用；生产上常用的合金减摩铸铁是在灰铸铁里加入适量的 Cu、Gr、Mo、P、V、Ti 等元素，形成高磷铸铁、磷铜铸铁、铬钼铜铸铁等。抗磨铸铁用于在无润滑条件下工作的零件，其组织应具有均匀的高硬度；工程上常往白口铸铁里加入适量的 Gr、Mo、Cu、W、Ni、Mn 等元素，形成高铬白口抗磨铸铁、中锰耐磨球墨铸铁、稀土球墨铸铁等。

2. 耐热铸铁

普通铸铁在高温下会发生表面氧化和“热生长”现象。“热生长”是指铸铁在高温下体积产生不可逆的膨胀现象，严重时可胀大 10%左右。这种现象使零件的精度和力学性能下降，零件出现变形和裂纹。耐热铸铁是在铸铁中加入 Si、AI、Gr 等元素，使铸件表面形成一层致密的氧化层，保护内层不继续被氧化；当加入量足够高时，铸铁的临界点上升而不发生组织转变，提高了铸铁的耐热性，即高温下抗氧化和抗热生长的能力。

耐热铸铁的种类很多，如铬系、硅系、铝系、铝硅系等。我国目前广泛采用的耐热铸铁是硅系和铝硅系，主要用于制造炉条、烟道挡板、换热器、加热炉底板、钩链等零部件。

3. 耐蚀铸铁

耐蚀铸铁是指在酸、碱等腐蚀性介质中工作时有较高的耐腐蚀能力。耐蚀铸铁主要应用于石油化工、造船等工业中，用来制作经常在大气、海水及酸、碱、盐等介质中工作的管道、阀门、泵类、容器等零件，但各类耐蚀铸铁都有一定的适用范围，必须根据腐蚀介质、工况条件合理选用。

耐蚀铸铁之所以有很强的抗腐蚀能力，是因为加入 Si、Al、Cr、Mo、Ni、Cu 等合金元素后，一方面在铸件表面形成连续的、牢固的、致密的保护膜，另一方面提高了铸铁基体的电极电位。

有关特殊性能铸铁的牌号、化学成分、使用条件可查阅相关手册。

小贴士

（1）白口铸铁虽很少被直接用来制造机器零件，但其也有利用价值，主要用作炼钢原料、可锻铸铁的毛坯；还可以根据它硬度高、耐磨的特性，制造出不需要进行切削加工的零件，如轧辊、犁铧及采矿行业的耐磨件等。

（2）可锻铸铁是否可以锻造加工？答案是否定的。可锻铸铁因其较高的强度、塑性和冲击韧性而得名，实际上并不能被锻造。

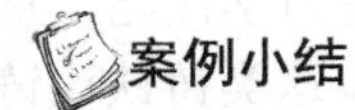

案例小结

机床床身常选用灰铸铁HT250，采用退火及表面淬火处理。

知识梳理

铸铁是钢铁材料的重要组成部分，广泛应用于冶金、机械、矿山、锻压、电力、起重运输、煤炭等部门，在许多机械设备中，铸件占整机质量的比例很高，工程常用铸铁的分类及比较见表2-3-5。

表2-3-5　工程常用铸铁（灰口铸铁）的分类及比较

分类（牌号）	石墨形态	性　能	应　用
普通灰铸铁（HT）	片状	抗拉强度、塑性、韧性均低，抗压强度、硬度取决于基体，热处理强化效果不大	制造箱体、机座等承压零件
球墨铸铁（QT）	球状	力学性能比灰铸铁高得多，并可通过热处理强化	制造受力复杂、性能要求高的重要零件
可锻铸铁（KTH或KTZ）	团絮状	较高的强度、塑性和冲击韧性，能承受一定的冲击和振动，但不能锻造	制造形状复杂、有一定塑性和韧性、承受冲击和振动且耐蚀的薄壁铸件
蠕墨铸铁（RuT）	蠕虫状	组织性能介于相同基体组织的球铁和灰铁之间，可通过热处理调整基体组织	制造形状复杂、组织致密、强度高、承受较大热循环载荷的铸件

技能训练15　减速器下箱体的选材及热处理

温馨提示

减速器下箱体（如图2-3-5所示）是支撑、包容其上齿轮、轴、滚动轴承等的零件，主要承受压力，齿轮、轴等转动带来的振动；它和上箱盖及滚动轴承的外圈要有配合连接，底座和基础之间也要求有良好的接触，其上还有上下箱盖连接用螺栓孔，这些都需要机械加工；此外，下箱体的形状较为复杂。

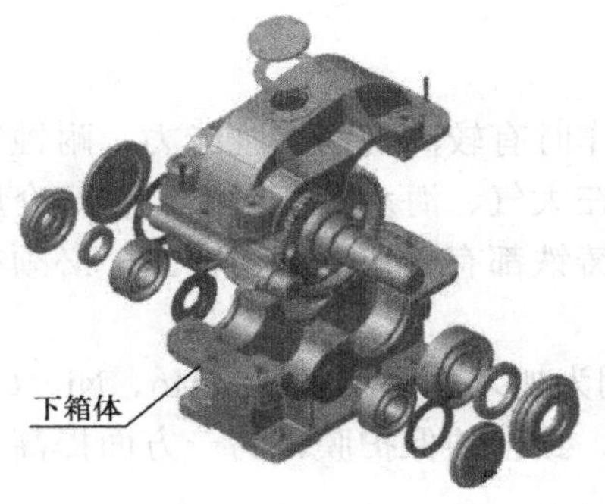

图2-3-5　一级圆柱齿轮减速器立体装配关系图

技能训练16 呆扳手的选材及热处理

温馨提示

呆扳手（如图2-3-6所示）是用来拆装螺栓、螺母等零件的手用工具，工作时主要承受弯曲应力，要求具有较好的塑性、韧性，强度、硬度适中，有一定的耐磨性。

图2-3-6 呆扳手

综合测试1

一、选择题（将正确答案所对应的字母填在括号里）

1．中碳钢的碳质量分数是（　　）。

A．0.77%～2.11%　　B．0.0218%～2.11%

C．0.25%～0.6%　　D．0.6%～2.11%

2．钢的质量是指钢中（　　）元素含量的多少。

A．S和P　　B．C和Si　　C．Si和Mn　　D．Cr和V

3．在T8钢中，碳的质量分数约为（　　）。

A．8%　　B．0.8%　　C．0.08%　　D．不能确定

4．一般情况下，加入合金元素钢的强度会（　　）。

A．降低　　B．提高　　C．不变　　D．不确定

5、钢中硫元素质量分数过高，会使钢产生（　　），磷元素质量分数过高，会使钢产生（　　）。

A．变形　　B．氢脆　　C．冷脆性　　D．热脆性

6．对于综合力学性能好的轴、齿轮等重要零件，应选择（　　）制造。

A．合金渗碳钢　　B．合金调质钢

C．合金弹簧钢　　D．合金工具钢

7．高速钢（W18Cr4V钢）进行锻造的目的是（　　）。

A．打碎粗大的鱼骨状的碳化物　　B．获得纤维组织

C．达到所要求的形状　　D．提高硬度

8．合金渗碳钢经渗碳、淬火及低温回火后，其表面的硬度值可达（　　）。

A．45～50 HRC　　B．30～35 HRC

C．200～250 HBS　　D．58～64 HRC

9．强烈促进石墨化的元素是（　　）。

A．S 和 P　　B．C 和 Si

C．Si 和 Mn　　D．Cr 和 V

10．工程铸铁力学性能的好坏，主要取决于（　　）。

A．基体组织类型　　B．热处理的情况

C．石墨的形状、大小与分布　　D．石墨化程度

11．灰口铸铁牌号（HT150）中的数字 150 表示（　　）。

A．抗拉强度　　B．屈服强度

C．抗压强度　　D．塑性

12．在工程铸铁中力学性能最好的是（　　）。

A．灰口铸铁　　B．可锻铸铁

C．球墨铸铁　　D．蠕墨铸铁

二、判断题（正确的在括号内画“√”，错误的在括号内画“×”）

（　　）1．钢中合金元素的质量分数越高，其淬透性越好。

（　　）2．调质钢合金化的主要目的是提高其热硬性。

（　　）3．可锻铸铁塑性好，故容易锻造成形。

（　　）4．铸铁抗拉强度差，不能承受重载荷。

（　　）5．灰口铸铁的减振性能比钢好。

（　　）6．Q235 钢和 Q345 钢都属于普通质量非合金结构钢。

（　　）7．一般请况下，钢中的 Si 和 Mn 是有益元素，S 和 P 是有害元素。

（　　）8．冷却速度快，有利于石墨化的进行。

（　　）9．45 钢按碳的质量分数分类属于中碳钢，按用途分类属于工具钢。

（　　）10．钢的质量一般是用钢中 S、P 元素的含量来衡量的。

（　　）11．45 钢的碳的质量分数为 45%。

（　　）12．在不透钢中加入大量的 Cr 元素可提高钢的耐腐蚀性。

三、下列做法是否可以？为什么？

1．用 Q235 钢代替 45 钢制造齿轮。

2．用 30 钢代替 T13 钢制造锉刀，用盐液淬火后低温回火。

3．把 20 钢代替 65 钢制造弹簧，淬火后中温回火。

四、请比较 T12、20CrMnTi、40Cr 钢淬透性和淬硬性的高低，并说明理由。

五、请为下列零部件选择合适的材料牌号（零部件和牌号一一对应）及其对应的材料类别。

材料的牌号：45、65Mn、T8、40Cr、Q235、ZGMn13-4、9SiCr、KTH300-06。

零部件如图 2-3-7 所示。

（a）汽车半轴

（b）低压阀门

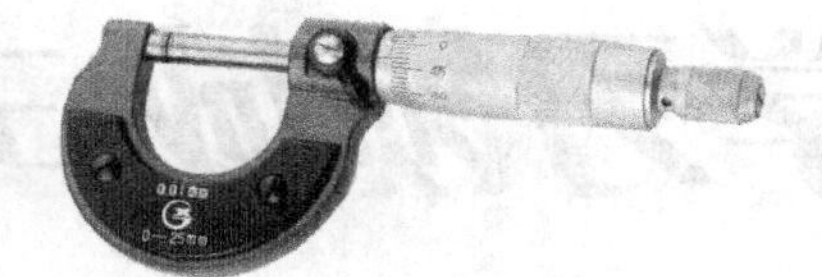
（c）千分尺

（d）坦克履带

（e）小型弹簧

（f）螺栓、螺母

（g）机床主轴

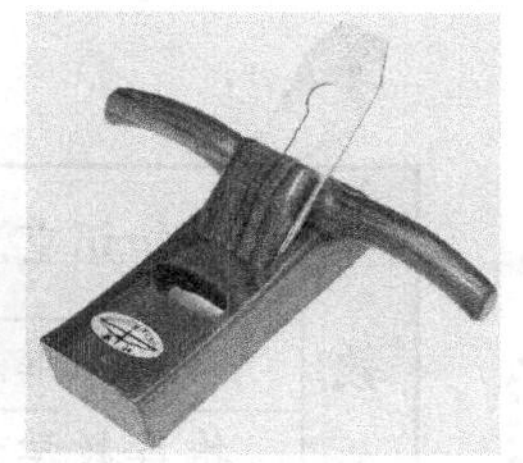
（h）木工刨刀

图2-3-7 各种零部件

学习领域3

有色金属及粉末冶金

教学导航

教	知识重点	铝合金、铜合金、硬质合金的常用牌号、性能及用途
	知识难点	根据零部件的工作环境、载荷形式选材
	推荐教学方式	任务驱动，案例导入
	建议学时	2～4学时
学	推荐学习方法	课内：听课+互动； 课外：寻找生活中的实例，图书馆、网上搜集相关资料
	应知	常用有色金属的种类、组织特征、性能、用途
	应会	常用铝合金、铜合金、硬质合金的牌号、性能及用途

任务3-1 认识有色金属

案例12 飞机起落架的选材及热处理（铝及铝合金）

看一看

飞机起落架（如图 3-1-1 所示）就是飞机在地面停放、滑行、起降滑跑时用于支持飞机质量、吸收撞击能量的飞机部件。简单地说，起落架有点像汽车的车轮，但比汽车的车轮复杂得多，而且强度也大得多，它能够消耗和吸收飞机在着陆时的撞击能量，实现飞机起飞、着陆过程功能的装置主要就是起落架。

（a）起飞过程中还未收起的起落架

（b）维修中的飞机起落架

图 3-1-1 飞机起落架

想一想

起落架要有足够的强度承受飞机在地面停放、滑行、起降滑跑时的重力；良好的冲击韧性承受、消耗和吸收飞机在着陆与地面运动时的撞击和颠簸能量；同时飞机上的零部件自身要轻。起落架怎样选材？如何处理？

相关知识

3.1 有色金属

在现代化工业生产中，除了钢、铁材料被广泛使用外，还有其他非铁金属材料因其具有钢铁材料所不具备的性能而在国民经济各领域中占有很重要的地位，这些除了钢、铁以外的金属及其合金多数具有颜色和光泽，常被称为有色金属材料。与钢铁材料相比，其成本较高，产量和使用量不大，但其具有特殊的性能及高的比强度（材料的强度与其密度之比），成为机电、仪表，尤其是航空、航天及航海等工业上不可缺少的材料。

有色金属材料范围广阔，包括轻金属（密度小于 4.5 g/cm^3）、重金属（密度大于 4.5 g/cm^3）、稀有金属（通常指在自然界中含量较少或分布稀散的金属，它们难以从原料中

提取，在工业上制备和应用较晚）、贵金属（包括金、银和铂族金属等八种元素，因价格比一般常用金属昂贵而得名）等及其合金。

3.1.1 工业纯铝

工业纯铝（铝的质量分数为 99.00%～99.85%）呈银白色，具有良好的导电性、导热性、耐蚀性（在大气中），且塑性良好，无冷脆性，易于铸造、切削及加工成形，而密度仅为 2.7 g/cm^3，是除 Mg 和 Be 外最轻的金属，有很高的比强度和比刚度，但强度（R_m 仅为 80～100 Pa）、硬度很低，可通过加工硬化提高其强度。铝的熔点为 660 ℃，具有面心立方晶格，无同素异晶转变。铝无磁性，对光和热的反射能力强，耐核辐射，受冲击不产生火花。工业纯铝通常含有 Fe、Si、Cu 等杂质，纯铝对杂质敏感，特别是 Fe、Si 的存在使导电性、耐蚀性及塑性下降。

铝极易氧化，在室温下可形成 Al_2O_3，致密性高，可保护铝不继续氧化；但 Al_2O_3 在硫酸、盐酸、碱、盐和海水中耐蚀性很低。

工业纯铝通常制成管、棒、箔等型材使用或用于配制各种铝合金，也可用于制作要求质轻、导热及耐大气腐蚀，但强度要求不高的器皿，还可用于包覆材料、电线、电缆等各种导电材料和各种散热器等导热元件。

3.1.2 铝合金

铝合金是通过向铝中加入适量的 Si、Cu、Mg、Mn 等元素进行强化而得到的，以此提高纯铝的强度并保持纯铝的特性。

由于铝合金的组织特征不同而带来性能特征有很大区别，通常把铝合金分成变形铝合金和铸造铝合金两大类。

1．变形铝合金

这种合金主加合金元素较少，当加热到固溶线以上时，可得到单相固溶体，其塑性良好，适合进行压力加工。

变形铝合金按其性能特点可分为防锈铝合金、硬铝合金、超硬铝合金及锻铝合金。常由冶金厂加工成各种规格的型、板、带、线、管材等供货。

变形铝合金按其热处理特点可分为可热处理强化及不可热处理强化两类。

1）防锈铝合金（代号 LF）

防锈铝合金是指 Al-Mg 系和 Al-Mn 系合金，这类合金一般只能用冷变形来提高强度，而不能通过热处理强化。其耐蚀性和强度比纯铝高，有良好的塑性和焊接性能，切削加工性能不良。

2）硬铝合金（代号 LY）

硬铝合金主要是指 A1-Cu-Mg 系合金，可通过固溶+时效强化，使其强度远超过防锈铝合金，耐热性也好，但耐蚀性及焊接性较差。为提高硬铝合金的耐蚀性，常在硬铝表面包覆一层纯铝。根据合金元素含量的不同，硬铝又可分为铆钉硬铝、标准硬铝、高强度硬铝三种。

（1）铆钉硬铝的 Cu、Mg 含量较低，塑性极好，但强度低。这类合金淬火后可进行铆

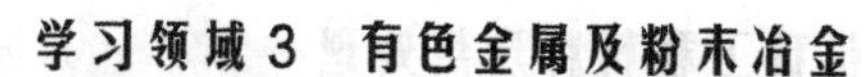

接，由于自然时效强化速度慢，不致在铆接过程中因迅速时效强化而开裂，以保证铆接质量。

（2）标准硬铝的 Cu、Mg 含量较高，具有中等强度和塑性，经退火后具有良好的塑性，可进行冲压、冷弯及锻压等。

（3）高强度硬铝的合金元素含量较高，强度、硬度很高，塑性较低，变形加工性及焊接性较差。

3）超硬铝合金（代号 LC）

这类合金属于 Al-Zn-Mg-Cu 系，是变形铝合金中强度最高的，可热处理强化，可冷变形强化，时效强化效果最好，主要用于要求质量轻、受力较大的结构件。

4）锻铝合金（代号 LD）

这类合金属于 Al-Cu-Mg-Si 系或 Al-Cu-Mg-Fe-Ni 系。前者具有良好的冷热加工、焊接、耐蚀、低温、抗疲劳等性能，适用于锻造形状复杂并承受中等载荷的各类大型锻件和模锻件；后者比前者耐热性能提高，主要用于制造在 150～225 ℃环境工作的铝合金零件。

常用变形铝合金的牌号、代号、力学性能及用途见表 3-1-1。

表 3-1-1 常用变形铝合金的牌号、代号、力学性能及用途

类别		合金系	牌号	代号	力学性能			用途举例
					R_m/MPa	$A_{11.3}$/%	硬度 HBS	
不可热处理强化的铝合金	防锈铝合金	Al-Mn	3A21	LF21	130	20	30	焊接油箱、油管、焊条、铆钉及轻载荷零件及制品
		Al-Mg	5A05	LF5	280	20	70	焊接油箱、油管、焊条、铆钉及中等载荷零件及制品
可热处理强化的铝合金	硬铝合金	A1-Cu-Mg	2A01	LY1	300	24	70	工作温度小于 100 ℃的结构用中等强度铆钉
			2A11	LY11	420	18	100	中等强度结构零件，如骨架、模锻的固定接头，螺旋桨叶片，螺栓和铆钉
			2A12	LY12	470	17	105	高强度结构零件，如骨架、蒙皮、隔框、肋、梁、铆钉等 150 ℃以下工作的零件
	超硬铝合金	Al-Zn-Mg-Cu	7A04	LC4	600	12	150	结构中主要受力件，如飞机大梁、桁架、加强框、蒙皮、接头及起落架
	锻铝合金	Al-Cu-Mg-Si	2A50	LD5	420	13	105	形状复杂的中等强度锻件及模锻件
			2A14	LD10	480	19	135	承受重载荷的锻件和模锻件
		Al-Cu-Mg-Fe-Ni	2A70	LD7	415	13	120	内燃机活塞，高温下工作的复杂锻件、板材，可在高温下工作的结构件

注：

① 铝及铝合金按合金化系列（GB/T3190—1996）可分为 1×××系（工业纯铝）、2×××系（铝-铜）、3×××系（铝-锰）、4×××系（铝-硅）、5×××系（铝-镁）、6×××系（铝-镁-硅）、7×××系（铝-锌-镁-铜）、8×××系（其他元素）等 8 类；表中所列为常见典型的牌号。

② 力学性能：防锈铝合金为退火状态指标；硬铝合金为“淬火+自然时效” 状态指标；超硬铝合金为“淬火+人工时效”状态指标；锻铝合金为“淬火+人工时效”状态指标。

2．铸造铝合金

用于铸件制作的铝合金为铸造铝合金，其铸造性能良好，可获得各种近乎最终使用形

状和尺寸的毛坯铸件，但其塑性较低，不能承受压力加工。其合金元素含量一般高于变形铝合金，常加入 Si、Mg、Cu、Zn、Ni 等元素。按所含主要合金元素的不同，铸造铝合金可分为铝硅合金（A1-Si 系）、铝铜合金（Al-Cu 系）、铝镁合金（Al-Mg 系）和铝锌合金（Al-Zn 系）四类。

（1）铝硅合金（A1-Si 系）又称硅铝明，其密度低、铸造性能优良（如流动性好，收缩及热裂倾向小）及具有一定的强度和良好的耐蚀性，用于制造形状复杂但对强度要求不高的铸件。

若在硅铝明中加入 Cu、Mg、Mn 等合金元素就可获得特殊硅铝明，经固溶时效处理后强化效果极为显著，常用来制造质轻、耐蚀、耐热及耐磨性都较好，形状复杂且有一定力学性能要求的铸件或薄壁零件。

（2）铝铜合金（Al-Cu 系）的优点是室温、高温力学性能都很高，加工性能好，表面粗糙度小，耐热，可进行时效硬化。在铸铝中，它的强度最高，但铸造性能和耐蚀性差，主要用来制造要求较高强度或高温下不受冲击的零件。

（3）铝镁合金（Al-Mg 系）的密度低，强度和塑性均高，耐蚀性优良，但铸造性能差，耐热性低，时效硬化效果甚微，主要用于制造在海水中承受较大冲击力和外形不太复杂的铸件。

（4）铝锌合金（Al-Zn 系）的铸造性能好，经变质处理和时效处理后强度较高，价格便宜，但耐蚀性、耐热性差，主要用于制造工作温度不超过 200 ℃、结构形状复杂的汽车、仪表、飞机零件等。

常用铸造铝合金的牌号、代号、力学性能及用途见表 3-1-2。

表 3-1-2　常用铸造铝合金的牌号、代号、力学性能及用途

类　别	牌　号	代　号	力学性能			用途举例
			R_m/MPa	$A_{11.3}$/%	HBS	
铝硅合金	ZAlSi12	ZL102	145	4	50	形状复杂、低载的薄壁零件，如仪表、水泵壳体零件等
	ZAlSi5CuMg	ZL105	235	0.5	70	工作温度在 225 ℃以下的发动机曲轴箱、汽缸体等
	ZAlSi7Cu4	ZL107	275	2.5	100	强度、硬度较高的零件
铝铜合金	ZAlCu5Mn	ZL201	335	4	90	工作温度小于 300 ℃的零件，如内燃机汽缸头、活塞等
	ZAlCu4	ZL203	225	3	70	中等载荷、形状比较简单的零件，如支架等
铝镁合金	ZAlMg10	ZL301	280	10	60	承受冲击载荷、在大气或海水中工作的零件，如水上飞机、舰船配件等
	ZAlMg5Si1	ZL303	145	1	55	
铝锌合金	ZAlZn11Si7	ZL401	245	1.5	90	承受高静载荷或冲击载荷、不能进行热处理的铸件，如仪表零件、医疗器械等
	ZAlZn6 Mg	ZL402	235	4	70	

注：

① 代号 ZL 是“铸铝”汉语拼音的首字母；后 3 位阿拉伯数字中的第一位表示合金系列，1、2、3、4 分别表示铝硅合金系、铝铜合金系、铝镁合金系、铝锌合金系；第二、三位数字表示顺序号，序号不同，化学成分有所区别。例如，ZL102 表示铝硅系 02 号铸造铝合金。

② 牌号是由“Z+基体金属的化学元素符号+合金元素符号+数字”组成的。例如，ZA1Si12 表示 w_{Si}≈12%的铸造铝合金。

知识拓展

3.1.3 钛及钛合金

钛及钛合金的主要特点是密度低，比强度高，耐高温、耐腐蚀性能、低温韧性好，但加工条件复杂，成本较高。根据合金在平衡和亚稳定状态下不同的相组成，钛合金可分为α钛合金、β钛合金和（α+β）钛合金。

纯钛和部分钛合金的牌号、力学性能、主要特点及用途见表3-1-3。

表3-1-3 纯钛和部分钛合金的牌号、力学性能、主要特点及用途

类别	牌号	力学性能			主要特点	用途举例
		热处理	R_m/MPa	$A_{11.3}$/%		
工业纯钛	TA1	退火	300～500	30～40	钛的密度低，熔点高，线膨胀系数小，导热性差，塑性好，比强度高，可以加工成细丝和薄片。钛在大气、海水及酸碱中的抗腐蚀性能好。纯钛低温韧性和耐蚀性好	在350 ℃以下受力不大且要求高塑性的冲压件，如飞机骨架、船舶零部件、管道、石油化工用热交换器、反应器、海水净化装置等
	TA2	退火	450～600	25～30		
	TA3	退火	550～700	20～25		
α钛合金	TA4	退火	700	12	主加元素为铝，还有锡、硼等。不能热处理强化，通常在退火状态下使用，组织为单相固溶体； 强度低于另两类钛合金，但高温强度、低温韧性及耐蚀性优越，抗氧化性、抗蠕变性及焊接性能良好	在400 ℃以下工作的零件，如导弹燃料罐、超音速飞机的涡轮机匣等
	TA5	退火	700	15		
	TA6	退火	700	12～20		
β钛合金	TB1	淬火	1100	16	加入的合金元素有钼、铬、钒等。经淬火加时效处理后，组织为β相基体上分布着细小的α相粒子。合金强度高，但冶炼工艺复杂，难以焊接，应用受到限制	在350 ℃以下工作的零件，如压气机叶片、轴、轮盘等重载荷旋转件
		淬火+时效	1300	5		
	TB2	淬火	1000	20		
		淬火+时效	1350	8		
α+β钛合金	TC1	退火	600～800	20～25	加入的合金元素有铝、钒、钼、铬等，可进行热处理强化，强度高，塑性好，具有良好的热强性、耐蚀性和低温韧性	在400 ℃以下工作的零件，有一定高温强度的发动机零件，低温下使用的火箭、导弹的液氢燃料箱部件等
	TC2	退火	700	12～15		
	TC3	退火	900	8～10		
	TC4	退火	950	10		
		淬火+时效	1200	8		

3.1.4 镁及镁合金

纯镁的密度低（1.74 g/cm^3），是铝的2/3，钢铁的1/4，是最轻的工程金属。呈银白色，无磁性，在地壳中的储藏量非常丰富，仅次于铝和铁。镁及镁合金的主要特点是密度低，比强度、比刚度高，抗振能力强，可承受较大的冲击载荷，切削加工性能和抛光性能好，但耐蚀性差，熔炼技术复杂，冷变形困难，缺口敏感性高。镁合金分为变形镁合金（MB）和铸造镁合金（ZM）两类。

镁合金的牌号、力学性能、主要特点及用途见表3-1-4。

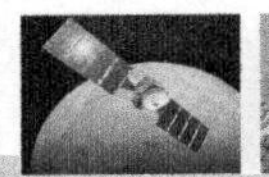

表 3-1-4　镁合金的牌号、力学性能、主要特点及用途

类　别	代　号	主要成分	产品状态	R_m/MPa	$R_{r0.2}$/MPa	$A_{11.3}$/%	HBS	用途举例
变形镁合金	MB1	Mg-Mn	板 M 型材 R	190 260	110 —	5 4	— —	形状简单、受力不大的零件，如飞机蒙皮、锻件
	MB2	Mg-Al-Mn-Zn	棒 R 锻件	260 240	— —	5 5	45 45	形状复杂的锻件及其他零件
	MB8	Mg-Mn-Ce（铈）	板 M 板 Y2 棒 R	230 250 220	120 160 —	12 8 —	— — —	飞机蒙皮、锻件（在 200 ℃以下工作）
	MB15	Mg-Zn-Zr	棒 时效型材	320 320	250 250	6 7	75 —	形状复杂的大锻件、长桁、翼肋
铸造镁合金	ZM1	Mg-Zn-Zr	T1 T6	220 240	165 —	2.5 2.5	— —	受冲击件，如轮毂、轮缘、隔板、支架等
	ZM2	Mg-Zn-Re-Zr	T1	170	—	1.5	—	机匣、电动机壳等
	ZM5	Mg-Al-Zn-Mn	T4 T6 T4	155 160 170	— — —	2.5 1.0 2.5	— — —	受高载荷件，如机舱、连接框、电动机壳体、机匣等

注：“产品状态”中 M 表示退火态；R 表示热轧、热挤；Y2 表示加工硬化；T1 表示人工时效；T4 表示固溶处理后的自然时效；T6 表示固溶处理后的完全人工时效。

小贴士

（1）冷变形强化：在外力作用下，晶粒的形状随着工件外形的变化而变化。当工件的外形被拉长或压扁时，其内部晶粒的形状也随之被拉长或压扁，导致晶格发生畸变，使金属进一步滑移的阻力增大，因此金属的强度和硬度显著提高，塑性和韧性明显下降，产生所谓的“变形强化”现象。原因：位错密度增加。

（2）时效强化：指合金工件经固溶处理后，随着时间的延长而发生硬化的现象。原因：金属固溶后获得的过饱和固溶体是不稳定的组织，在常温或低温加热的条件下，使在高温固溶的合金元素以某种形式从固溶体中缓慢析出（金属间化合物之类），形成弥散分布的硬质质点，对位错滑移造成阻力，使合金强度和硬度明显提高，韧性降低。分为自然时效和人工时效两种。

案例小结

飞机起落架采用超硬铝合金 7A04（LC4）制造并淬火+人工时效处理。

技能训练 17　轿车车轮轮毂的选材及热处理

温馨提示

轿车车轮（如图 3-1-2 所示）与车桥相连，共同承受整车的自重，是整车的主要承载部件，也是整车最重要的安全部件，车轮主要由轮毂和轮胎组成。它还缓和由地面传来的冲击力，传递制动力、驱动力、转向力，减小行驶的阻力和能量消耗，需经受车辆行驶中的启动、制动、转弯、石块冲击、路面不平等各种动态不规则载荷的考验。要求轮毂材料具有良好的比强度、比刚度，特别好的疲劳强度、冲击韧性，以及尺寸和形状精度高等特点。

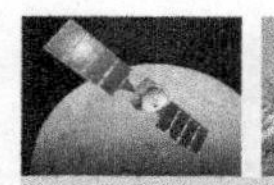

图 3-1-2 轿车车轮

技能训练 18 内燃机汽缸头的选材及热处理

温馨提示

内燃机汽缸头（也称汽缸盖）如图 3-1-3 所示。它装在汽缸体的上部，用缸盖螺栓紧固在汽缸体上。其作用是密封汽缸上部，构成燃烧室。它的内部也有冷却水套，其端面上的冷却水孔与汽缸体的冷却水孔相通，以便利用循环水来冷却燃烧室的高温部分。它的中央为喷油器孔，左、右两侧分别有两个进气阀孔和排气阀孔。它的内部有进、排气道，冷却水道及润滑油道，缸盖上还有供安装喷油嘴、进气门、排气门、气门弹簧、气门座、气门导管及摇臂室等零件的孔和螺纹孔。由此可见其形状和结构极为复杂。因此要求其材料应具有好的耐热性、耐蚀性，铸造成形。

图 3-1-3 内燃机汽缸头

技能训练 19 火箭液氢燃料箱的选材及热处理

温馨提示

火箭（如图 3-1-4 所示）发射用液体氢作燃料，要求承装液氢的燃料箱部件既要在高温（约 400 ℃）时有稳定的组织，蠕变强度较高，同时又要有良好的低温韧性，而且要有很好的塑性、耐蚀性、锻造性、焊接性、切削加工性，并且质量要轻。

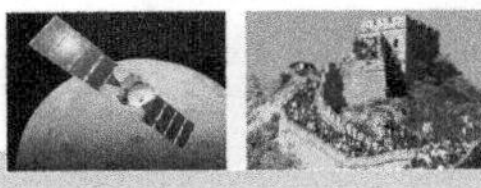

图 3-1-4　火箭

案例 13　子弹壳的选材及热处理（铜及铜合金）

看一看

子弹由弹头、发射药、弹壳和底火构成（如图 3-1-5 所示）。底火用来点燃发射药，高温、高压的火药燃气迅速膨胀，将弹头射出枪膛。弹壳是子弹上最重要的零件，它用于盛装发射药，并把弹头和底火连接在一起，它的作用：密封防潮；发射时还能密闭火药燃气，保护弹膛不被烧蚀；使子弹在枪膛内定位。自动武器的弹壳会在发射后自动弹出枪膛。

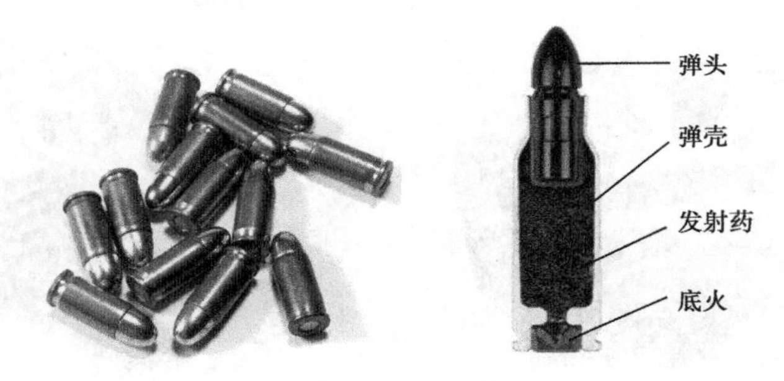

图 3-1-5　子弹

想一想

弹壳发射时要承受火药气体压力和枪械自动机的力量，制造时要有良好的塑性来完成冷挤压变形加工（引伸、挤口兼扩口）的多道工序，同时表面质量要好。怎样选材？如何处理？

相关知识

铜是人类历史上应用最早的金属，也是应用最广的非铁金属材料之一，具有优良的导电性能、导热性能、抗腐蚀性能、抗磁性能和良好的成形性能等，常被用于电气、化工、

机械、动力、交通等工业部门。

3.1.5 工业纯铜

工业纯铜（铜的质量分数为 99.5%～99.95%）呈玫瑰红色（又称紫铜），具有面心立方晶格，无同素异晶转变。其密度为 8.9 g/cm^3，熔点为 1 083 ℃。导电性和导热性良好，并具有抗磁性，在大气和淡水中有良好的耐腐蚀性能。强度、硬度不高，塑性、韧性、低温力学性能及焊接性能良好，适用于进行各种冷、热加工。

工业纯铜除配制铜和其他合金外，主要用于制造电器、电线、电缆、电刷、铜管、散热器、冷凝器、通信器材及抗磁、防磁仪器等。

3.1.6 铜合金

工业纯铜的强度低，不宜用作结构材料。工业上常以铜为基体，加入 Zn、A1、Sn、Mn、Ni 等元素形成铜合金，这种合金化的处理既保持了纯铜的物理和化学特性，又提高了其强韧性，故工业中广泛应用的是铜合金。根据化学成分，铜合金分为黄铜（Zn 为主要合金元素）、白铜（Cu、Ni 合金）和青铜（除黄铜和白铜以外的所有铜合金），工业上应用较多的是黄铜和青铜；根据加工方法，铜合金可分为压力加工铜合金、铸造铜合金。

1. 黄铜

黄铜是以 Zn 为主要添加元素的铜合金，具有美观的黄色，统称黄铜。黄铜按成分不同可分为普通黄铜和特殊黄铜，按加工方式不同可分为加工黄铜和铸造黄铜。

1）普通黄铜

普通黄铜又称简单黄铜。其中的加工黄铜代号用“H+数字”组成：“H”是“黄”字的汉语拼音首字母，数字是以名义百分数表示的 Cu 的质量分数；如 H62 表示 Cu 的平均质量分数为 62%，其余为 Zn 的普通加工黄铜。其中，铸造黄铜代号用“Z+Cu+合金元素符号+数字”组成：合金元素符号后的数字是以名义百分数表示的该元素的质量分数，如 ZCuZn38 表示 Zn 的平均质量分数为 38%、其余为 Cu 的铸造黄铜。

工业上应用较多的是 H62、H68、H80 黄铜。其中，H62 黄铜被誉为“商业黄铜”，广泛用于制作水管、油管、散热器垫片及螺钉等；H68 黄铜强度较高，塑性好，适于经冷深拉、压制造各种复杂零件，曾大量用于制造弹壳，有“弹壳黄铜”之称；H80 黄铜因色泽美观而多用于镀层及装饰品。

黄铜的抗腐蚀性与纯铜相近，在大气和淡水中是稳定的，但在海水、氨、铵盐及酸性介质中的抗蚀性较差。黄铜最常见的腐蚀形式是“脱锌”和“季裂”。脱锌是指黄铜在酸性或盐类溶液中，由于锌优先溶解而受到腐蚀，使工件表面残存一层多孔（海绵状）的纯铜，合金因此受到破坏。季裂是指黄铜零件在潮湿的大气中，特别是在含铵盐的大气、汞和汞盐溶液中腐蚀的现象，这种现象一般多发生在多雨的春季，因此得名。防止季裂的措施：加工后的黄铜零件应在 260～300 ℃进行去应力退火或用电镀层（如镀锌、镀锡）加以保护。

2）特殊黄铜

在普通黄铜的基础上再加入少量的 A1、Mn、Pb、Sn、Si 等元素后形成的铜合金为特

殊黄铜，相应称之为铝黄铜、锰黄铜、铅黄铜、锡黄铜等。它们具有比普通黄铜更高的强度、硬度、耐蚀性和良好的铸造性能。

常用黄铜的牌号（代号）、化学成分、力学性能及用途见表 3-1-5。

表 3-1-5 常用黄铜的牌号、化学成分、力学性能及用途

类别	牌号	制品种类	力学性能		主要特征	用途举例
			R_m/MPa	$A_{11.3}$/%		
普通加工黄铜	H80	管、板、带、棒	540	5	在大气、淡水及海水中有较高的耐蚀性，加工性能优良	造纸网、薄壁管、皱纹管、建筑装饰品、镶层等
	H68	管、板、带、棒、线、箔	660	3	有较高强度，塑性为黄铜中的最佳者，应用广泛，有应力腐蚀开裂倾向	复杂冲压件和深冲压件，如子弹壳、散热器外壳、导管、雷管等
	H62		600	3	有较高强度，热加工性能好，易焊接，有应力腐蚀开裂倾向，价格较便宜，应用广泛	一般机器零件、铆钉、螺帽、垫片、导管、散热器、筛网等
铅黄铜	HPb59-1	管、板、线、棒	550	5	可加工性能好，可冷、热加工，易焊接，耐蚀性一般，有应力腐蚀开裂倾向，应用广泛	热冲压和切削加工制作的零件，如螺钉、垫片、衬套、喷嘴等
锰黄铜	HMn58-2	砂型、金属型	700	10	在海水、过热蒸汽、氯化物中有高的耐蚀性，但有应力腐蚀开裂倾向，导热导电性能低	应用较广的黄铜品种，主要用于船舶制造和精密电器制造工业
铸造黄铜	ZCuZn38	砂型、金属型	295	30	良好的铸造性能和可加工性能，力学性能较高，可焊接，有应力腐蚀开裂倾向	一般结构件，如螺杆、螺母、法兰、阀座、日用五金等

注："HPb59-1"是特殊黄铜牌号，表示含铜（Cu）59%、含铅（Pb）1%的铅黄铜；"HMn58-2"也是特殊黄铜牌号，表示含铜（Cu）58%、含锰（Mn）2%的锰黄铜。

2. 白铜

以镍为主要合金元素的铜合金称为白铜。白铜分普通白铜和特殊白铜。普通白铜是 Cu-Ni 二元合金，具有较高的耐蚀性和抗腐蚀疲劳性能及优良的冷、热加工性能。普通白铜的牌号为 B+镍的平均百分含量，B 是"白"字汉语拼音的首字母，如 B5 表示含镍 5%的白铜。常用牌号有 B5、B19 等，用于在蒸汽和海水环境下工作的精密机械、仪表零件和冷凝器、蒸馏器、热交换器等。特殊白铜是在普通白铜基础上添加 Zn、Mn、Al 等元素形成的，分别称锌白铜、锰白铜、铝白铜等，其耐蚀性、强度和塑性高，成本低。

3. 青铜

青铜按化学成分的不同可分为普通青铜（含锡青铜）和特殊青铜（无锡青铜），按生产方式的不同还可分为加工青铜和铸造青铜。加工青铜的代号如 QSn4-3 表示平均 W_{Sn} 约为 4%、W_{Zn} 约为 3%、其余为 Cu 的加工锡青铜。铸造青铜的牌号如 ZQSn10-1 还可以写成 ZCuSn10Zn1，表示平均 W_{Sn} 约为 10%、W_{Zn} 约为 1%、其余为 Cu 的铸造锡青铜。

1）普通青铜（含锡青铜）

以锡为主加元素的铜合金称为锡青铜。锡青铜的力学性能与合金中的含锡量有密切关

系，Sn 含量为 5%～7%时，其塑性最好，适于冷、热加工；Sn 含量大于 10%时，锡青铜强度较高，塑性很差，适于铸造。

锡青铜在大气、海水、淡水及蒸汽中的耐蚀性比纯铜和黄铜好，但在盐酸、硫酸和氨水中的耐蚀性较差；具有良好的减摩性，无磁性、无冷脆现象，若加入少量 Pb，可提高耐磨性和切削加工性能，加入 P 可提高弹性极限、疲劳强度及耐磨性。加工锡青铜适于制造仪表上要求耐磨、耐蚀的零件及弹性零件、滑动轴承、轴套及抗磁零件等。铸造锡青铜适宜制造形状复杂，外形尺寸要求严格，致密性要求不高的耐磨、耐蚀件，如轴瓦、轴套、齿轮、蜗轮、蒸汽管等。

2）特殊青铜（无锡青铜）

（1）铝青铜

以铝为主加元素的铜合金称为铝青铜（Al 的含量约为 5%～10%），其耐蚀性、耐磨性高于锡青铜与黄铜，并有较高的耐热性、硬度、韧性和强度，但其铸造性能、焊接性能较差。加工青铜主要用于制造各种要求耐蚀的弹性元件及高强度零件；铸造铝青铜用于制造要求有较高强度和耐磨性的摩擦零件。

（2）铍青铜

以 Be 为基本合金元素的铜合金（Be 的含量约为 1.7%～2.5%），其弹性极限、疲劳强度都很高，耐磨性和耐蚀性也很优异，具有良好的导电性和导热性，抗磁、耐寒、受冲击时不产生火花，但价格较贵，主要用来制作精密仪器的重要弹性元件、钟表齿轮、高速高压下工作的轴承及衬套，以及电焊机电极、防爆工具、航海罗盘等重要零件。

常用青铜的代号、化学成分、力学性能及用途见表 3-1-6。

表 3-1-6　常用青铜的代号、化学成分、力学性能及用途

类　别	牌　号（旧牌号）	化学成分（质量分数）/%		力学性能			用途举例
		主加元素	其他	R_m/MPa	$A_{11.3}$/%	HBS	
普通青铜	QSn4-3 加工锡青铜	Sn 3.5～4.5	Zn2.7～3.3 余量 Cu	550	4	160	弹性元件、化工机械耐磨零件和抗磁零件
	QSn4-4-2.5 加工锡青铜	Sn 3.0～5.0	Zn3.0～5.0 Pb1.5～3.5 余量 Cu	600	2～4	160～180	航空、汽车、拖拉机用承受摩擦的零件，如轴套等
	ZCuSn3Zn8Pb5Ni1（ZQSn3-7-5-1）铸造锡青铜	Sn 2.0～4.0	Zn6.0～9.0 Pb4.0～7.0 Ni0.5～1.5 余量 Cu	175～215	8～10	60～71	在各种液体燃料、海水、淡水和蒸汽（<225 ℃）中工作的零件及压力小于 2.5 MPa 的阀门和管配件
	ZCuSn5Pb5Zn5（ZQSn5-5-5）铸造锡青铜	Sn 4.0～6.0	Zn4.0～6.0 Pb4.0～6.0 余量 Cu	200	13	70～90	在较高负荷、中等滑动速度下工作的耐磨、耐蚀零件，如轴瓦、活塞、离合器、蜗轮等
特殊青铜	QAl9-4 加工铝青铜	Al 8.0～10.0	Fe2.0～4.0	900	5	160～200	船舶零件和电气零件

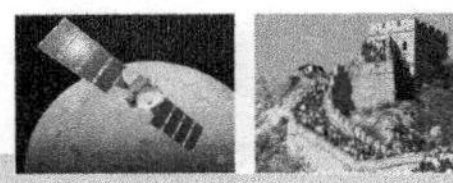

续表

类别	牌号（旧牌号）	化学成分（质量分数）/%		力学性能			用途举例
		主加元素	其他	R_m/MPa	$A_{11.3}$/%	HBS	
特殊青铜	ZCuAl8Mn13Fe3Ni2（ZQAl8-13-3-2）铸造铝青铜	Al 7.0～9.0	Mn12.0～14.5 Fe2.0～4.0 Ni1.8～2.5 余量Cu	645 670	20 18	160～170	要求强度高、耐蚀的重要零件，如船舶螺旋桨、高压阀体及耐压、耐磨零件，如蜗轮、齿轮等
	ZCuAl9Mn2（ZQAl9-2）铸造铝青铜	Al 8.0～10.0	Mn 1.5～2.5 余量Cu	390 440	20 20	85 95	耐蚀、耐磨零件，在小于250 ℃下工作的管配件，要求气密性高的铸件
	QBe2 加工铍青铜	Be 1.8～2.1	Ni0.2～0.5 余量Cu	1250	2~4	330	重要弹簧和弹性元件、耐磨零件及高压、高速、高温轴承

4. 铜合金的热处理

黄铜的热处理采用去应力退火（将黄铜制件加热到 200～300 ℃，保温后缓冷），其目的是消除应力，防止黄铜零部件发生应力腐蚀破裂及切削加工后的变形，此法适用于加工黄铜，也适用于铸造黄铜。另一种方式采用再结晶退火（将黄铜制件加热到 500～700 ℃，保温后缓冷），其目的是消除加工黄铜的加工硬化现象。

知识拓展

3.1.7 滑动轴承合金

滑动轴承合金主要用来制造滑动轴承的轴瓦及内衬，因其工作时要承受强烈的摩擦及周期性载荷，既要支撑轴又要保护轴，所以轴承合金的组织特征通常是软基体上均匀分布着硬质点（较好的磨合性，耐冲击与振动，但承载能力不高）或硬基体上均匀分布着软质点（摩擦系数低，承载能力高，但磨合性差）。前者软基体储存润滑油，承受冲击和振动，嵌藏外来小硬物；硬质点支撑轴颈，承受载荷，抵抗磨损。后者软质点储存润滑油，硬基体承受载荷并抵抗磨损。

滑动轴承合金按化学成分的不同可分为锡基、铅基、铝基、铜基等。常用滑动轴承合金的代号、化学成分、力学性能及用途见表 3-1-7。

表 3-1-7 常用滑动轴承合金的代号、化学成分、力学性能及用途

类别	牌号	化学成分（质量分数）/%				力学性能			用途举例
		Sb	Cu	Pb	Sn	R_m/MPa	$A_{11.3}$/%	HBS	
						不小于			
锡基轴承合金	ZSnSb12Pb10Cu4	11.0～13.0	2.5～5.0	9.0～11.0	余量			29	一般机械的主要轴承，但不适用于高温工作
	ZSnSb11Cu6	10.0～12.0	5.5～6.5	0.35	余量	90	6.0	27	1 500 kW 以上的高速蒸汽机、400 kW 的涡轮压缩机用轴承

续表

类别	牌号	化学成分（质量分数）/%				力学性能			用途举例
		Sb	Cu	Pb	Sn	R_m/MPa	$A_{11.3}$/%	HBS	
						不小于			
	ZSnSb8Cu4	7.8～8.0	3.0～4.0	0.35	余量	80	10.6	24	一般大机器轴承及轴衬，重载、高速汽车发动机薄壁双金属轴承
	ZSnSb4Cu6	4.0～5.0	4.0～5.0	0.35	余量	80	7.0	20	涡轮内燃机高速轴承及轴衬
铅基轴承合金	ZPbSb15Sn5Cu3Cd2	14.0～16.0	2.5～3.0		5.0～6.0	68	0.2	32	船舶机械，小于 250 kW 的电动机轴承
	Z PbSb10Sn6	9.0～11.0	0.7		5.0～7.0	80	5.5	18	重载、耐蚀、耐磨用轴承

小贴士

滚动轴承与滑动轴承的对比：二者都是用来支撑轴旋转工作的重要部件。滚动轴承使用、维护方便，工作可靠，启动性能好，但减振能力较差，适用于中、低转速的轴。滑动轴承运转精度高，工作平衡，无噪音，能受冲击和振动载荷，承载能力大，可用于重载场合，其结构简单，装拆方便，寿命长，适用于高速转动的轴，但设计、制造润滑及维护要求较高。

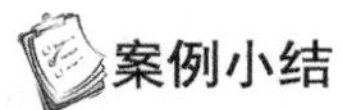

案例小结

子弹壳选用 H68 普通加工黄铜，去应力退火。

技能训练 20　散热器的选材

温馨提示

散热器（如图 3-1-6 所示）是一种加快发热体热量散发的装置，计算机部件中大量使用集成电路，而高温是集成电路的大敌。高温不但会导致系统运行不稳，缩短使用寿命，甚至有可能使某些部件烧毁。散热器的作用就是通过和发热部件表面接触，吸收热量并快速地将计算机内部集成电路产生的热量发散到机箱内或者机箱外，保证计算机部件的温度正常，完成计算机的散热。

图 3-1-6　计算机上的散热器

技能训练 21　船用快速接头阀的选材

温馨提示

船用快速接头阀（如图 3-1-7 所示）是船体与外界之间进行液体输送管道上的开关，经常接触海水和各种液体，要求其耐蚀性、耐磨性要好，低温工作时要无冷脆性。

图 3-1-7　船用快速接头阀

技能训练 22　滑动轴承的选材

温馨提示

滑动轴承座及滑动轴承如图 3-1-8 所示。

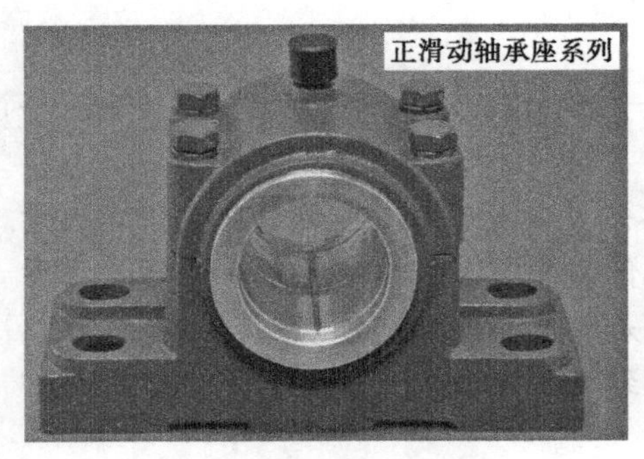

（a）安装后的滑动轴承座

（b）滑动轴承的轴瓦及内衬

图 3-1-8　滑动轴承座及滑动轴承

任务 3-2　了解粉末冶金材料

案例 14　切削板牙用车刀的选材及热处理（粉末冶金材料）

看一看

板牙（如图 3-2-1 所示）是加工或修正外螺纹的螺纹加工工具，常用合金工具钢 9SiGr 制作，具有很高的硬度（可达 62HRC）和很强的耐磨性、良好的高热硬性。要用车刀（如

图 3-2-2 所示）来车削板牙的外圆。

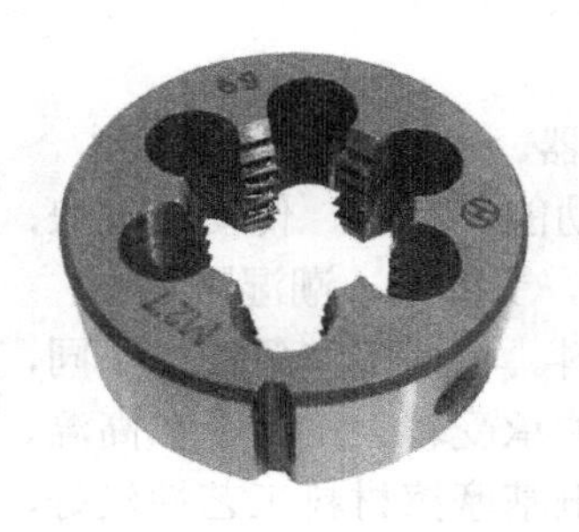

图 3-2-1　板牙

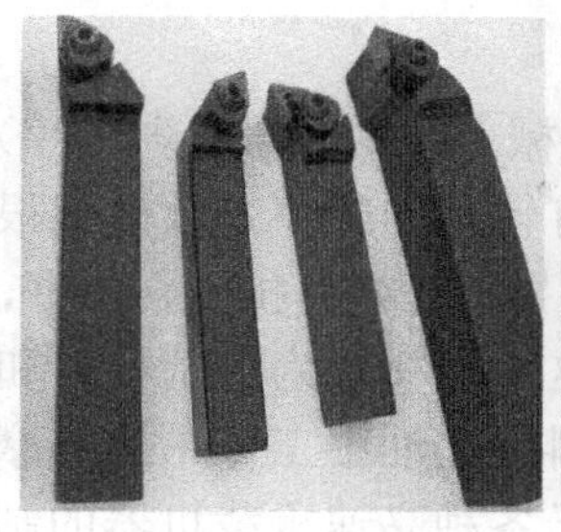

(a) 车刀

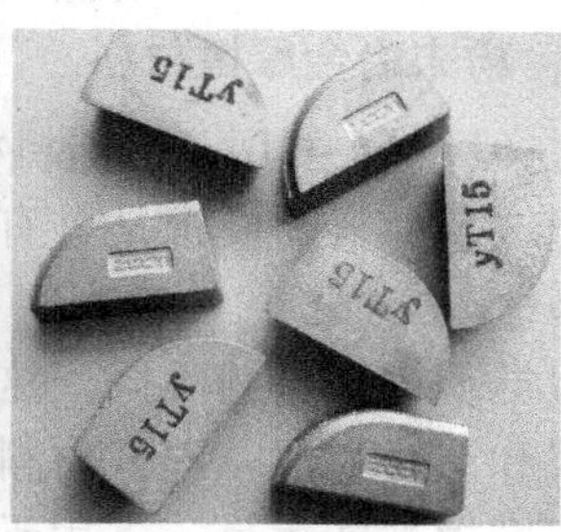

(b) 车刀的刀片

图 3-2-2　车刀及刀片

想一想

用普通车刀来切削像板牙这样高硬度的工具钢是很难想象的，车刀的刀片必须比被切削工件的硬度要高，同时耐磨性、高热硬性都要超过工件才能完成车削过程。车刀的刀片怎样选材？如何处理？

相关知识

3.2 粉末冶金材料

粉末冶金材料是用几种金属粉末或金属与非金属粉末作原料，通过配料（包括金属粉末的制取、掺加成形剂、增稠剂等粉料的混合，以及制粉、烘干、过筛等预处理）、压制成形（使粉料成为具有一定形状、尺寸和密度的型坯）、烧结（使颗粒间发生扩散、熔焊、化合、溶解和再结晶等物理化学过程）和后处理（有压力加工、浸渗、热处理、机械加工等）等工艺过程而制成的材料。生产粉末冶金材料的工艺过程称为粉末冶金法。其生产方法与金属熔炼及铸造根本不同，它可使压制品达到或接近零件要求的形状、尺寸精度与表面粗糙度，使生产率及材料利用率大为提高，因而它是制取具有特殊性能金属材料并能降低成本的加工方法。但也有缺点，由于压制模具制造及压制设备吨位的限制，这种方法只能生产尺寸有限与形状不很复杂的工件。

3.2.1 粉末冶金材料

由于粉末冶金材料是普通熔炼法无法生产的具有特殊性能的材料，所以它在机械、化工、交通部门、轻工、电子、遥控、航天等领域的地位举足轻重。

1. 粉末冶金减摩材料（含油轴承）

这类材料主要用于制造滑动轴承，是一种多孔轴承材料。这种材料压制成形后再浸入润滑油中，由于材料的多孔性，可吸附大量润滑油（一般含油率达 12%～30%），工作时，由于轴承发热，使金属粉末膨胀，空隙容积缩小，再加上轴旋转时降低轴承间隙空气压强，迫使润滑油被抽到工作表面。轴停转时，润滑油又自动渗入孔隙中。因此，含油轴承具有自润滑作用。一般用于中速、轻载荷的轴承，尤其适宜制造不能经常加油的轴承，如

食品机械、电影机械、纺织机械、家用电器（如电风扇、电唱机）轴承等。

2．粉末冶金摩擦材料

这类材料主要用于制造机械上的制动器（刹车片）与离合器。

对这类材料的要求是具有较高的摩擦系数，能很快吸收动能，制动、传动速度快；高的耐磨性，磨损小；耐高温、导热性好；抗咬合性好，耐腐蚀，受油脂、潮湿影响小。

根据基体金属的不同，这类材料分为铁基材料和铜基材料。根据工作条件的不同，分为干式和湿式材料，湿式材料宜在油中工作。铁基摩擦材料能承受较大压力，在高温、高载荷下摩擦性能优良，多用于各种高速重载机器的制动器。铜基摩擦材料工艺性较好，摩擦系数稳定，抗粘、抗卡性好，湿式工作条件下耐磨性优良，常用于汽车、拖拉机、锻压机床的离合器与制动器。

3．粉末冶金结构材料

粉末冶金结构材料能承受拉伸、压缩、扭转等载荷，并能在摩擦、磨损条件下工作。由于材料内部有残余孔隙存在，使其塑性和韧性比化学成分相同的铸锻件低，使其应用范围受到限制。这类材料根据基体金属的不同，也分为铁基材料和铜基材料两大类。铁基结构材料制成的结构零件精度较高，表面粗糙度值低，能实现无屑和少屑加工，生产率高，而且制品多孔，可浸润滑油，减摩、减振、消声，广泛用于制造机床上的调整垫圈、端盖、滑块、底座、偏心轮，汽车中的油泵齿轮、止推环，拖拉机上的传动齿轮、活塞环及接头、隔套、螺母等。铜基结构材料比铁基结构材料抗拉强度低，但塑性、韧性较高，具有良好的导电、导热和耐腐蚀性能，可进行各种镀涂处理，常用于制造体积较小、形状复杂、尺寸精度高、受力较小的仪器仪表零件及电器、机械产品零件，如小模数齿轮、凸轮、紧固件、阀、销、套等结构件。

4．粉末冶金多孔材料

粉末冶金多孔材料由球状或不规则形状的金属或合金粉末烧结制成。材料内部孔道纵横交错、互相贯通，一般有 30%～60%的体积孔隙度，孔径为 1～100 μm。透过性能和导热、导电性能好，耐高温、低温，抗热振，抗介质腐蚀，适用于制造过滤器、多孔电极、灭火装置、防冻装置等。

5．粉末冶金工模具材料

粉末冶金工模具材料包括硬质合金、粉末冶金高速钢等。后者组织均匀，晶粒细小，没有偏析，比熔铸高速钢韧性和耐磨性好，热处理变形小，使用寿命长，用于制造切削刃具、模具和零件的坯件。

6．粉末冶金高温材料

粉末冶金高温材料包括粉末冶金高温合金、难熔金属和合金、金属陶瓷、弥散强化和纤维强化材料等。适用于制造高温下使用的涡轮盘、喷嘴、叶片及其他耐高温零件。

3.2.2 硬质合金

硬质合金的全称为金属陶瓷硬质合金，以一种或几种难熔碳化物（如碳化钨 WC、碳化

钛 TiC 等）的粉末为主要成分，加入起黏结作用的金属粉末，用粉末冶金法制得的材料。

硬质合金具有很高的硬度（可达 86～93HRA，相当于 69～81HRC），且热硬性好（可达 900～1 000 ℃）、耐磨性高、抗压强度高（3 260～6 400 N/mm^2）。因而在切削加工时，其切削速度（是高速钢的 4～7 倍）、耐磨性、寿命（是高速钢的 5～8 倍）等都高于高速钢，可切削 50HRC 左右的硬质材料，在生产中应用广泛，但其韧性较低，此外，硬质合金还具有良好的耐大气、酸、碱等的腐蚀性能及抗氧化性能。

硬质合金的分类、成分、特点及用途见表 3-2-1。

表 3-2-1 硬质合金的分类、成分、特点及用途

类别	符号	成分	特点	用途
钨钴合金	YG	WC、Co，有些牌号加有少量 TaC、NbC、Cr_3C_2 或 VC	在硬质合金中，此类合金的强度和韧性最高	刀具、模具、量具、地质矿山工具、耐磨零件
钨钛钴合金	YT	WC、TiC、Co，有些牌号加有少量 TaC、NbC 或 Cr_3C_2	硬度高于 YG 类，热稳定性好，高温硬度高	加工钢材的刀具
钨钛钽铌钴合金	YW	WC、TiC、TaC（NbC）、Co	强度高于 YT 类，抗高温氧化性好	有一定通用性的刀具（万能刀具），适用于加工合金钢、铸铁等
碳化钛基合金	YN	TiC、WC、Ni、Mo	红硬性和抗高温氧化性好	对钢材精加工的高速切削刀具
涂层合金	CN	涂层成分 TiC、Ti（C、N）、TiN	表面耐磨性和抗氧化性好，而基体强度较高	钢材、铸铁、有色金属及其合金的加工刀具
	CA	涂层成分 TiC、Al_2O_3		

注：

①"YG"是"硬钴"二字的汉语拼音首字母。牌号 YG6 表示 Co 的百分含量约为 6%，余量为 WC 的钨-钴类硬质合金。

②"YT"是"硬钛"二字的汉语拼音首字母。牌号 YT15 表示 TiC 的百分含量约为 15%，Co 百分含量约为 6%，余量为 WC 的钨-钛-钴类硬质合金。

③"YW"是"硬万"二字的汉语拼音首字母。牌号 YW1 表示 1 号万能硬质合金，其中的数字是顺序号。万能硬质合金中，被取代的碳化钛的数量越多，在硬度不变的条件下，合金的抗弯强度越高，适用于切削各种钢材，特别对于切削不锈钢、耐热钢、高锰钢等难加工的钢材，效果较好。

④ 同类合金中，钴的质量分数高的适用于粗加工，钴的质量分数低的适用于精加工。

案例小结

切削板牙用车刀的刀片选用 YT15 硬质合金。

技能训练 23 切削高锰钢刀具的选材

温馨提示

坦克及拖拉机履带（如图 3-2-3 所示）常用高锰钢制造，其含碳量可高达 1.3%，本身就具备高的硬度，加之具有加工硬化的特性，使切削加工产生困难。

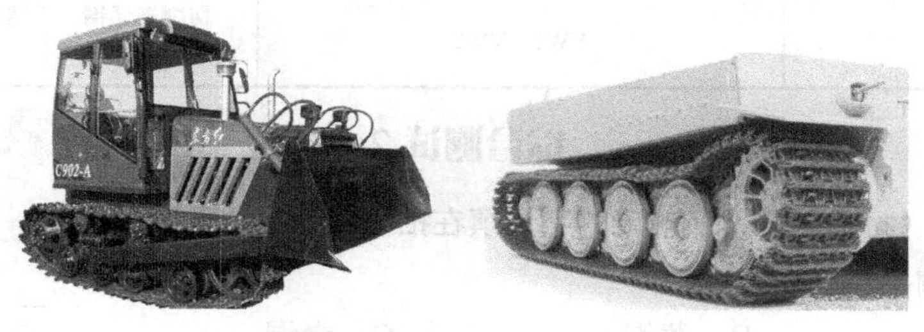

图 3-2-3 拖拉机及其履带

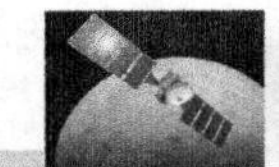

知识梳理

非铁金属材料（有色金属）与粉末冶金材料的分类及应用见表3-2-2。

表3-2-2 非铁金属材料与粉末冶金材料的分类及应用

<table>
<tr><th colspan="4">分　类</th><th>典型牌号或代号</th><th>用途举例</th></tr>
<tr><td rowspan="8">铝合金</td><td rowspan="4">变形铝合金</td><td colspan="2">防锈铝合金</td><td>3A21（LF21）、5A05（LF5）</td><td>焊接油箱、油管、焊条等</td></tr>
<tr><td colspan="2">硬铝合金</td><td>2A01（LY1）、2A11（LY11）</td><td>铆钉、叶片等</td></tr>
<tr><td colspan="2">超硬铝合金</td><td>7A04（LC4）、7A09（LC9）</td><td>飞机大梁、起落架等</td></tr>
<tr><td colspan="2">锻铝合金</td><td>2A50（LD5）、2A70（LD7）</td><td>航空发动机活塞、叶轮等</td></tr>
<tr><td rowspan="4">铸造铝合金</td><td colspan="2">Al-Si 合金</td><td>ZAlSi7Mg（ZL101）、ZAlSi12（ZL102）</td><td>飞机、仪器零件，仪表、水泵壳体等</td></tr>
<tr><td colspan="2">Al-Cu 合金</td><td>ZAlCu5Mn（ZL201）</td><td>内燃机汽缸头、活塞等</td></tr>
<tr><td colspan="2">Al-Mg 合金</td><td>ZAlMg10（ZL301）、ZAlMg5Si1（ZL303）</td><td>船舶配件等</td></tr>
<tr><td colspan="2">Al-Zn 合金</td><td>ZAlZn11Si7（ZL401）</td><td>汽车、飞机零件等</td></tr>
<tr><td rowspan="7">铜合金</td><td rowspan="2">黄铜</td><td colspan="2">普通黄铜</td><td>H62、H68、ZCuZn38</td><td>弹壳、铆钉、散热器及端盖、阀座等</td></tr>
<tr><td colspan="2">特殊黄铜</td><td>HPb59-1、HMn58-2、ZCuZn16Si4</td><td>耐磨、耐蚀零件及接触海水的零件等</td></tr>
<tr><td rowspan="5">青铜</td><td colspan="2">锡青铜</td><td>QSn4-3、ZCuSn10Pb1</td><td>耐磨及抗磁零件、轴瓦等</td></tr>
<tr><td rowspan="3">无锡青铜</td><td>铝青铜</td><td>ZCuAl10Fe3Mn2、QAl7</td><td>涡轮、弹簧及弹性零件等</td></tr>
<tr><td>铍青铜</td><td>QBe2</td><td>重要的弹簧与弹性元件、齿轮、轴承等</td></tr>
<tr><td>铅青铜</td><td>ZCuPb30</td><td>轴瓦、轴承、减摩零件等</td></tr>
<tr></tr>
<tr><td colspan="4">钛合金</td><td>TC4</td><td>在400℃以下长期工作的零件等</td></tr>
<tr><td colspan="4">镁合金</td><td>MB8</td><td>飞机蒙皮、锻件（在200℃以下工作）</td></tr>
<tr><td rowspan="3">滑动轴承合金</td><td colspan="3">锡基轴承合金</td><td>ZSnSb11Cu6</td><td>航空发动机、汽轮机、内燃机等大型机器的高速轴瓦</td></tr>
<tr><td colspan="3">铅基轴承合金</td><td>ZPbSb16Sn16Cu2</td><td>汽车、拖拉机、轮船、减速器等承受中、低载荷的中速轴承</td></tr>
<tr><td colspan="3">铜基轴承合金</td><td>ZCuPb30</td><td>航空发动机、高速柴油机的轴承等</td></tr>
<tr><td rowspan="3">硬质合金</td><td colspan="3">钨-钴类硬质合金</td><td>YG3X、YG6</td><td>切削脆性材料刃具、量具和耐磨零件等</td></tr>
<tr><td colspan="3">钨-钛-钴类硬质合金</td><td>YT15、YT30</td><td>切削碳钢和合金钢的刃具等</td></tr>
<tr><td colspan="3">万能硬质合金</td><td>YW1、YW2</td><td>切削高锰钢、不锈钢、工具钢、淬火钢的切削刃具</td></tr>
</table>

综合测试2

一、选择题（将正确答案所对应的字母填在括号里）

1．工业纯铜是指（　　）。

A．紫铜　　B．黄铜　　C．青铜　　D．白铜

2．为提高变形铝合金的力学性能，主要应采用（　　）。

A．退火　　B．淬火

C．固溶处理+时效处理　　D．回火

3．为提高铸造铝合金的力学性能，应采用（　　）。

A．固溶热处理+时效　　B．变质处理

C．淬火　　D．形变强化

4．防锈铝合金可采用（　　）方法强化。

A．形变强化　　B．变质处理

C．固溶处理+时效处理　　D．淬火+回火

5．硬铝合金成分是（　　）系合金。

A．Al-Cu-Mg-Si　　B．Al-Cu-Mg

C．Al-Zn-Mg-Cu　　D．Al-Cu-Mg-Fe

6．在大气、海洋、淡水及蒸汽中耐腐蚀性最好的是（　　）。

A．锡青铜　　B．纯铜　　C．黄铜　　D．紫铜

7．对于切削不锈钢、耐热钢、高锰钢等难以加工的钢材，应选择（　　）刃具。

A．钨-钴类硬质合金　　B．钨-钛-钴类硬质合金

C．万能硬质合金　　D．高速钢

8．硬质合金的热硬性可达（　　）。

A．500～600 ℃　　B．600～800 ℃　　C．200～300 ℃　　D．900～1 100 ℃

二、判断题（正确的在括号内画“√”，错误的在括号内画“×”）

（　　）1．纯铝和纯铜是不能用热处理来强化的金属。

（　　）2．铸造铝合金的铸造性能好，但塑性较差，不适用于压力加工。

（　　）3．轴承合金是制造轴承的内、外圈和滚动体的材料。

（　　）4．钛及钛合金的性能特点是质量轻、强度高、韧性好且具有较高的耐磨性。

（　　）5．用硬质合金制造的刃具，其热硬性比高速钢好。

（　　）6．变质处理可有效提高铸造铝合金的力学性能。

（　　）7．黄铜呈黄色，白铜呈白色，青铜呈青色。

（　　）8．工业纯铝呈银白色，具有面心立方晶格，有同素异晶转变。

（　　）9．钛合金具有较高的强度和良好的塑性，可进行冷变形加工。

三、请为下列材料牌号选择其对应的材料类别序号填在括号内。

材料牌号：	LC4	LY11	YW	ZL102	ZL203	H68	QSn4-3	ZCuSn10Pb1
类别序号	（ ）	（ ）	（ ）	（ ）	（ ）	（ ）	（ ）	（ ）
材料牌号：	YG8	QBe2	LD5	TB1	YT15	MB1	HPb59-1	ZCuPb30
类别序号	（ ）	（ ）	（ ）	（ ）	（ ）	（ ）	（ ）	（ ）

材料类别及序号：

1．铍青铜　2．硬铝合金　3．铅黄铜　4．超硬铝合金　5．锡青铜　6．钛合金

7．锻铝合金　8．钨钴类硬质合金　9．铸造铝硅合金　10．铸造锡青铜　11．黄铜

12．钨钛钴类硬质合金　13．铸造铅青铜　14．铸造铝铜合金　15．变形镁合金

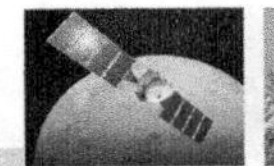

16．万能硬质合金

四、请为如图 3-2-4 所示的零部件选择合适材料（把可供选择的材料序号填在零部件名称旁）。

1．粉末冶金减摩材料（含油轴承）　2．黄铜　3．铍青铜　4．锻铝合金
5．钛合金　6．铸造锡青铜　7．铸造铝青铜　8．铸造铝硅合金
9．防锈铝合金

（a）水泵壳体

（b）房屋门窗框

（c）高压锅

（d）压气机上的叶片

（e）电风扇轴承

（f）船用螺旋桨

（g）耐磨、耐蚀蜗轮

（h）季军奖牌

（i）钟表游丝

图 3-2-4　零部件选材

学习领域4 非金属材料与复合材料

教学导航

教	知识重点	高分子材料、陶瓷材料及复合材料的性能和应用
	知识难点	根据零部件的工作环境、载荷形式选材
	推荐教学方式	任务驱动，案例导入
	建议学时	2～4学时
学	推荐学习方法	课内：听课+互动； 课外：寻找生活中的实例，图书馆、网上搜集相关资料
	应知	常用非金属的种类、性能、用途； 复合材料的种类、性能、用途
	应会	常用塑料、橡胶、陶瓷及复合材料的代号、性能特点及用途

任务 4-1 了解非金属材料

案例 15 电器开关、插座的选材（塑料）

看一看

现代化的社会电能陪伴着我们的生活，随处可见如图 4-1-1 所示的电器。

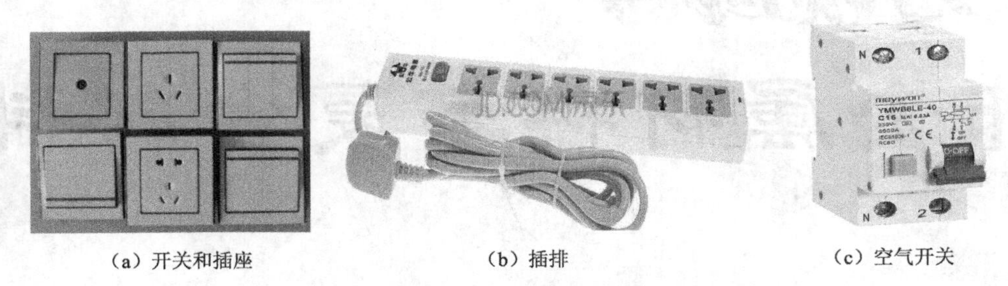

（a）开关和插座　（b）插排　（c）空气开关

图 4-1-1 电源开关、插座

想一想

这些用在电路上的器件应具有一定的强度和硬度，较高的耐磨性、耐热性，良好的绝缘性和耐蚀性，刚度大，吸湿性差，变形小，怎样选材？

相关知识

4.1 非金属材料

非金属材料是指除金属材料和复合材料以外的其他材料，包括高分子材料和陶瓷材料。高分子材料按其形成不同可分为天然和人工合成两类，按其性能及使用状态又可分为塑料、橡胶、合成纤维及胶黏剂等。非金属材料具备许多金属材料所不具备的性能，被广泛应用于各行各业，并成为当代科学技术革命的重要标志之一。

高分子材料具有质轻，比强度高，良好的韧性、耐蚀性、耐磨性、电绝缘性、绝热性，以及分子结构的独特性、易改性和易加工特点，使其具有其他材料不可比拟、不可取代的优异性能。

4.1.1 常用高分子材料——塑料

塑料是以树脂（天然的或合成的）为主要成分，加入一些用来改善使用性能和工艺性能的添加剂，在一定温度和压力下塑造成一定形状，并在常温下能保持既定形状的高分子有机材料。

1. 塑料的组成

1）树脂

树脂是指受热时通常有转化或熔融范围，转化时受外力作用具有流动性，常温下呈固

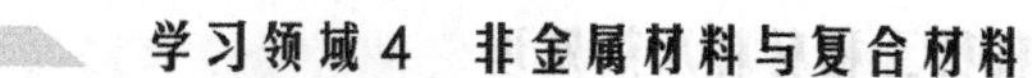

态或半固态或液态的有机聚合物，它是塑料最基本的也是最重要的成分，在多组分塑料中占 30%～100%，在单组分塑料中达 100%。树脂在塑料中也起黏结其他物质的作用。树脂的种类、性能、数量决定了塑料的类型和主要性能。

2）添加剂

为改善塑料性能加入的物质称为添加剂。常用的有填充剂（填料），是为改善塑料制品的某些性能（如强度、硬度等）、扩大应用范围、减少树脂用量、降低成本等而加入的一些物质，填料在塑料中的含量可达 40%～70%，常用的填料有木粉、滑石粉、硅藻土、石灰石粉、云母、石棉和玻璃纤维等。其中，石棉填料可改善塑料的耐热性；云母填料增强塑料的电绝缘性；纤维填料可提高塑料的结构强度。此外，由于填料一般都比树脂价低，故填料的加入也能降低塑料的成本。

除填充剂外，还有增塑剂（提高塑料在加工时的可塑性和制品的柔韧性、弹性等）、固化剂（又称硬化剂和熟化剂，使树脂具有热固性）、稳定剂（又称防老剂，抵抗热、光、氧对塑料制品性能的破坏，延长使用寿命）、润滑剂（防止材料成形过程中粘模，便于脱模，同时使塑料制品表面光洁美观）、着色剂（使塑料制品具有特定的色彩和光泽）及发泡剂、催化剂、阻燃剂、抗静电剂等。

2. 塑料的分类

1）按塑料的物理化学性能分

（1）热塑性塑料

受热软化熔融，塑造成形，冷却后成形固化，此过程可反复进行而其基本性能不变。其特点是力学性能较好，成形工艺简单，耐热性、刚性较差，使用温度低于 120 ℃。

（2）热固性塑料

加热时软化熔融，塑造成形，冷却后成形固化，但再加热时不能软化，也不溶于溶剂，只能塑制一次。其特点是具有较好的耐热性和抗蠕变性，受压时不易变形，但强度不高，成形工艺复杂，生产率低。

2）按塑料的使用范围分

（1）通用塑料

通用塑料是指产量大、用途广、成形性好、价格低的塑料，主要用于日常生活用品、包装材料和一般小型机械零件，如聚乙烯、聚丙烯、聚氯乙烯等。

（2）工程塑料

工程塑料一般指能承受一定的外力作用，并有良好的力学性能和尺寸稳定性，在高、低温下仍能保持其优良性能，可替代金属制作一些机械零件和工程结构件的塑料，其产量小、价格较高，如 ABS 塑料、有机玻璃、尼龙、聚砜等。

（3）特种塑料

特种塑料一般指具有特种性能（如耐热、自润滑等）和特殊用途（如医用）的塑料，如氟塑料、有机硅等。

3. 塑料的性能特点

塑料的密度低，不添加任何填料或增强材料的塑料的相对密度为 0.85～2.20 g/cm^3，只

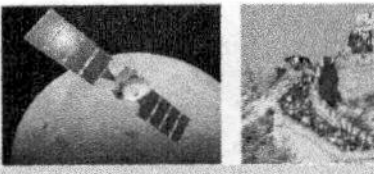

有钢的 1/8～1/4；塑料的耐蚀性好，耐酸、碱、油、水和大气的腐蚀，其中聚四氟乙烯甚至在煮沸的“王水”中也不受影响；塑料的比强度高，如玻璃纤维增强的环氧塑料比一般钢材高 2 倍左右；塑料的电性能优良，可作高频绝缘材料或中频、低频绝缘材料；塑料的减摩性、耐磨性、自润滑性及绝热性好，具有良好的减振性和消音性，但其强度低，刚性差，耐热性低，易老化，蠕变温度低，在某些溶剂中会发生溶胀或应力开裂。

常用塑料的名称（代号）、特性及用途见表 4-1-1。

表 4-1-1 常用塑料的名称（代号）、特性及用途

类别	名称（代号）	主要特性及用途
热塑性塑料	聚乙烯（PE）	高压聚乙烯：柔软、透明、无毒；可作薄膜、软管、塑料瓶。低压聚乙烯：刚硬、耐磨、耐蚀，电绝缘性较好；用于化工设备、管道、承载不高的齿轮、轴承等
	聚氯乙烯（PVC）	较高的强度和较好的耐蚀性，用于废气排污排毒塔、气体和液体输送管、离心泵、通风机、接头。软质聚氯乙烯的伸长率高，制品柔软，耐蚀性和电绝缘性良好，用于薄膜、雨衣、耐酸碱软管、电缆包皮、绝缘层等
	聚苯乙烯（PS）	耐蚀性、电绝缘性、透明性好，强度、刚度较大，耐热性、耐磨性不高，抗冲击性差，易燃、易脆裂。用于纱管、纱锭、线轴；仪表零件、设备外壳；储槽、管道、弯头；灯罩、透明窗；电工绝缘材料等
	丙烯腈-丁二烯-苯乙烯共聚物（ABS）	较高的强度和较好的冲击韧性，良好的耐磨性和耐热性，较高的化学稳定性和绝缘性，易成形，机械加工性好，耐高、低温性差，易燃，不透明。用于齿轮、轴承、仪表盘壳、冰箱衬里，以及各种容器、管道、飞机舱内装饰板、窗框、隔音板等，也可制作小轿车车身及挡泥板、扶手、热空气调节导管等汽车零件
	聚酰胺（尼龙或锦纶）（PA）	强度、韧性、耐磨性、耐蚀性、吸振性、自润滑性良好，成形性好，无毒、无味。蠕变值较大，导热性较差，吸水性高，成形收缩率大。尼龙 610、66、6 等用来制造小型零件（齿轮、蜗轮等）；芳香尼龙用来制造高温下耐磨的零件、绝缘材料和宇宙服等。注意：尼龙吸水后性能及尺寸会发生很大变化
	聚四氟乙烯（塑料王）（PTFE）	优异的耐化学腐蚀性，优良的耐高、低温性能，摩擦因数小，吸水性小，硬度、强度低，抗压强度不高，成本较高。用于减摩密封零件、化工耐蚀零件与热交换器，以及高频或潮湿条件下的绝缘材料，如化工管道、电气设备、腐蚀介质过滤器等
	聚甲基丙烯酸甲酯（有机玻璃）（PMMA）	透光率为 92%，相对密度为玻璃的 50%，强度、韧性较高，耐紫外线、防大气老化，易成形，硬度不高，不耐磨，易溶于有机溶剂，耐热性、导热性差，膨胀系数大。用于飞机座舱盖、炮塔观察孔盖、仪表灯罩及光学镜片、防弹玻璃、电视和雷达标图的屏幕、汽车风挡玻璃、仪器设备的防护罩等
热固性塑料	酚醛塑料（电木）（PF）	具有一定的强度和硬度，较高的耐磨性、耐热性，良好的绝缘性和耐蚀性，刚度大，吸湿性差，变形小，成形工艺简单，价格低廉。缺点是质脆，不耐碱。用于插头、开关、电话机、仪表盒、汽车刹车片、内燃机曲轴、皮带轮、纺织机和仪表中的无声齿轮、化工用的耐酸泵、日用用具等
	环氧塑料（万能胶）（EP）	比强度高，韧性较好，耐热、耐寒、耐蚀、绝缘，防水、防潮、防霉，具有良好的成形工艺性和尺寸稳定性。有毒，价格高。用于塑料模具、精密量具、灌封电器及配制飞机漆、油船漆、罐头涂料、印制电路等

小贴士

（1）塑料的发展前景：目前，一些耐热性更好、抗拉强度更高的类似金属的塑料问世了！有一种名称叫做“Kevlar”的塑料，其强度甚至比钢大5倍以上，成为制造优质防弹背心不可缺少的材料。还有能代替玻璃和金属的耐高温、高强度超级工程塑料，它有惊人的耐酸腐蚀性和耐高温特性，并且还能填充到玻璃、不锈钢等材料中，制成特别需要高温消毒的器具（如医疗器械、食品加工机械等）。此外它还可以用来制造头发吹干机、烫发器、仪表外壳和宇航员头盔等。美国杜邦公司的工程技术人员研制出迄今为止强度最大的塑料——“戴尔瑞 ST”，这种塑料具有合金钢般的高强度，可以制造从汽车轴承、机器齿轮到打字机零件等许多耐磨损零部件。

（2）“白色污染”：众所周知，塑料给人们生活和工农业生产带来了极大的方便，同时也带来了危害极大的“白色污染”问题。不过目前这种情况正逐步得到改善，科学家和工程师们开发出可降解（光降解、生物降解、水降解等）的农用地膜、一次性包装材料等塑料产品，保护了我们的家园。

案例小结

电器开关、插座的选材选用热固性塑料中的酚醛塑料（电木）。

技能训练24　汽车风挡玻璃的选材

温馨提示

汽车风挡玻璃如图4-1-2（b）所示，它与汽车外壳一起为驾驶员和乘客围成一个封闭的空间，可以遮风挡雨，遮挡雪霜、沙尘及杂物等，冬季时还可挡寒。其材质要求质轻，透明度高，不易碎，具有一定的强度、韧性，耐紫外线、耐大气老化，抗振性和隔热性要好，易成形等。

（a）小汽车

（b）汽车风挡玻璃

图4-1-2　汽车及汽车风挡玻璃

案例 16 汽车轮胎的选材（橡胶）

看一看

生活中随处可见路上跑的汽车，汽车的轮胎（如图 4-1-3（b）所示）是保证汽车安全、快速畅行不可缺少的部件。

（a）货运汽车

（b）轮胎

图 4-1-3 汽车及汽车轮胎

想一想

轮胎要具有高弹性、减振性，优良的耐磨性和电绝缘性、不透水性和不透气性，一定的强度和硬度。怎样选材？

相关知识

4.1.2 常用高分子材料——橡胶

橡胶也是一种高分子材料，具有高弹性的聚合物。橡胶可以从一些植物的树汁中取得，也可以是人造的。

1. 橡胶的组成

1）生胶

未加配合剂的天然或合成橡胶统称为生胶，是橡胶制品的主要组成成分，它决定了橡胶制品的性能，同时也能把各种配合剂和骨架材料黏成一体。

2）配合剂

配合剂是用来改善和提高橡胶制品的性能而有意识加入的物质。常用的有硫化剂（使线型结构分子相互交联为网状结构，提高橡胶的弹性、耐磨性、耐蚀性和抗老化能力，并使之具有不溶、不融特性）、硫化促进剂（促进硫化，缩短硫化时间，减少硫化剂用量）、增塑剂（增强橡胶的塑性，便于加工成形）、填充剂（提高橡胶的强度，降低成本，改善工艺性能）、防老剂（延缓橡胶老化，提高使用寿命）、增强材料（提高橡胶制品的力学性能，如强度、耐磨性和刚性等，常加入金属丝及编织物作为骨架材料，如在运输带、胶管中加入帆布、细布，轮胎中加入帘布，高压管中加入金属丝网等）及着色剂、发泡剂、电

磁性调节剂等。

2. 橡胶的分类

橡胶的品种很多，根据来源不同可分为天然橡胶和合成橡胶，根据用途不同分为通用橡胶和特种橡胶。

天然橡胶是指从橡树中流出的乳胶经凝固、干燥、加压等工序制成的片状生胶，再经硫化工序所制成的一种弹性体。合成橡胶是指以石油产品为主要原料，经过人工合成制得的高分子材料。通用橡胶是指用于制造轮胎、工业用品、日常用品的量大面广、价格低廉的橡胶。特种橡胶是指制造在特殊条件（高温、低温、酸、碱、油、辐射等）下使用的零部件的橡胶，一般价格较高。

3. 橡胶的性能特点

橡胶最显著的性能特点是在很宽的温度范围（-50～150 ℃）内具有高弹性，即在较小的外力作用下能产生很大的变形，最大伸长率可达 800%～1 000%，外力去除后，能迅速恢复原状，同时橡胶还具有优良的伸缩性和可贵的积储能量的能力，良好的隔音性、阻尼性、耐磨性和挠性，优良的电绝缘性、不透水性和不透气性，一定的强度和硬度，但一般橡胶的耐蚀性较差，易老化。橡胶及其制品在储运和使用时应注意防止光辐射、氧化和高温，降低橡胶老化、变脆、龟裂、发黏、裂解和交联的速度。

常用橡胶的种类、特性及用途见表 4-1-2。

表 4-1-2　常用橡胶的种类、特性及用途

类　别	橡胶品种	主要性能	用途举例
通用橡胶	天然橡胶	高弹性、耐低温、耐磨、绝缘、防振、易加工。不耐油、不耐氧、不耐高温及浓强酸	轮胎、胶带、胶管等
	丁苯橡胶	较好的耐磨性、耐热性、耐油及抗老化性，价格低廉；不耐寒，生胶的强度低、弹性低，可通过与天然橡胶混用以取长补短	汽车轮胎、胶带、胶管、电绝缘材料和工业用橡胶密封件等
	顺丁橡胶	以弹性好、耐磨而著称，耐寒性较好，易与金属黏合，但加工性能差、抗撕性差	轮胎、胶带、弹簧、减振器、电绝缘制品等
	氯丁橡胶（万能橡胶）	弹性、绝缘性、强度、耐碱性可与天然橡胶媲美，耐油、耐氧化、耐老化、耐酸、耐热、耐燃烧，透气性好，耐寒性差，密度高，生胶稳定性差	矿井的运输带、胶管、电缆；油封衬里、高速三角带及各种垫圈等
特种橡胶	丁腈橡胶	耐油性、耐水性、气密性好，耐寒性、耐酸性和绝缘性差	耐油制品，如油箱、储油槽、输油管等
	硅橡胶	高耐热性和耐寒性，在-100～350℃保持良好的弹性，耐老化性和绝缘性良好，强度低，耐磨性、耐酸性差，价格较贵	飞机和宇航中的密封件、薄膜，胶管和耐高温的电线、电缆等
	氟橡胶	耐腐蚀、耐油、耐多种化学药品侵蚀，耐热性好，最高使用温度为 300℃，价格昂贵，耐寒性差，加工性能不好	航空航天的密封件，如火箭、导弹密封垫及化工设备中的衬里等

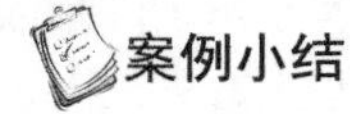案例小结

汽车轮胎选用橡胶材料，但一只轮胎并不是只由一种橡胶做成的，如图 4-1-4 所示，轮胎的最外面（胎面胶）用非常耐磨的丁苯橡胶；轮胎的侧面（胎边胶）也用丁苯橡胶以提高在弯道的耐磨性；与空气接触的内胎（内面胶）用丁基橡胶，它有很好的绝缘性，尤其是高不透气性。

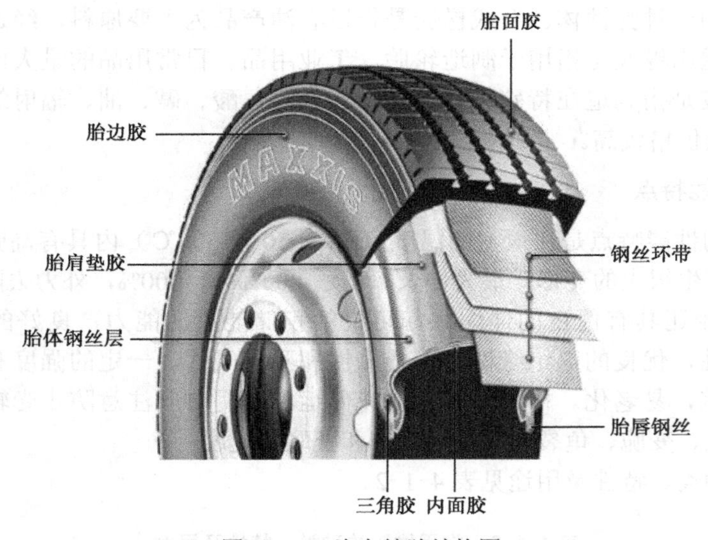

图 4-1-4　汽车轮胎结构图

技能训练 25　密封垫的选材

温馨提示

密封垫如图 4-1-5 所示，被广泛用于工程机械及各种管道、壳体接合面的静密封中，以其弹性变形填补零件结合面的不平度，切断泄漏通道，增加泄漏阻力，或承受内外侧压力差等方式防止流动介质（气体、冷却水、润滑油、齿轮油、液压油、制动液等）泄漏。

图 4-1-5　各种形状的密封垫

案例 17　砂轮的选材（陶瓷）

看一看

砂轮（如图 4-1-6（b）所示）是用磨料和结合剂等制成的中央有通孔的圆形固结磨具，是磨具中用量最大、使用面最广的一种；使用时被安装在砂轮机上高速旋转，适用于加工各种金属和非金属材料，可分别对工件的外圆、内圆、平面和各种型面等进行粗磨、半精磨和精磨，以及切断和开槽等。

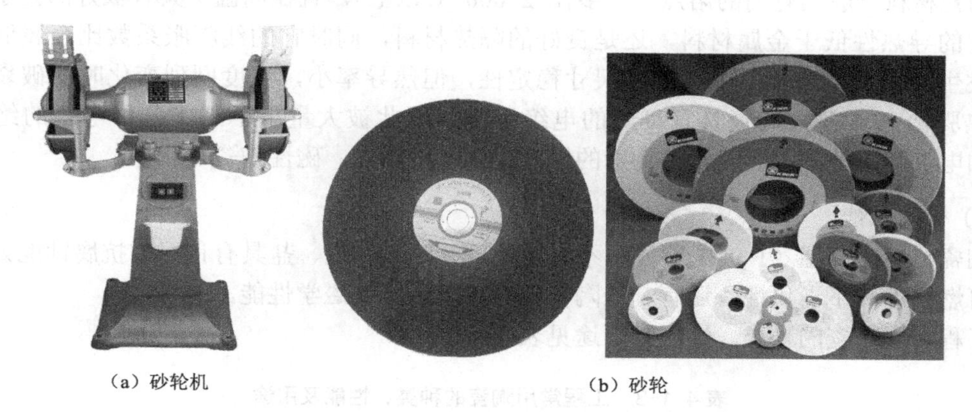

（a）砂轮机　　（b）砂轮

图 4-1-6　砂轮机及砂轮

想一想

砂轮要具有高硬度、足够的耐磨性和一定的抗压强度，容易被制成各种形状和尺寸，怎样选材？

相关知识

4.1.3　陶瓷材料

陶瓷材料是用天然或合成化合物经过成形和高温烧结制成的一类无机非金属材料。它具有高熔点、高硬度、高耐磨性、耐氧化等优点，可用作结构材料、刀具材料，由于陶瓷还具有某些特殊的性能，又可作为功能材料。

1. 陶瓷的分类

1）普通陶瓷材料（传统陶瓷）

这种材料采用天然原料如长石、黏土和石英等烧结而成，是典型的硅酸盐材料，主要组成元素是硅、铝、氧，这三种元素占地壳元素总量的 90%，普通陶瓷来源丰富，成本低，加工成形性好，工艺成熟。这类陶瓷按性能特征和用途不同又可分为日用陶瓷、建筑陶瓷、电绝缘陶瓷、化工陶瓷等。

2）特种陶瓷材料（现代陶瓷）

这种材料采用高纯度人工合成的原料，利用精密控制工艺成形烧结制成，一般具有某些特殊性能，以适应各种需要。根据其主要成分，分为氧化物陶瓷、氮化物陶瓷、碳化物陶瓷、金属陶瓷等，特种陶瓷具有特殊的力学、光、声、电、磁、热等性能。

2. 陶瓷的性能

1）力学特性

陶瓷材料是工程材料中刚度最好、硬度最高的材料，其硬度大多在 1 500 HV 以上。陶瓷的抗压强度较高，但抗拉强度较低，塑性和韧性很差，易脆性断裂。

2）物理性能

陶瓷材料一般具有高的熔点（大多在 2 000 ℃以上），且在高温下具有极好的化学稳定性，它的导热性低于金属材料，还是良好的隔热材料，同时它的线膨胀系数比金属低，当温度发生变化时，陶瓷具有良好的尺寸稳定性，但热导率小，温度剧烈变化时易破裂，不能急热骤冷。大多数陶瓷具有良好的电绝缘性，因此被大量用于制作各种电压的绝缘器件，如电瓷。有的陶瓷具有各种特殊的性能，如铁电陶瓷、磁性陶瓷等。

3）化学性能

陶瓷材料在高温（1 000 ℃）下不易氧化，并对酸、碱、盐具有良好的抗腐蚀能力，具有不可燃烧性和不老化性，还有一些陶瓷具有光学性能和磁学性能。

工程常用陶瓷的种类、性能及用途见表 4-1-3。

表 4-1-3　工程常用陶瓷的种类、性能及用途

<table>
<tr><th colspan="3">种　类</th><th>性　能</th><th>用　途</th></tr>
<tr><td rowspan="2">普通陶瓷</td><td colspan="2">普通工业陶瓷</td><td rowspan="2">产量大、成本低、加工成形性好，具有良好的抗氧化性、耐蚀性和绝缘性，质地坚硬，但强度低。主要用于电气、化工、建筑、纺织等部门</td><td>用于装饰板、卫生间装置及器具等的日用陶瓷和建筑陶瓷；绝缘子、绝缘的机械支撑件、静电纺织导纱器</td></tr>
<tr><td colspan="2">化工陶瓷</td><td>化工、制药、食品等工业及实验室中受力不大、工作温度低的酸碱容器、反应塔、管道设备及实验器皿等</td></tr>
<tr><td rowspan="4">特种陶瓷</td><td rowspan="2">氧化物陶瓷</td><td>氧化铝（刚玉）陶瓷</td><td>氧化铝陶瓷是以 Al_2O_3 为主要成分，含有少量 SiO_2，熔点达 2 050 ℃，抗氧化性强，耐高温性能好，强度比普通陶瓷高 2～3 倍。硬度极高（仅次于金刚石），有很好的耐磨性，热硬性达 1 200 ℃，具有高的电阻率和低的热导率，是很好的电绝缘材料和绝热材料，但脆性大，抗热振性差，不能承受环境温度的突然变化</td><td>作高温耐火结构材料，如内燃机火花塞、空压机泵零件等；用作要求高的工具，如切削淬火钢刀具、金属拔丝模等</td></tr>
<tr><td>氧化铍陶瓷</td><td>极好的导热性，很高的热稳定性，强度虽然较低，但抗热冲击性较高，消散高能辐射的能力强</td><td>用来制造坩埚，作真空电子器件中陶瓷和原子反应堆陶瓷，气体激光管、晶体管散热片，以及集成电路的基片和外壳等</td></tr>
<tr><td rowspan="2">碳化物陶瓷</td><td>碳化硅陶瓷</td><td>高温强度高，热传导能力强，耐磨、耐蚀、抗蠕变</td><td>可用于火箭尾喷管的喷嘴、热电偶套管等高温零件，也可作为加热元件、石墨表面保护层及砂轮的磨料等</td></tr>
<tr><td>碳化硼陶瓷</td><td>硬度极高，抗磨粒磨损能力很强，耐酸、碱腐蚀，熔点达 2 450 ℃，但高温下会快速氧化，并与熔融钢铁材料发生反应，使用温度限定在 980 ℃以下</td><td>最大的用途是用作磨料和制作磨具，制作超硬工具材料</td></tr>
</table>

续表

种类			性能	用途
特种陶瓷	氮化物陶瓷	氮化硅陶瓷	硬度高，耐磨性好，摩擦因数低，有自润滑作用；有抗高温蠕变性，在 1 200 ℃以下工作，其强度和化学稳定性不会降低，且热膨胀系数小、抗热冲击；能耐很多无机酸和碱溶液侵蚀	是优良的减摩、耐磨材料，可用于制造各种泵的耐蚀耐磨密封环；可做优良的高温结构材料，如高温轴承、转子叶片，以及加工难切削材料的刀具等
		氮化硼陶瓷	六方氮化硼导热性、耐热性好，有自润滑性能，在高温下耐腐蚀、绝缘性好；立方氮化硼的硬度与金刚石相近，是优良的耐磨材料	用于高温耐磨材料和电绝缘材料、耐火润滑剂等。可用于制作耐磨切削刀具、高温模具和磨料等

知识拓展

4.1.4 陶瓷材料领域的前沿

随着科学技术水平的不断提高，陶瓷材料领域的发展也令人称奇，各种新型的陶瓷材料层出不穷，在工程建设中发挥着巨大的作用，为各个领域的前行奠定了材料的基础。

1. 汽车用陶瓷材料

传统汽车的柴油机或燃气轮机使用的金属零件耐温极限低，大大限制了发动机的工作温度，而使用各种冷却装置又使发动机设计复杂，同时又增加了质量和自耗功率。采用耐高温的陶瓷（如氮化硅陶瓷等）代替合金钢制造陶瓷发动机，其工作温度可达 1 300～1 500 ℃，而且陶瓷发动机的热效率高，可节省约 30%的热能。另外，陶瓷发动机无需水冷系统，其密度也只有钢的一半左右，这对减小发动机自身质量也有重要意义。

目前，日野汽车公司在重型载货汽车用柴油机（排量 1.5 L）的基础上开发了陶瓷复合发动机系统，该发动机汽缸套、活塞等燃烧室器件中有 40%左右是陶瓷件。

美国通用汽车公司在其所制成的 2.3 L 柴油机上，采用陶瓷缸套、气门头、燃烧室、排气门通道、汽缸盖、活塞顶，以及用陶瓷涂镀的气门摇臂、气门挺杆、气门导管和滑动轴承，并已装在轿车上进行了 20 290 km 路试。

2. 阀门用陶瓷材料

目前，许多行业生产中所用的阀门普遍为金属阀门，受金属材料自身性能的限制，很难适应高磨损、强腐蚀的恶劣工作环境需要。采用高技术新型陶瓷结构材料制作阀门的密封部件和易损部件，提高了阀门产品的耐磨性、防腐性及密封性，大大延长了阀门的使用寿命；陶瓷阀门的使用可以在很大程度上降低阀门的维修更换次数，提高配套设备运行系统的安全性、稳定性。

此外，还有许多特殊性能的陶瓷，如电子陶瓷（指用来生产电子元器件和电子系统结构零部件的功能性陶瓷。这些陶瓷除了具有高硬度等力学性能外，对周围环境的变化也能“无动于衷”，即具有极好的稳定性，这对电子元器件来说是很重要的性能，另外就是能耐高温。）、离子陶瓷、压电陶瓷、导电陶瓷、光学陶瓷、敏感陶瓷、超导陶瓷、生物陶瓷（用于制造人体“骨骼-肌肉”系统，以修复或替换人体器官或组织的一种陶瓷材料）等，

涉及的领域比较多。常用功能陶瓷的种类、组成、特性及应用见表 4-1-4。

表 4-1-4　常用功能陶瓷的种类、组成、特性及应用

种　类	性能特征	主要组成	用　途
光学陶瓷	荧光、发光性	Al_2O_3CrNd 玻璃	激光
	红外透过性	CaAs、CdTe	红外线窗口
	高透明度	SiO_2	光导纤维
	电发色效应	WO_3	显示器
磁性陶瓷	软磁性	$ZnFe_2O$、γ-Fe_2O_3	磁带、各种高频磁芯
	硬磁性	$SrO \cdot 6Fe_2O_3$	电声器件、仪表及控制器件的磁芯
介电陶瓷	绝缘性	Al_2O_3、Mg_2SiO_4	集成电路基板
	热电性	$PbTiO_3$、$BaTiO_3$	热敏电阻
	压电性	$PbTiO_3$、$LiNbO_3$	振荡器
	强介电性	$BaTiO_3$	电容器
半导体陶瓷	光电效应	CdS、Ca_2Sx	太阳电池
	阻抗温度变化效应	VO_2、NiO	温度传感器
	热电子放射效应	LaB6、BaO	热阴极

小贴士

（1）红宝石和蓝宝石：它们的主要成分都是 Al_2O_3（刚玉）。红宝石呈现红色是由于其中混有少量的含铬化合物及氧化铁而呈红色；而蓝宝石呈蓝色则是由于其中混有少量含钛化合物及氧化铍。除了红宝石以外，剩下的氧化铝宝石都叫蓝宝石，不论什么颜色，不仅是蓝色的，也有黄色紫色的蓝宝石。

（2）钻石和金刚石：它们的化学成分都是纯碳，在工业上使用称金刚石，在珠宝首饰行里称钻石。金刚石是自然界中最硬的物质，它还具备极高的弹性模量，可用作钻头、刀具、磨具、拉丝模、修整工具。金刚石工具进行超精密加工，可达到镜面光洁度，但金刚石刀具与铁族元素的亲和力大，故不能用于加工铁、镍基合金，而主要用来加工非铁金属和非金属，广泛用于陶瓷、玻璃、石料、混凝土、宝石、玛瑙等的加工。钻石具有发光性，日光照射后，夜晚能发出淡青色磷光。X 射线照射后发出天蓝色荧光。钻石的化学性质很稳定，在常温下不容易溶于酸和碱。

案例小结

根据加工工件的材质来选择砂轮的材料，可以选用特种陶瓷中的氧化物陶瓷、碳化物陶瓷、氮化物陶瓷作为砂轮的磨料。按所用磨料的不同，分为普通磨料（刚玉和碳化硅等）砂轮和超硬磨料（金刚石和立方氮化硼）砂轮两类。

技能训练 26　绝缘电瓷的选材

温馨提示

绝缘电瓷如图 4-1-7 所示，常用于高压电线连接塔上，在架空输电线路中起着两个基本作用，即支撑导线和防止电流回地（绝缘），这两个作用必须得到保证，绝缘电瓷不应该由于环境和电负荷条件发生变化导致的各种机电应力而失效，否则就会损害整条线路的使用和运行寿命。

图 4-1-7　输电线路上的绝缘电瓷

技能训练 27　航天飞机防护瓦的选材

温馨提示

航天飞机防护瓦如图 4-1-8 所示，安装在飞机外壁上，覆盖整架航天飞机，避免航天飞机穿越大气层时与大气摩擦所产生的高温（1 650 ℃）对飞机机体的损坏，用于保护飞机。

图 4-1-8　工作人员为航天飞机安装防护瓦

任务 4-2　了解复合材料

案例 18　武装直升机机身、螺旋桨的选材（复合材料）

看一看

武装直升机如图 4-2-1 所示，其结构复杂，但很轻巧，机动部件较多，能携带多种子

弹、炸弹，能适应各种环境中作战的需要。

图 4-2-1 武装直升机

想一想

制造武装直升机机身及螺旋桨的材料需要良好的力学性能（足够的强度和硬度、一定的塑性和韧性、很高的抗疲劳强度），同时自身质量要轻，断裂安全性要高，减振能力要强，耐蚀性、耐磨性要好，绝缘性要良好（雷电也穿不透），怎样选材？

相关知识

4.2 复合材料

复合材料是由两种或两种以上不同性质的材料，通过物理或化学的方法，在宏观上组成具有新性能的材料。各种材料在性能上互相取长补短，产生协同效应，既能保持各组成成分的最佳性能，又具有组合后的新性能，使复合材料的综合性能优于原组成材料而满足各种不同的要求。它具有比强度、比模量高，可设计性强，抗疲劳性能好，耐腐蚀性能优越，以及便于大面积整体一次成形等显著优点，显示出比传统金属合金结构材料和非金属材料更优越的综合性能，所以复合材料已成为挖掘材料潜能及研制开发新材料的有效途径。

4.2.1 复合材料的组成及分类

复合材料的组成主要有基体材料（是连续相，起黏结、保护、传递外加载荷等作用）和增强材料（是分散相，具有承受载荷和提高强度、韧性的作用）两大部分。其中基体材料分为金属和非金属两大类，金属基体常用的有铝、镁、铜、钛及其合金；非金属基体主要有合成树脂、橡胶、陶瓷、石墨、碳等。增强材料主要有玻璃纤维、碳纤维、硼纤维、芳纶纤维、碳化硅纤维、石棉纤维、晶须、金属丝和硬质细粒等。

4.2.2 复合材料的成形方法及性能

1. 复合材料的成形方法

复合材料的成形方法由于基体材料不同而各异。

（1）金属基复合材料成形方法分为固相成形法和液相成形法。前者在低于基体熔点温度下，通过施加压力实现成形，包括扩散焊接、粉末冶金、热轧、热拔和爆炸焊接等。后者是将基体熔化后，充填到增强体材料中，包括传统铸造、真空吸铸、真空反压铸造、挤压铸造及喷铸等。

（2）树脂基复合材料的成形方法较多，有手糊成形、喷射成形、纤维缠绕成形、模压成形、拉挤成形、RTM 成形、热压罐成形、隔膜成形、迁移成形、反应注射成形、软膜膨胀成形、冲压成形等。

（3）陶瓷基复合材料的成形方法主要有固相烧结、化学气相浸渗成形、化学气相沉积成形等。

2. 复合材料的性能

（1）比强度和比模量（模量与密度之比）高。复合材料可以在保持结构件高强度和高刚度的前提下，减轻零件的自重或体积。例如，用同等强度的树脂基复合材料和钢制造同一构件时，质量可以减轻 70%以上。

（2）疲劳强度高。复合材料中的纤维相缺陷少，抗疲劳能力高。基体塑性和韧性好，不易产生微裂纹。一旦产生裂纹，基体的塑性变形和大量的纤维相会使裂纹钝化，阻止裂纹的迅速扩展。例如，大多数金属的疲劳强度是其抗拉强度的 30%～50%，而碳纤维-聚酯树脂复合材料的疲劳强度是其抗拉强度的 70%～80%。

（3）良好的减摩、耐磨性和较强的减振能力。复合材料摩擦因数低，少量短切纤维可大大提高耐磨性；大的比模量、高的自振频率，可避免工作状态下产生共振；此外，由于纤维与基体界面吸振能力大，阻尼特性好，也可快速衰减振幅，例如，对形状、尺寸相同的梁进行振动实验，轻合金梁需 9 s 才能停止振动，而碳纤维复合材料梁只需 2.5 s 就可以停止振动。

（4）高温性能好，抗蠕变能力强。纤维增强材料在高温下，热疲劳性、热稳定性都较好。例如，碳纤维增强碳化硅基体复合材料用于航天飞机高温区，在 1 700 ℃仍可保持 20 ℃时的抗拉强度，并且具有较好的抗压性能和较高的层间抗剪强度。

（5）断裂安全性高。例如，纤维增强复合材料的基体中有大量细小纤维，过载时部分纤维断裂，载荷会迅速重新分配到未被破坏的纤维上，不致造成构件在瞬间完全丧失承载能力而断裂。

（6）成形工艺性好。对于形状复杂的零部件，根据受力情况可以一次整体成形，减少了零件的衔接，提高材料的利用率。

除此之外，复合材料还有优良的化学稳定性、自润滑性、消声、电绝缘等性能。石墨纤维与树脂复合可得到膨胀系数几乎等于零的材料。纤维增强材料的另一个特点是各向异性，因此可按制件不同部位的强度要求设计纤维的排列。

4.2.3　常用复合材料

常用复合材料的种类、组成、特性及应用见表 4-2-1。

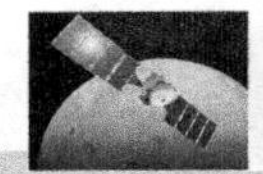

表 4-2-1　常用复合材料的种类、组成、特性及应用

种　类	组　成		特　性	应　用
	增强材料	基体材料		
纤维增强复合材料	玻璃纤维	热固性树脂	质量轻，比强度高，耐腐蚀，绝缘性、绝热性及微波穿透性好，吸水性低，成形工艺简单，但弹性模量小，刚性差，耐热性差，易老化，可通过更换基体来改善性能	常用作机器护罩、车辆车身、绝缘抗磁仪表、耐蚀耐压容器和管道及各种形状复杂的机器构件和车辆配件
		热塑性树脂	高的力学性能、介电性能、耐热性和抗老化性，成形性好，生产率高，且比强度不低，缺口敏感性提高	尼龙 66 玻璃钢，常用来制作轴承、轴承架、齿轮等精密件、电工件、汽车仪表及前、后灯等；ABS 玻璃钢，常用来制作化工装置、管道、容器等；聚苯乙烯玻璃钢，常用来制作汽车内装饰品、收音机壳、空调叶片等；聚碳酸酯玻璃钢，常用来制作耐磨、绝缘仪表等
	碳纤维	树脂	其性能优于玻璃钢，特点是密度低，强度高，弹性模量大，比强度和比模量高，抗疲劳性能优良，耐冲击、耐磨、耐蚀及耐热。缺点是纤维与基体结合力低，各向异性表现明显，耐高温性能差	可用于制作飞机机身、螺旋桨、尾翼、宇宙飞船和航天器的外层材料；人造卫星和火箭的机架、壳体；各种精密机器的齿轮、轴承及活塞、密封圈、化工容器和零件等
		金属	铝基复合材料：比强度和比模量高，高温强度、减摩性和导电性好。 铜基复合材料：具有较高的强度，良好的导电、导热性，低的摩擦因数和高的耐磨性，以及在一定温度范围内的尺寸稳定性	碳纤维增强铝基复合材料主要用于制造飞机蒙皮、螺旋桨、航天飞机外壳、运载火箭的大直径圆锥段等； 碳纤维增强铜基复合材料主要用于制造高负荷的滑动轴承、集成电路的电刷、滑块等
		陶瓷	大幅度提高陶瓷的冲击韧度和抗热振性，降低脆性，而陶瓷又能保护碳（或石墨）纤维在高温下不被氧化，比强度和比模量成倍提高，并能承受 1 200～1 500℃的高温气流冲击	燃气轮机的壳体、内燃机的火花塞等
	硼纤维	铝基	密度低，刚度大，具有高的比强度、抗压强度、抗剪强度和疲劳强度	主要用于飞机或航天器蒙皮、大型壁板、长梁、加强肋、航空发动机叶片等
		树脂	抗拉强度、抗压强度、抗剪强度及比强度都高于铝合金和钛合金，且蠕变小，硬度和弹性模量高，疲劳强度很高，耐辐射性及导热性极好。缺点是各向异性明显，纵向力学性能高于横向力学性能十几倍到几十倍，加工困难，成本昂贵	主要用于制作航空、航天工业中要求高刚度的结构件，如飞机机身、机翼、轨道飞行器等
	碳化硅	合成树脂	有极高的强度，高温下的化学稳定性好	涡轮机叶片
	芳纶纤维	合成树脂	韧性好，弹性模量高，密度低；耐压强度和弯曲疲劳强度较差	雷达天线罩、降落伞高强度绳索、高压防腐容器、高压软管、游艇船体、防弹头盔、防弹内衬等

续表

种　类	组　成		特　性	应　用
	增强材料	基体材料		
颗粒增强	金属细粒	金属	既有良好的导电性，又可以在高温下保持适当的硬度和强度，常用作高温下导热、导电体	制作高功率电子管的电极、焊接机的电极、白炽灯引线、微波管等
	陶瓷粒	金属	耐热性好，硬度高，高温耐磨性好，但脆性大	高速切削刀具、高温材料、喷嘴、拉丝模等

除表中所述之外还有层状复合材料，其中双层金属复合材料比较典型。

双层金属复合材料是将性能不同的两种金属用胶合或熔化、铸造、热压、焊接、喷涂等方法复合在一起以满足某种性能要求的材料。最常见的双层金属复合材料是热双金属片簧（以此制成恒温器，如图 4-2-2 所示），这种复合材料就是将热膨胀系数相差尽可能大的两种金属片胶合成一体。使用时，一端固定，当温度变化时，由于热膨胀系数不同，发生预定的挠曲变形，从而成为测量和控制温度变化的恒温器。

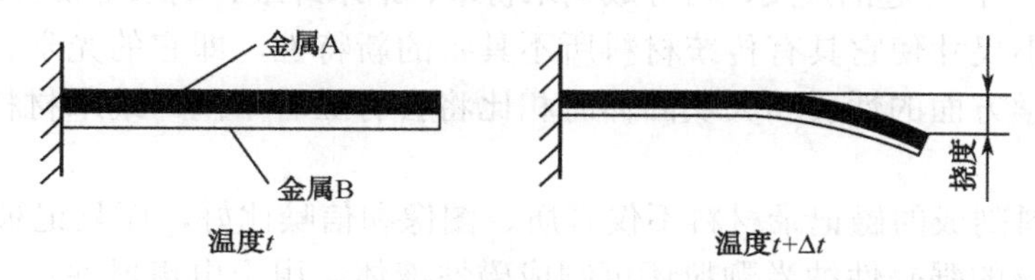

图 4-2-2　简易恒温器

知识拓展

4.2.4　形状记忆合金

将材料在一定条件下进行一定限度以内的变形后再对材料施加适当的外界条件，材料的变形随之消失而恢复到变形前的形状，这种现象称为形状记忆效应（SME）。具有形状记忆效应的金属一般是由两种以上的金属元素组成的合金，故称为形状记忆合金（SMA）。

现已发现 20 多个合金系、上百种合金具有形状记忆效应，典型的形状记忆合金有钛镍系形状记忆合金、铜系形状记忆合金和铁系形状记忆合金。

形状记忆合金为我们的日常生活提供了帮助，例如，形状记忆合金黄铜弹簧可制成防烫伤喷头，当水温太高时，弹簧可自行关闭热水阀，防止沐浴时意外烫伤。记忆合金已用于管道结合和自动化控制方面，用记忆合金制成套管可以代替焊接，方法是在低温时将管端内全扩大约 4%，装配时套接在一起，一经加热，套管收缩恢复原形，形成紧密的接合。若船舰和海底油田管道损坏，用这种方法修复起来就十分方便。在一些施工不便的部位用记忆合金制成销钉装入孔内加热，其尾端自动分开卷曲，形成单面装配件。记忆合金在医疗上的应用也很引人注目。例如，接骨用的骨板，不但能将两段断骨固定，而且在恢复原形的过程中产生压缩力，迫使断骨接合在一起。齿科用的矫齿丝、脊柱矫直用的支板等，都在植入人体内后靠体温的作用启动，血栓滤器也是一种记忆合金新产品。被拉直的滤器植入静脉后会逐渐恢复成网状，从而阻止 95%的凝血块流向心脏和肺部。

4.2.5 超导材料

某些金属、合金和化合物在温度降到绝对零度附近某一特定温度时，它们的电阻率突然减小到无法测量的现象叫做超导现象，能够发生超导现象的物质叫做超导体。超导体由正常态转变为超导态的温度称为这种物质的转变温度（或临界温度）T_C。现已发现大多数金属元素及数以千计的合金、化合物都在不同条件下显示出超导性。

超导材料可利用其超导电性制作成磁体，应用于电动机、高能粒子加速器、磁悬浮运输、受控热核反应、储能等；可制作电力电缆，用于大容量输电（功率可达 10 000 MVA）；可制作通信电缆和天线，其性能优于常规材料。

4.2.6 纳米材料

纳米（nm）是长度单位，$1\ nm=1\times10^{-9}\ m$。纳米材料在广义上是指在三维空间中至少有一维处于纳米尺度范围（1～100 nm）或由它们作为基本单元构成的材料，这大约相当于 10～100 个原子紧密排列在一起的尺度，可分成纳米粉末、纳米纤维、纳米薄膜、纳米块体。

纳米材料的小尺寸使它具有传统材料所不具备的新特性，即它的光学、热学、电学、磁学、力学及化学方面的性质和大块固体时相比将会有显著不同。纳米材料大部分是人工制造的。

纳米磁性材料制成的磁记录材料不仅音质、图像和信噪比好，而且记录密度比γ-Fe_2O_3高几十倍。超顺磁的强磁性纳米颗粒还可制成磁性液体，用于电声器件、阻尼器件、旋转密封及润滑和选矿等领域。

纳米陶瓷材料具有极高的强度和高韧性及良好的延展性，这些特性使纳米陶瓷材料可在常温或次高温下进行冷加工。另外，它对温度变化、红外线及汽车尾气都十分敏感。因此，可以用它们制作温度传感器、红外线检测仪和汽车尾气检测仪，检测灵敏度比普通的同类陶瓷传感器高得多。

纳米半导体材料、纳米催化材料、纳米碳管等逐渐被开发出来，纳米材料在医疗生物、国防科技、环境工程、纺织化工、汽车制造、农业生产等诸多领域被越来越多地使用。

小贴士

（1）隐身材料是指能屏蔽或衰减雷达波或红外特征的材料。除涂层外，还有碳纤维增强热固性树脂基复合材料和热塑性树脂基复合材料，目前已经得到了某些应用。新型隐身材料对于飞机和导弹提高自身生存和突防能力具有至关重要的作用。

（2）玻璃钢是指玻璃纤维增强塑料（GFRP），分热固性玻璃钢和热塑性玻璃钢，是玻璃纤维与热固性树脂或热塑性树脂组成的复合材料。玻璃钢是汽车工业中应用最多的树脂基复合材料，主要用于车身部件、结构件及功能件。

（3）复合材料在航空领域的应用：小型飞机和直升机的使用量已占 70%～80%，军用飞机的使用量占 30%～40%，大型客机的使用量占 15%～50%。

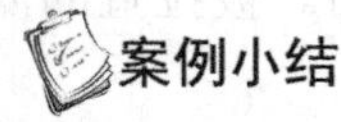

武装直升机的机身、螺旋桨选用碳纤维增强树脂基复合材料。

技能训练 28 赛车车身的选材

温馨提示

赛车（如图 4-2-3 所示）比普通客车、轿车的速度快得多，要求其质量轻，强度、硬度更要高，尤其是抗冲击韧性要足够强，要抗疲劳、抗振、耐热、耐蚀。

（a）场地赛车

（b）非场地赛车

图 4-2-3 赛车

知识梳理

非金属材料和复合材料内容总结见表 4-2-2 和表 4-2-3。

表 4-2-2 非金属材料

	分类			应用举例
非金属材料	高分子材料	塑料	热固性材料	育秧膜、大棚膜和排灌管道、渔网等；齿轮、轴承；管道、容器及防腐材料；门窗、隔热及隔音板等；飞行器、舰艇和原子能工业等；新型包装材料，如包装薄膜、编织袋、瓦楞箱、泡沫塑料等
			热塑性材料	
		橡胶	通用橡胶	轮胎、胶管、电绝缘材料、密封件、减振器等
			特种橡胶	飞机和宇航设备中的密封件、薄膜和耐高温的电线、电缆；火箭、导弹的密封垫及化工设备中的衬里等
	陶瓷	普通陶瓷		装饰板、卫生间装置及器具等；管道设备、耐蚀容器及实验室器皿等
		特种陶瓷	氧化物陶瓷	高压器皿、加热元件；气体激光管、晶体管散热片；耐蚀、耐磨密封环、高温轴承及加工难切削材料的刃具等
			碳化物陶瓷	
			氮化物陶瓷	

表 4-2-3 复合材料

	分类			应用举例
复合材料	纤维增强复合材料	玻璃纤维	热固性玻璃钢	机器护罩、车辆车身、绝缘抗磁仪表、耐蚀耐压容器和管道
			热塑性玻璃钢	轴承、齿轮、汽车仪表及前、后灯等；化工装置、管道、容器等；汽车内装制品、收音机机壳、空调叶片等
		碳纤维	碳纤维-树脂复合材料	主要用于制作航空、航天工业中要求高硬度的结构件，如飞机、飞船、航天器上的外层材料及飞机机身、机翼、螺旋桨、尾翼、轨道飞行器、人造卫星和火箭的机架、壳体等
			碳纤维-金属（或合金）复合材料	

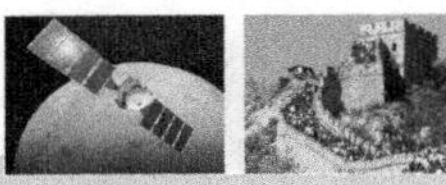

续表

<table>
<tr><th rowspan="8">复合材料</th><th colspan="3">分　类</th><th>应用举例</th></tr>
<tr><td rowspan="4">纤维增强复合材料</td><td>碳纤维</td><td>碳纤维-陶瓷复合材料</td><td rowspan="3">主要用于制作航空、航天工业中要求高硬度的结构件，如飞机、飞船、航天器上的外层材料及飞机机身、机翼、螺旋桨、尾翼、轨道飞行器、人造卫星和火箭的机架、壳体等</td></tr>
<tr><td rowspan="2">硼纤维</td><td>硼纤维增强铝基复合材料</td></tr>
<tr><td>硼纤维增强树脂复合材料</td></tr>
<tr><td>芳纶纤维</td><td>芳纶纤维合成树脂复合材料</td><td>降落伞高强度绳索、高压软管、游艇船体、防弹头盔、防弹内衬等</td></tr>
<tr><td colspan="2" rowspan="2">颗粒增强复合材料</td><td>金属陶瓷</td><td>切削刃具</td></tr>
<tr><td>弥散强化合金</td><td>电极、白炽灯引线、微波管等</td></tr>
<tr><td colspan="2">层状复合材料</td><td>双层金属材料</td><td>恒温器</td></tr>
</table>

综合测试 3

一、选择题（将正确答案所对应的字母填在括号里）

1．由于橡胶具有高的（　　），所以生产中常利用橡胶制作垫圈、密封件等零件。

A．弹性　　B．力学性能　　C．耐磨性　　D．耐腐蚀性

2．“塑料王”是指（　　）。

A．聚四氟乙烯　　B．聚酰胺　　C．聚乙烯　　D．酚醛塑料

3．尼龙是指（　　）。

A．聚四氟乙烯　　B．聚酰胺　　C．聚乙烯　　D．酚醛塑料

4．微晶刚玉的主要成分是（　　）。

A．Cr_2O_3　　B．Al_2O_3　　C．SiO_2　　D．ZrO_2

5．热固性塑料（　　）。

A．可以重复利用　　B．不可以重复利用

C．受压时容易成形　　D．成形工艺简单

6．ABS 塑料属于（　　）。

A．热固性塑料　　B．酚醛塑料　　C．尼龙　　D．热塑性塑料

7．下列材料中硬度最高的是（　　）。

A．玻璃钢　　B．陶瓷　　C．金刚石　　D．碳化硼陶瓷

8．微晶刚玉的硬度和热硬性极高，其热硬性可达（　　）。

A．1 200 ℃　　B．1 000 ℃　　C．800 ℃　　D．600 ℃

二、判断题（正确的在括号内画“√”，错误的在括号内画“×”）

（　　）1．玻璃钢是由玻璃和钢组成的复合材料。

（　　）2．热固性塑料成形后再重新加热时可软化重复利用。

（　　）3．工程材料中陶瓷的硬度最高，一般为 1 500 HV 以上。

（　　）4．陶瓷的断后伸长率和断面收缩率几乎为零，故冲击韧性和断裂韧度很低。

（　　）5．所有的材料都可以复合在一起形成复合材料。

（　　）6．橡胶可以用来制造轮胎、胶带等是因为橡胶具有高的力学性能。

（　　）7．陶瓷的化学性质稳定，既耐酸、碱、盐的腐蚀又不会被氧化。

（　　）8．微晶刚玉具有极高的硬度、耐磨性和热硬性。

三、请为如图 4-2-4 所示的零部件选择合适的材料（把可供选择的材料序号填在零部件名称旁）。

（a）纺织机无声齿轮

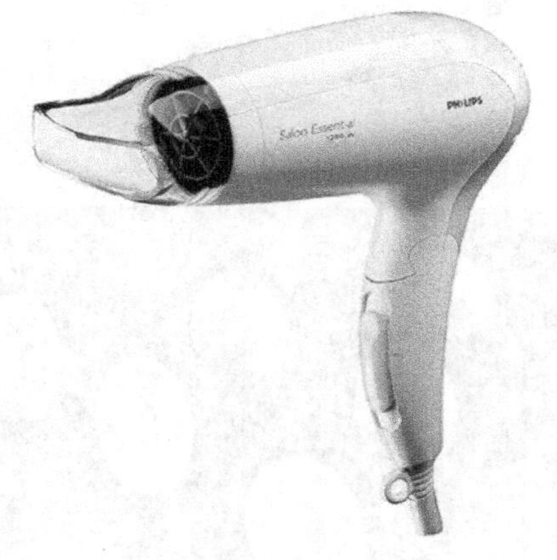

（b）吹风机

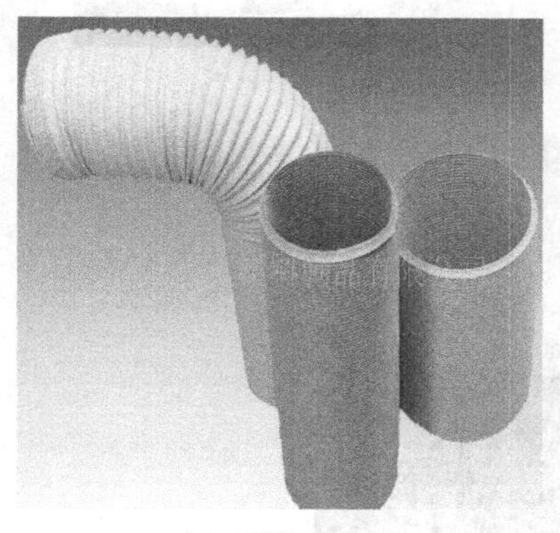

（c）耐酸碱软管

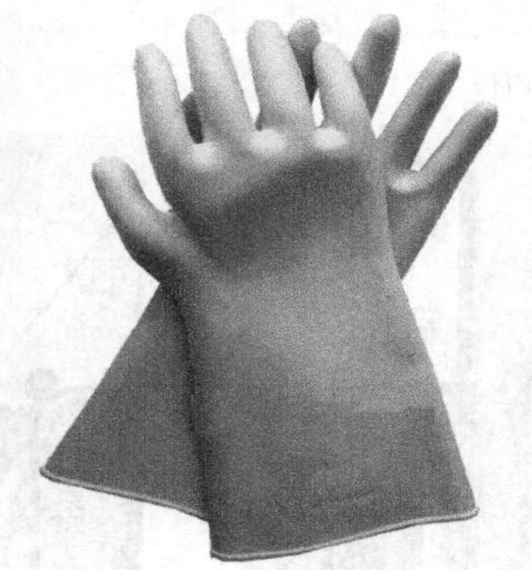

（d）耐酸碱防护手套

（e）安全帽

（f）耐高温坩埚

（g）耐高温电缆

图 4-2-4　零部件选材

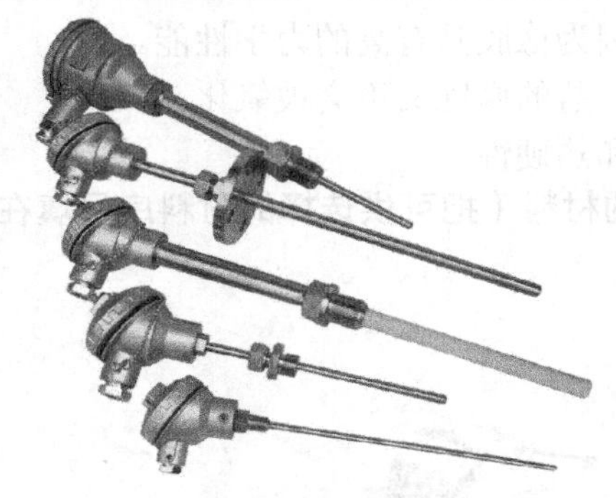

（h）热电偶受热端套管

（i）隐形飞机蒙皮

（j）高温高压酸液管接头内衬

（k）游艇外壳

（l）卫生间装置

（m）动车车厢内的座椅、货架

（n）输送带

（o）汽车前、后灯

图 4-2-4　零部件选材（续）

（1）可供选择的材料如下。

①普通陶瓷；②氧化铍陶瓷；③碳化硅陶瓷；④天然橡胶；⑤氯丁橡胶；⑥丁苯橡胶；⑦硅橡胶；⑧酚醛塑料（PF）（俗称电木）；⑨丙烯腈-丁二烯-苯乙烯共聚物（ABS）；⑩聚氯乙烯（PVC）；⑪热塑性玻璃钢；⑫热固性玻璃钢；⑬硼纤维增强铝基复合材料；⑭碳纤维-树脂复合材料

（2）填空（把上述材料序号填在所属类别的括号中）。

A．特种陶瓷有（ ）。 B．陶瓷有（ ）。

C．通用橡胶有（ ）。 D．特种橡胶有（ ）。

E．橡胶有（ ）。 F．热塑性塑料有（ ）。

G．热固性塑料有（ ）。 H．塑料有（ ）。

I．高分子材料有（ ）。

J．玻璃纤维复合材料有（ ）。

K．纤维复合材料有（ ）。

L．复合材料有（ ）。

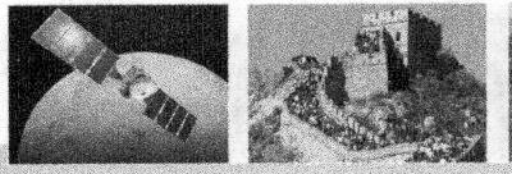

附录 A

表 A-1　常用力学性能指标名称和符号新旧标准对照表

GB/T 228-2002		GB/T 228-1987	
性能指标名称	符　号	性能指标名称	符　号
屈服强度	—	屈服点	σ_s
上屈服强度	R_{eH}	上屈服点	σ_{sU}
下屈服强度	R_{eL}	下屈服点	σ_{sL}
规定非比例延伸强度	R_p，如 $R_{p0.2}$	规定非比例伸长应力	σ_p，如$\sigma_{p0.2}$
规定总延伸强度	R_t，如 $R_{t0.2}$	规定总伸长应力	σ_t，如$\sigma_{t0.2}$
规定残余延伸强度	R_r，如 $R_{r0.2}$	规定残余伸长应力	σ_r，如$\sigma_{r0.2}$
抗拉强度	R_m	抗拉强度	σ_b
断面收缩率	Z	断面收缩率	ψ
断后伸长率	A	断后伸长率	δ_5
	$A_{11.3}$		δ_{10}
屈服点延伸率	A_e	屈服点伸长伸率	δ_s
最大力总伸长率	A_{gt}	最大力下的总伸长率	δ_{gt}

注：

（1）上、下屈服力判定的基本原则如下。

① 屈服前第一个极大力为上屈服力，不管其后的峰值力比它大或小。

② 屈服阶段中如呈现两个或两个以上的谷值力，舍去第一个谷值力（第一个极小值力），取其余谷值中力之最小者判为下屈服力。如只呈现一个下降谷值力，此谷值力判为下屈服力。

③ 屈服阶段中如呈现屈服平台，平台力判为下屈服力。如呈现多个且后者高于前者的屈服平台，则判第一个平台力为下屈服力。

④ 正确的判定结果应是下屈服力必定低于上屈服力。

（2）新标准已将旧标准中的屈服点性能σ_s 归为下屈服强度 R_{eL}，所以新标准中不再有与旧标准中的屈服点性能（σ_s）相对应的性能定义，也就是说新标准定义的下屈服强度 R_{eL} 包含了σ_s 和σ_{sL} 两种性能。

表 A-2 布氏硬度换算表

球直径 D/mm					F/D^2						
					30	15	10	5	2.5	1.25	1
					实验力 F/N						
10					29 420	14 710	9 807	4 903	2 452	1 226	980.72
	5				7 355	—	2 452	1 226	612.9	306.5	245.2
		2.5			1 839	—	612.9	306.5	153.2	76.61	61.29
			2		1 177	—	392.9	196.1	98.07	49.03	39.23
				1	294.2	—	98.07	49.03	24.52	12.26	9.807
压痕直径 d/mm					布氏硬度（HBS 或 HBW）						
2.40	1.200	0.600	0.480	0.240	653	327	218	109	54.5	27.2	21.8
2.42	1.210	0.605	0.484	0.242	643	321	214	107	53.5	26.8	21.4
2.44	1.220	0.610	0.488	0.244	632	316	211	105	52.7	26.3	21.1
2.46	1.230	0.615	0.492	0.246	621	311	207	104	51.8	25.9	20.7
2.48	1.240	0.620	0.496	0.248	611	306	204	102	50.9	25.5	20.4
2.50	1.250	0.625	0.500	0.250	601	301	200	100	50.1	25.1	20.0
2.52	1.260	0.630	0.504	0.252	592	296	197	98.6	49.3	24.7	19.7
2.54	1.270	0.635	0.508	0.254	582	291	194	97.1	48.5	24.3	19.4
2.56	1.280	0.640	0.512	0.256	573	287	191	95.5	47.8	23.9	19.1
2.58	1.290	0.645	0.516	0.258	564	282	188	94.0	47.0	23.5	18.8
2.60	1.300	0.650	0.520	0.260	555	278	185	92.6	46.3	23.1	18.5
2.62	1.310	0.655	0.524	0.262	547	273	182	91.1	45.6	22.8	18.2
2.64	1.320	0.660	0.528	0.264	538	269	179	89.7	44.9	22.4	17.9
2.66	1.330	0.665	0.532	0.266	530	265	177	88.4	44.2	22.1	17.7
2.68	1.340	0.670	0.536	0.268	522	261	174	87.0	43.5	21.8	17.4
2.70	1.350	0.675	0.540	0.270	514	257	171	85.7	42.9	21.4	17.1
2.72	1.360	0.680	0.544	0.272	507	253	169	84.4	42.2	21.1	16.9
2.74	1.370	0.685	0.548	0.274	499	251	166	83.2	41.6	20.8	16.6
2.76	1.380	0.690	0.552	0.276	492	246	164	81.9	41.0	20.5	16.4
2.78	1.390	0.695	0.556	0.278	485	242	162	80.8	40.4	20.2	16.2
2.80	1.400	0.700	0.560	0.280	477	239	19	79.6	39.8	19.9	15.9
2.82	1.410	0.705	0.564	0.282	471	235	157	78.4	39.2	19.6	15.7
2.84	1.420	0.710	0.568	0284	464	232	155	77.3	38.7	19.3	15.5
2.86	1.430	0.715	0.572	0.286	457	229	152	76.2	38.1	19.1	15.2
2.88	1.440	0.720	0.576	0.288	451	225	150	75.1	37.6	18.8	15.0
2.90	1.450	0.725	0.580	0.290	444	222	148	74.1	37.0	18.5	14.8
2.92	1.460	0.730	0.584	0.292	438	219	146	73.0	36.5	18.3	14.6
2.94	1.470	0.735	0.588	0.294	432	216	144	72.0	36.0	18.0	14.4
2.96	1.480	0.740	0.592	0.296	426	213	142	71.0	35.5	17.8	14.2

续表

球直径 D/mm					F/D^2						
					30	15	10	5	2.5	1.25	1
					实验力 F/N						
10					29 420	14 710	9 807	4 903	2 452	1 226	980.72
	5				7 355	—	2 452	1 226	612.9	306.5	245.2
		2.5			1 839	—	612.9	306.5	153.2	76.61	61.29
			2		1 177	—	392.9	196.1	98.07	49.03	39.23
				1	294.2	—	98.07	49.03	24.52	12.26	9.807
压痕直径 d/mm					布氏硬度（HBS 或 HBW）						
2.98	1.490	0.745	0.596	0.298	420	210	140	70.1	35.0	17.5	14.0
3.00	1,500	0.750	0.600	0.300	415	207	138	69.1	34.6	17.3	13.8
3.02	1.510	0.755	0.604	0.302	409	205	136	68.2	34.1	17.0	13.6
3.04	1.520	0.760	0.608	0.304	404	202	135	67.3	33.6	16.8	13.5
3.06	1.53	0.765	0.612	0.306	398	199	133	66.4	33.2	16.6	13.3
3.08	1.540	0.770	0.616	0.308	393	196	131	65.5	32.7	16.4	13.1
3.10	1.550	0.775	0.620	0.310	388	194	129	64.6	32.3	16.2	12.9
3.12	1.560	0.780	0.624	0.312	383	191	128	63.8	31.9	15.9	12.8
3.14	1.570	0.785	0.628	0.314	378	189	126	62.9	31.5	15.7	12.6
3.16	1.580	0.790	0.632	0.316	373	196	124	62.1	31.1	15.5	12.4
3.18	1.590	0.795	0.636	0.318	368	184	123	61.3	30.7	15.3	12.3
3.20	1.600	0.800	0.640	0.320	363	182	121	60.5	30.3	15.1	12.1
3.22	1.610	0.805	0.644	0.322	359	179	120	59.8	29.9	14.9	12.0
3.24	1.620	0.810	0.648	0.324	354	177	118	59.0	29.5	14.8	11.8
3.26	1.630	0.815	0.652	0.326	350	175	117	58.3	29.1	14.8	11.7
3.28	1.640	0.820	0.656	0.328	345	173	115	57.5	28.8	14.4	11.5
3.30	1,650	0.825	0.660	0.330	341	170	114	56.8	28.4	14.2	11.4
3.32	1.660	0.830	0.664	o.332	337	168	112	56.1	28.1	14.0	11.2
3.34	1.670	0.835	0.668	0.334	333	166	111	55.4	27.7	13.9	11.1
3.36	1.680	0.840	0.672	0.336	329	164	110	54.8	27.4	13.7	11.0
3.38	1.690	0.845	0.676	0.338	325	162	108	54.1	27.0	13.5	10.8
3.40	1.700	0.850	0.680	0.340	321	160	107	53.4	26.7	13.4	10.7
3.42	1.710	0.855	0.684	0.342	317	158	106	52.8	26.4	13.2	10.6
3.44	1.720	0.860	0.688	0.344	313	156	104	52.2	26.1	13.0	10.4
3.46	1.730	0.865	0.692	0.346	309	155	103	51.5	25.8	12.9	10.3
3.48	1.740	0.870	0.696	0.348	306	153	102	50.9	25.5	12.7	10.2
3.50	1.750	0.875	0.700	0.350	302	151	101	50.3	25.2	12.6	10.1
3.52	1.760	0.880	0.704	0.352	298	149	99.5	49.7	24.9	12.4	9.95
3.54	1.770	0.885	0.708	0.354	295	147	98.5	49.2	24.6	12.3	9.83
3.56	1.780	0.890	0.712	0.356	292	146	97.2	48.6	24.3	12.1	9.73
3.58	1.790	0.895	0.716	0.358	288	144	96.1	48.0	24.0	12.0	9.61
3.60	1.800	0.900	0.720	0.360	285	142	95.0	47.5	23.7	11.9	9.50

续表

球直径 D/mm					F/D^2						
					30	15	10	5	2.5	1.25	1
					实验力 F/N						
10					29 420	14 710	9 807	4 903	2 452	1 226	980.72
	5				7 355	—	2 452	1 226	612.9	306.5	245.2
		2.5			1 839	—	612.9	306.5	153.2	76.61	61.29
			2		1 177	—	392.9	196.1	98.07	49.03	39.23
				1	294.2	—	98.07	49.03	24.52	12.26	9.807
压痕直径 d/mm					布氏硬度（HBS 或 HBW）						
3.62	1.810	0.905	0.724	0.362	282	141	93.9	46.9	23.5	11.7	9.39
3.64	1.820	0.910	0.728	0.364	278	139	92.8	46.4	23.2	11.6	9.28
3.66	1.830	0.915	0.732	0.366	275	138	91.8	45.9	22.9	11.5	9.18
3.68	1.840	0.920	0.736	0.368	272	136	90.7	45.4	22.7	11.3	9.07
3.70	1.850	0.925	0.740	0.370	269	135	89.7	44.9	22.4	11.2	8.97
3.72	1.860	0.930	0.744	0.372	266	133	88.7	44.4	22.2	11.1	8.87
3.74	1.870	0.935	0.748	0.374	263	132	87.7	43.9	21.9	11.0	8.77
3.76	1.880	0.940	0.752	0.376	260	130	86.8	43.4	21.7	10.8	8.68
3.78	1.890	0.945	0.756	0.378	257	129	85.8	42.9	21.5	10.7	8.58
3.80	1.900	0.950	0.760	0.380	255	127	84.9	42.4	21.2	10.6	8.49
3.82	1.910	0.955	0.764	0.382	252	126	83.9	42.0	21.0	10.5	8.39
3.84	1.920	0.960	0.768	0.384	249	125	83.0	41.5	20.8	10.4	8.30
3.86	1.930	0.965	0.772	0.386	246	123	82.1	41.1	20.5	10.3	8.21
3.88	1.940	0.970	0.776	0.388	244	122	81.3	40.6	20.3	10.2	8.13
3.90	1.950	0.975	0.780	0.390	241	121	80.4	40.2	20.1	10.0	8.04
3.92	1.960	0.980	0.784	0.392	239	119	79.5	39.8	19.9	9.94	7.95
3.94	1.970	0.985	0.788	0.394	236	118	78.7	39.4	19.7	9.84	7.87
3.96	1.980	0.990	0.792	0.396	234	117	77.9	38.9	19.5	9.73	7.79
3.98	1.990	0.995	0.796	0.398	231	116	77.1	38.5	19.3	9.63	7.71
4.00	2.000	1.000	0.800	0.400	229	114	76.3	38.1	19.1	9.53	7.63
4.02	2.010	1.005	0.804	0.402	226	113	75.5	37.7	18.9	9.43	7.55
4.04	2.020	1.010	0.808	0.404	224	112	74.7	37.3	18.7	9.34	7.47
4.06	2.030	1.015	0.812	0.406	222	111	73.9	37.0	18.5	9.24	7.39
4.08	2.040	1.020	0.816	0.408	219	110	73.2	36.6	18.3	9.14	7.32
4.10	2.050	1.025	0.820	0.410	217	109	72.4	36.2	18.1	9.05	7.24
4.12	2.060	1.030	0.824	0.412	215	108	71.7	35.8	18.0	9.00	7.16
4.14	2.070	1.035	0.828	0.414	213	106	71.0	35.5	17.7	8.87	7.10
4.16	2.080	1.040	0.832	0.416	211	105	70.2	35.1	17.6	8.78	7.02
4.18	2.090	1.045	0.836	0.418	209	104	69.5	34.8	17.4	8.69	6.95
4.20	2.100	1.050	0.840	0.420	207	103	68.8	34.4	17.2	8.61	6.88
4.22	2.110	1.055	0.844	0.422	204	102	68.2	34.1	17.0	8.52	6.82
4.24	2.120	1.060	0.848	0.424	202	101	67.5	33.7	16.9	8.44	6.75

续表

球直径 D/mm					F/D^2						
					30	15	10	5	2.5	1.25	1
					实验力 F/N						
10					29 420	14 710	9 807	4 903	2 452	1 226	980.72
	5				7 355	—	2 452	1 226	612.9	306.5	245.2
		2.5			1 839	—	612.9	306.5	153.2	76.61	61.29
			2		1 177	—	392.9	196.1	98.07	49.03	39.23
				1	294.2	—	98.07	49.03	24.52	12.26	9.807
压痕直径 d/mm					布氏硬度（HBS 或 HBW）						
4.26	2.130	1.065	0.852	0.426	200	100	66.8	33.4	16.7	8.35	6.68
4.28	2.140	1.070	0.856	0.428	198	99.2	66.2	33.1	16.5	8.27	6.62
4.30	2.150	1.075	0.860	0.430	197	98.3	65.5	32.8	16.4	8.19	6.55
4.32	2.160	1.080	0.864	0.432	195	97.3	64.9	32.4	16.2	8.11	6.49
4.34	2.170	1.085	0.868	0.434	193	96.4	64.2	32.1	16.1	8.03	6.42
4.36	2.180	1.090	0.872	0.436	191	95.4	63.6	31.8	15.9	7.95	6.36
4.38	2.190	1.095	0.876	0.438	189	94.5	63.0	31.5	15,8	7.88	6.30
4.40	2.200	1.100	0.880	0.440	187	93.6	62.4	31.2	15,6	7.80	6.24
4.42	2.210	1.105	0.884	0.442	185	92.7	61.8	30.9	15.5	7.73	6.18
4.44	2.220	1.110	0.888	0.444	184	91.8	61.2	30.6	15.3	7.65	6.12
4.46	2.230	1.115	0.892	0.446	182	91.0	60.6	30.3	15.2	7.58	6.06
4.48	2.240	1.120	0.896	0.448	180	90.1	60.1	30.0	15.0	7.51	6.01
4.50	2.250	1.125	0.900	0.450	179	89.3	59.5	29.8	14.9	7.44	5.95
4.52	2.260	1.130	0.904	0.452	177	88.4	59.0	29.5	14.7	7.37	5.90
4.54	2.270	1.135	0.908	0.454	175	87.6	58.4	29.2	14.6	7.30	5.84
4.56	2.280	1.140	0.912	0.456	174	86.8	57.9	28.9	14.5	7.23	5.79
4.58	2.290	1.145	0.916	0.458	172	86.0	57.3	28.7	14.3	7.17	5.73
4.60	2.300	1.150	0.920	0.460	170	85.2	56.8	28.4	14.2	7.10	5.68
4.62	2.310	1.155	0.924	0.462	169	84.4	56.3	28.1	14.1	7.03	5.63
4.64	2.320	1.160	0.928	0.464	167	83.6	55.8	27.9	13.9	6.97	5.58
4.66	2.330	1.165	0.932	0.466	166	82.9	55.3	27.6	13.8	6.91	5.53
4.68	2.340	1.170	0.936	0.468	164	82.1	54.8	27.4	13.7	6.84	5.48
4.70	2.350	1.175	0.940	0.470	163	81.4	54.3	27.1	13.6	6.78	5.43
4.72	2.360	1.180	0.944	0.472	161	80.7	53.8	26.9	13.4	6.72	5.38
4.74	2.370	1.185	0.948	0.474	160	79.9	53.3	26.6	13.3	6.66	5.33
4.76	2.380	1.190	0.952	0.476	158	79.2	52.8	26.4	13.2	6.60	5.28
4.78	2.390	1.195	0.956	0.478	157	78.5	52.3	26.2	13.1	6.54	5.23
4.80	2.400	1.200	0.960	0.480	156	77.8	51.9	25.9	13.0	6.48	5.19
4.82	2.410	1.205	0.964	0.482	154	77.1	51.4	25.7	12.9	6.43	5.14
4.84	2.420	1.210	0.968	0.484	153	76.4	51.0	25.5	12.7	6.37	5.10
4.86	2.430	1.215	0.872	0.486	152	75.8	50.5	25.3	12,6	6.31	5.05
4.88	2.440	1.220	0.976	0.488	150	75.1	50.1	25.0	12.5	6.26	5.01

续表

球直径 D/mm					F/D^2						
					30	15	10	5	2.5	1.25	1
					实验力 F/N						
10					29 420	14 710	9 807	4 903	2 452	1 226	980.72
	5				7 355	—	2 452	1 226	612.9	306.5	245.2
		2.5			1 839	—	612.9	306.5	153.2	76.61	61.29
			2		1 177	—	392.9	196.1	98.07	49.03	39.23
				1	294.2	—	98.07	49.03	24.52	12.26	9.807
压痕直径 d/mm					布氏硬度（HBS 或 HBW）						
4.90	2.450	1.225	0.980	0.490	149	74.4	49.6	24.8	12.4	6.20	4.96
4.92	2.460	1.230	0.984	0.492	148	73.8	49.2	24.6	12.3	6.15	4.92
4.94	2.470	1.235	0.988	0.494	146	73.2	48.8	24.4	12.2	6.10	4.88
4.96	2.480	1.240	0.992	0.496	145	72.5	48.3	24.2	12.1	6.04	4.83
4.98	2.490	1.245	0.996	0.498	144	71.9	47.9	24.0	12.0	5.99	4.79
5.00	2.500	1.250	1.000	0.500	143	71.3	47.5	23.8	11.9	5.94	4.75
5.02	2.510	1.255	1.004	0.502	141	70.7	47.1	23.6	11.8	5.89	4.71
5.04	2.520	1.260	1.008	0.504	140	70.1	46.7	23.4	11.7	5.84	4.67
5.06	2.530	1.265	1.012	0.506	139	60.5	46.2	23.2	11.6	5.79	4.63
5.08	2.540	1.270	1.016	0.508	138	68.9	45.9	23.0	11.5	5.74	4.59
5.10	2.550	1.275	1.020	0.510	137	68.3	45.5	22.8	11.4	5.69	4.55
5.12	2.560	1.280	1.024	0.512	135	67.7	45.1	22.6	11.3	5.64	4.51
5.14	2.570	1.285	1.028	0.514	134	67.1	44.8	22.4	11.2	5.60	4.48
5.16	2.580	1.290	1.032	0.516	133	66.6	44.4	22.2	11.1	5.55	4.44
5.18	2.590	1.295	1.036	0.518	132	66.0	44.0	22.0	11.0	5.50	4.40
5.20	2.600	1.300	1.040	0.520	131	65.5	43.7	21.8	10.9	5.40	4.37
5.22	2.610	1.305	1.044	0.522	130	64.9	43.3	21.6	10.8	5.41	4.33
5.24	2.620	1.310	1.048	0.524	129	64.4	42.9	21.5	10.7	5.37	4.29
5.26	2.630	1.315	1.052	0.526	128	63.9	42.6	21.3	10.6	5.32	4.26
5.28	2.640	1.320	1.056	0.528	127	63.3	42.2	21.1	10.6	5.28	4.22
5.30	2.650	1.325	1.060	0.530	126	62.8	41.9	20.9	10.5	5.24	4.19
5.32	2.660	1.330	1.064	0.532	125	62.3	41.5	20.8	10.4	5.19	4.15
5.34	3.670	1.335	1.068	0.534	124	61.8	41.2	20.6	10.3	5.15	4.12
5.36	2.680	1.340	1.072	0.536	123	61.3	40.9	20.4	10.2	5.11	4.09
5.38	2.690	1.345	1.076	0.538	122	60.8	40.5	20.3	10.1	5.07	4.05
5.40	2.700	1.350	1.080	0.540	121	60.3	40.2	20.1	10.1	5.03	4.02
5.42	2.710	1.355	1.084	0.542	120	59.8	39.9	19.9	9.97	4.99	3.99
5.44	2.720	1.360	1.088	0.544	119	59.3	39.6	19.8	9.89	4.95	3.96
5.46	2.730	1.365	1.092	0.546	118	58.9	39.2	19.6	9.81	4.91	3.92
5.48	2.740	1.370	1.096	0.548	117	58.4	38.9	19.5	9.73	4.87	3.89
5.50	2.750	1.375	1.100	0.550	116	57.9	38.6	19.3	9.66	4.83	3.86
5.52	2.760	1.380	1.104	0.552	115	57.5	38.3	19.2	9.58	4.79	3.83

续表

球直径 D/mm					F/D^2						
					30	15	10	5	2.5	1.25	1
					实验力 F/N						
10					29 420	14 710	9 807	4 903	2 452	1 226	980.72
	5				7 355	—	2 452	1 226	612.9	306.5	245.2
		2.5			1 839	—	612.9	306.5	153.2	76.61	61.29
			2		1 177	—	392.9	196.1	98.07	49.03	39.23
				1	294.2	—	98.07	49.03	24.52	12.26	9.807
压痕直径 d/mm					布氏硬度（HBS 或 HBW）						
5.54	2.770	1.385	1.108	0.554	114	57.0	38.0	19.0	9.50	4.75	3.80
5.56	2.780	1.390	1.112	0.556	113	56.6	37.7	18.9	9.43	4.71	3.77
5.58	2.790	1.395	1.116	0.558	112	56.1	37.4	18.7	9.35	4.68	3.74
5.60	2.800	1.400	1.120	0.560	111	55.7	37.1	18.6	9.28	4.64	3.71
5.62	2.810	1.405	1.124	0.562	110	55.2	36.8	18.4	9.21	4.60	3.68
5.64	2.820	1.410	1.128	0.564	110	54.8	36.5	18.3	9.14	4.57	3.65
5.66	2.830	1.415	1.132	0.566	109	54.4	36.3	18.1	9.06	4.53	3.63
5.68	2.840	1.420	1.136	0.568	108	54.0	36.0	18.0	8.99	4.50	3.60
5.70	2.850	1.425	1.140	0.570	107	53.5	35.7	17.8	8.92	4.46	3.57
5.72	2.860	1.430	1.144	0.572	106	53.1	35.4	17.7	8.85	4.43	3.54
5.74	2.870	1.435	1.148	0.574	105	52.7	35.1	17.6	8.79	4.39	3.51
5.76	2.880	1.440	1.152	0.576	105	52.3	34.9	17.4	8.72	4.36	3.49
5.78	2.890	1.445	1.156	0.578	104	51.9	34.6	17.3	8.65	4.33	3.46
5.80	2.900	1.450	1.160	0.580	103	51.5	34.3	17.2	8.59	4.29	3.43
5.82	2.910	1.455	1.164	0.582	102	51.1	34.1	17.0	8.52	4.26	3.41
5.84	2.920	1.460	1.168	0.584	101	50.7	33.8	16.9	8.45	4.23	3.38
5.86	2.930	1.465	1.172	0.586	101	50.3	33.6	16.8	8.39	4.20	3.36
5.88	2.940	1.470	1.176	0.588	99.9	50.0	33.3	16.7	8.33	4.16	3.33
5.90	2.950	1.475	1.180	0.590	99.2	49.6	33.1	16.5	8.26	4.13	3.31
5.92	2.960	1.480	1.184	0.592	98.4	49.2	32.8	16.4	8.20	4.10	3.28
5.94	2.970	1.485	1.188	0.594	97.7	48.8	32.6	16.3	8.14	4.07	3.26
5.96	2.980	1.490	1.192	0.596	96.9	48.5	32.3	16.2	8.08	4.04	3.23
5.98	2.990	1.495	1.196	0.595	96.2	48.1	32.1	16.0	8.02	4.01	3.21
6.00	3.000	1.500	1.200	0.600	95.5	47.7	31.8	15.9	7.96	3.98	3.18

表 A-3　钢铁材料的硬度及强度换算表（摘自 GB/T1172－1999）

洛氏硬度		布氏硬度 F/D^2=30		维氏硬度 HV	抗拉强度 /MPa	洛氏硬度		布氏硬度 F/D^2=30		维氏硬度 HV	抗拉强度 /MPa
HRC	HRA	HBS	HBW			HRC	HRA	HBS	HBW		
70.0	86.6			1037		50.5	76.1		510	517	1785
69.5	86.3			1017		50.5	75.8		502	509	1753
69.0	86.1			997		49.5	75.5		494	501	1722

续表

洛氏硬度		布氏硬度 F/D^2=30		维氏硬度 HV	抗拉强度 /MPa	洛氏硬度		布氏硬度 F/D^2=30		维氏硬度 HV	抗拉强度 /MPa
HRC	HRA	HBS	HBW			HRC	HRA	HBS	HBW		
68.5	85.8			978		49.0	75.3		486	493	1692
68.0	85.5			959		48.5	75.0		478	485	1663
67.5	85.2			941		48.0	74.7		470	478	1635
67.0	85.0			923		47.5	74.5		463	470	1608
66.5	84.7			906		47.0	74.2	449	455	463	1580
66.0	84.4			889		46.5	73.9	442	448	456	1555
65.5	84.1			872		46.0	73.7	436	441	449	1529
65.0	83.9			856		45.5	73.4	430	435	443	1504
64.5	83.6			840		45.0	73.2	424	428	436	1480
64.0	83.3			825		44.5	72.9	418	422	429	1457
63.5	83.1			810		44.0	72.6	413	415	423	1434
63.0	82.8			795		43.5	72.4	407	409	417	1411
625	82.5			780		43.0	72.1	401	403	411	1389
62.0	82.2			766		42.5	71.8	396	397	405	1368
61.5	82.0			752		42.0	71.6	391	392	396	1347
61.0	81.7			739		41.5	71.3	385	386	393	1327
60.5	81.4		650	726		41.0	71.1	380	381	388	1307
60.0	81.2		647	713	2607	40.5	70.8	375	375	382	1287
59.5	80.9		643	700	2551	40.0	70.5	370	370	377	1268
59.0	80.6		639	688	2496	39.5	70.3	365		372	1250
58.5	80.3		634	676	2443	39.0	70.0	360		367	1232
58.0	80.1		628	664	2391	38.5	69.7	355		362	1214
57.5	79.8		622	653	2341	38.0	69.5	350		357	1197
57.0	79.5		616	642	2293	37.5	69.2	345		352	1180
56.5	79.3		608	631	2246	37.0	69.0	341		347	1163
56.0	79.0		601	620	2201	36.5	68.7	336		342	1147
55.5	78.7		593	609	2157	36.0	68.4	332		338	1131
55.0	78.5		585	599	2115	35.5	68.2	327		333	1115
54.5	78.2		577	589	2074	35.0	67.9	323		329	1100
54.0	77.9		569	579	2034	34.5	67.7	318		324	1085
53.5	77.7		561	570	1995	34.0	67.4	314		320	1070
53.0	77.4		552	561	1957	33.5	67.1	310		316	1056
52.5	77.1		544	551	1921	33.0	66.9	306		312	1042
52.0	76.9		535	543	1885	32.5	66.6	302		308	1028
51.5	76.6		527	534	1851	32.0	66.4	298		304	1015
51.0	76.3		518	525	1817	31.5	66.1	294		300	1001
31.0	65.8	291		296	989	25.0	62.8	251		225	854
30.5	65.6	287		292	976	24.5	62.5	248		252	844
30.0	65.3	283		289	964	24.0	62.2	245		249	835

续表

洛氏硬度		布氏硬度 $F/D^2=30$		维氏硬度 HV	抗拉强度 /MPa	洛氏硬度		布氏硬度 $F/D^2=30$		维氏硬度 HV	抗拉强度 /MPa
HRC	HRA	HBS	HBW			HRC	HRA	HBS	HBW		
29.5	65.1	280		285	951	23.5	62.0	242		246	825
29.0	64.8	276		281	940	23.0	61.7	240		243	816
28.5	64.6	273		278	928	22.5	61.5	237		240	808
28.0	64.3	269		274	917	22.0	61.2	234		237	799
27.5	64.0	266		271	906	21.5	61.0	232		234	791
27.0	63.8	263		268	895	21.0	60.7	229		231	782
26.5	63.5	260		264	884	20.5	60.4	227		229	774
26.0	63.3	257		261	874	20.0	60.2	225		226	767
25.5	63.0	254		258	864						

表 A-4　常用结构钢退火及正火工艺规范

牌　号	相变温度/°C			退　火			正　火	
	A_{c1}	A_{c3}	Ar1	加热温度/°C	冷却	硬度 HBS	加热温度/°C	硬度 HBS
35	724	802	680	850～880	炉冷	≤187	860～890	≤191
45	724	780	682	800～840	炉冷	≤197	840～870	≤226
35Mn2	715	770	640	810～840	炉冷	≤217	820～860	187～241
40Cr	743	782	693	830～850	炉冷	≤207	850～870	≤250
35CrMo	755	800	695	830～850	炉冷	≤229	850～870	≤241
40MnB	730	780	650	820～860	炉冷	≤207	850～900	197～207
40CrNi	731	769	660	820～850	炉冷＜600℃	—	870～900	≤250
40CrNiMoA	732	774		840～880	炉冷	≤229	890～920	—
65Mn	726	765	689	780～840	炉冷	≤229	820～860	≤269
60Si2Mn	755	810	700	—	—	—	830～860	≤254
50CrVA	752	788	688	—	—	—	850～880	≤288
20	735	855	680	—	—	—	890～920	≤156
20Cr	766	838	702	860～890	炉冷	≤179	870～900	≤270
20CrMnTi	740	825	650	—	—	—	950～970	156～207
20CrMnMo	710	830	620	850～870	炉冷	≤217	870～900	—
38CrMoAl	800	940	730	840～870	炉冷	≤229	930～970	—

表 A-5　常用工具钢退火及正火工艺规范

牌　号	相变温度/°C			退　火			正　火	
	A_{c1}	A_{ccm}	Ar_1	加热温度/°C	等温温度/°C	硬度 HBS	加热温度/°C	硬度 HBS
T8A	730	—	700	740～760	650～680	≤187	760～780	241～302
T10A	730	800	700	750～770	680～700	≤197	800～850	255～321
T12A	730	820	700	750～770	680～700	≤207	850～870	269～341
9Mn2V	736	765	652	760～780	670～690	≤229	870～880	—

续表

牌　　号	相变温度/℃			退　火			正　火	
	A_{c1}	A_{ccm}	Ar_1	加热温度/℃	等温温度/℃	硬度 HBS	加热温度/℃	硬度 HBS
9SiCr	770	870	730	790～810	700～720	197～241	—	—
CrWMn	750	940	710	770～790	680～700	207～255	—	—
GCr15	745	900	700	790～810	710～720	207～299	900～950	270～390
Cr12MoV	810	—	760	850～870	720～750	207～255	—	—
18Cr4V	820	—	760	850～880	730～750	207～255	—	—
W6Mo5Cr4V2	845～880	—	740～805	850～870	740～750	≤255	—	—
5CrMnMo	710	760	650	850～870	～680	197～241	—	—
5CrNiMo	710	770	680	850～870	～680	197～241	—	—
3Cr2W8V	820	1100	790	850～860	720～740	—	—	—

表 A-6　常用钢种回火温度与硬度对照表

牌号	淬火规范			回火温度/℃与回火后硬度 HRC												备注
	加热温度/℃	冷却剂	硬度 HRC	180±10	240±10	280±10	320±10	360±10	380±10	420±10	480±10	540±10	580±10	620±10	650±10	
35	860±10	水	>50	51±2	47±2	45±2	43±2	40±2	38±2	35±2	33±2	28±2	25±2	22±2	—	
45	830±10	水	>50	56±2	53±2	51±2	48±2	45±2	43±2	38±2	34±2	30±2	25±2	22±2	—	
T8、T8A	790±10	水、油	>62	62±2	58±2	56±2	54±2	51±2	49±2	45±2	39±2	34±2	29±2	25±2	—	
T10、T10A	780±10	水、油	>62	63±2	59±2	57±2	55±2	52±2	50±2	46±2	41±2	36±2	30±2	26±2	—	
40Cr	850±10	油	>55	54±2	53±2	52±2	50±2	49±2	47±2	44±2	41±2	36±2	31±2	26±2	30±2	具有回火脆性的钢，例如 40Cr、65Mn、30CrMnSi 钢等，高温或中温回火后，用清水或油冷却
50CrVA	850±10	油	>60	58±2	56±2	54±2	53±2	51±2	49±2	47±2	43±2	40±2	36±2	—	—	
60Si2Mn	870±10	油	>60	60±2	58±2	56±2	55±2	54±2	52±2	50±2	44±2	35±2	30±2	—	—	
65Mn	820±10	油	>60	58±2	56±2	54±2	52±2	50±2	47±2	44±2	40±2	34±2	32±2	28±2	32±2	
5CrMnMo	840±10	油	>52	55±2	53±2	52±2	48±2	45±2	44±2	44±2	43±2	38±2	36±2	34±2	26±2	
30CrMnSi	860±10	油	>48	48±2	48±2	47±2	—	43±2	42±2	—	—	36±2	—	30±2	—	
GCr15	850±10	油	>62	61±2	59±2	58±2	55±2	53±2	52±2	50±2	—	41±2	—	30±2	—	
9SiCr	850±10	油	>62	62±2	60±2	58±2	57±2	56±2	55±2	52±2	51±2	45±2	—	—	—	
CrWMn	830±10	油	>62	61±2	58±2	57±2	55±2	54±2	52±2	50±2	46±2	44±2	—	—	—	
9Mn2V	800±10	油	>62	60±2	58±2	56±2	54±2	51±2	49±2	41±2	—	—	—	—	—	
3Cr2W8V	1100	分级、油	>48	62	59±2	—	57±2	—	—	55±2	46±2	48±2	48±2	43±2	41±2	一般采用 560～580℃回火 2 次
Cr12	980±10	分级、油	>62	—	—	—	—	—	—	—	—	52±2	—	—	45±2	
Cr12MoV	1030±10	分级、油	>62	62	62	60	—	57±2	—	—	—	53±2	—	—	45±2	一般采用 560℃回火 3 次，每次 1h
W18Cr4V	1270±10	分级、油	>64	—	—	—	—	—	—	—	—	—	—	—	—	

注：① 水冷剂为 10%NaCl 水溶液。

② 淬火加热在盐浴炉内进行，回火在井式炉内进行。

③ 回火保温时间：非合金钢一般为 60～90 min，合金钢一般为 90～120 min。

参考文献

[1] 宋杰. 机械工程材料（第 3 版）. 大连：大连理工大学出版社，2010.
[2] 凌爱林. 金属工艺学. 北京：机械工业出版社，2004.
[3] 许德珠. 机械工程材料（第 2 版）. 北京：高等教育出版社，2002.
[4] 支道光. 机械零件材料与热处理工艺选择. 北京：机械工业出版社，2008.
[5] 孙智，倪宏昕，彭竹琴. 现代钢铁材料及其工程应用. 北京：机械工业出版社，2007.
[6] 张俊，雷伟斌. 机械工程材料与热处理. 北京：北京理工大学出版社，2008.
[7] 王纪安，陈文娟. 北京：机械工业出版社，2012.
[8] 左铁镛. 新型材料. 北京：化学工业出版社，2002.
[9] 朱敏. 功能材料. 北京：机械工业出版社，2002.
[10] 王俊彪. 材料的先进成形技术. 北京：高等教育出版社，2002.
[11] 杜丽娟. 工程材料成形技术基础. 北京：电子工业出版社，2003.
[12] 王爱珍. 工程材料及成形技术. 北京：机械工业出版社，2003.
[13] 曾正明. 机械工程材料手册（金属材料）. 北京：机械工业出版社，2004.
[14] 王英杰. 金属工艺学. 北京：高等教育出版社，2002.
[15] 齐宝森，李莉，吕静. 机械工程材料. 哈尔滨：哈尔滨工业大学出版社，2003.
[16] 刘世荣. 金属学与热处理. 北京：机械工业出版社，1992.
[17] 史美堂. 金属材料及热处理. 上海：上海科学技术出版社，1985.
[18] 朱张校. 工程材料（第 3 版）. 北京：清华大学出版社，2001.
[19] 何宝芹，宋杰. 机械工程材料习题指导. 大连：大连理工大学出版社，2008.

反侵权盗版声明

举报电话：（010）88254396；（010）88258888

传　　真：（010）88254397

E-mail：　dbqq@phei.com.cn

通信地址：北京市万寿路 173 信箱

电子工业出版社总编办公室

邮　　编：100036